现代水利工程建设与管理

王翠芹　韩　国　刘　畅　◎主编

吉林科学技术出版社

图书在版编目（CIP）数据

现代水利工程建设与管理 / 王翠芹，韩国，刘畅主编. -- 长春：吉林科学技术出版社，2023.6
ISBN 978-7-5744-0684-1

Ⅰ.①现… Ⅱ.①王… ②韩… ③刘… Ⅲ.①水利建设②水利工程管理 Ⅳ.①TV6

中国版本图书馆CIP数据核字(2023)第136483号

现代水利工程建设与管理

主　　编	王翠芹　韩　国　刘　畅
出 版 人	宛　霞
责任编辑	袁　芳
封面设计	长春美印图文设计有限公司
制　　版	长春美印图文设计有限公司
幅面尺寸	185mm×260mm
开　　本	16
字　　数	310 千字
印　　张	14
印　　数	1–1500 册
版　　次	2023年6月第1版
印　　次	2024年2月第1次印刷

出　　版	吉林科学技术出版社
发　　行	吉林科学技术出版社
地　　址	长春市福祉大路5788号
邮　　编	130118
发行部电话/传真	0431-81629529 81629530 81629531
	81629532 81629533 81629534
储运部电话	0431-86059116
编辑部电话	0431-81629518
印　　刷	三河市嵩川印刷有限公司

书　　号	ISBN 978-7-5744-0684-1
定　　价	99.00元

前　言

随着时代的发展，水利工程建设与人们的经济、文化生活息息相关，其同时还影响着个人的安全问题及未来和谐社会的构建，因此对于水利工程建筑人们也给予了更多关注。我国当前的水利水电工程建设正处于高速发展时期，随着国家对水利水电行业的重视并提供相关政策与资金的支持，水利水电建设事业正面临着许多良好的发展机遇。因此，人们也越来越重视对水利工程建设项目规范的管理和科学的评估。

近几十年来，工程项目管理在我国水利水电建设领域得到了广泛应用。特别是大中型水利水电建设项目，工程量大、参与单位较多、工程实施情况复杂。低水平的管理往往会造成财力、物力、人力的巨大浪费，使工程进度缓慢且质量得不到保证。因此，对项目实行科学规范的管理显得尤为重要。从而也就要求业主、承包人（包括勘察设计单位）和监理单位的管理人员具有更高更专业的管理水平。所以，与之相适应的水利水电建设项目的管理理论及其实施方法也要求更全面、更详尽、更规范。

本书立足于现代水利工程建设与管理工作中的重点和难点，首先对水利工程建设的基本概念做了简要说明，重点对现代水利工程管理的功能、水利工程合同管理、现代水利工程建设项目管理、项目进度管理、施工成本管理、项目质量监督管理、建设环境保护管理、施工安全管理进行了论述。最后就现代水利大水网建设与管理做了详尽阐述，本书具有前沿性和创新性，在科学性、可操作性原则的指导下，有针对性地提出一系列现代水利工程建设与管理工作的建议，以期提高水利工程管理工作水平和效率，从而推动现代水利工程长远发展意义重大。

本书参考了大量的相关文献资料，借鉴、引用了诸多专家、学者和教师的研究成果，写作过程中得到了很多领导和同事的支持与帮助，在此深表谢意。由于能力有限，时间仓促，虽极力丰富本书内容，力求著作的完美无瑕，虽经多次修改，仍难免有不妥与遗漏之处，恳请专家和读者指正。

目 录

第一章　现代水利工程建设概述

第一节　现代水利工程相关概念

一、水利工程造价分析

水利工程造价是一项集经济、技术、管理于一体的学科，对水利工程的施工、竣工全过程起到管控作用。要有力地控制工程造价，减少建设资金的浪费，就要根据市场情况，制订出合理的工程造价计划，并且严格的按照计划实施。

（一）水利工程造价的主要影响因素

水利工程造价的主要影响因素有直接工程费亦即制造成本、间接费、利润及税金三部分构成。工程造价的管理内容涉及工程的建设前期、建设中期和建设后期等全方面，与工程项目的各个阶段和环节密切相关，并且容易受到各种外部情况的影响。施工阶段是水利项目消耗资金的重要环节，对施工过程进行工程造价管理，有利于保证工程质量、降低施工成本、保证施工进度，因而有必要对水利工程造价的施工阶段进行造价控制，以达到保障证施工质量的情况下有效降低成本，保证进度，使水利工程的建设有序进行。

（二）完善水利工程造价管理的策略

1.建立健全水利工程造价管理体系

首先，在制定水利工程造价管理体系之前，先加强水利工程各部门之间的联系，协调好各部门之间的关系，确保各部门之间沟通紧密，从而使得水利工程造价管理制度能够贯彻到单位内部，使管理效果更加有效。其次，要完善水利工程造价管理体系，首先需要从制定水利工程造价管理制度开始，建立健全工程造价的管理体系，制定相应的监督管理制度，对水利工程造价进行优化，确保水利工程造价管理工作更好地进行。

2.在项目开始前进行合理预算

在水利工程项目开始施工之前，开展造价管理的工作，对项目工程做出合理预算。在进行预算核算时，要减少资源浪费，减少移民搬迁数量，降低移民安置难度，采用新工艺、新材料，以经济效益最优的方法选择方案，有效减少施工成本。还要加强筹划资金的工作，充分评估资本金、借贷资金比例变化对降低资金使用成本的影响，优化工程造价的资金预算工作。

3.对项目实施过程进行动态控制

水利工程项目建设周期一般比较长，在工程施工时一般容易出现材料价格与预期的数值有偏差，使工程造价存在误差。比如钢结构材料近年来价格波动比较大，而且在水利工程项目施工中需要大量用到钢结构材料，对水利工程造价总额会造成较大影响，这就要求我们及时整理相关价格调整的资料，结合最新的市场信息进行分析，尽可能预测和分析各种动态因素，有效防止价格风险，使造价动态管理作用于水利工程施工的全过程。

4.提高工程造价管理人员的专业素质

在工程造价的管理进行时，由于缺少专业型的工程造价管理人才，导致工程造价工作无法得到发展。所以要对参与工程造价的工作人员进行定期的培训，提高工程造价制定的科学性，还要加强管理人员的管理培训工作，使水利工程的管理效果得到强化，促进水利工程造价企业的更好发展。

综上所述，水利建设工程是我国水资源分配的一个重要内容，随着我国经济的不断发展和综合国力的上升，国家也逐渐加大对水利建设投资。水利工程造价管理是进行水利工程建设的第一步，对项目施工的事前、事中、事后阶段进行造价管理，有利于实现各个程序间的合理控制及工程施工成本的减低。有利于促进水利工程建设的科学、有序地进行，对推动我国的经济发展和基础设施建设有着重要意义。

二、水利工程测量技术

随着我国市场经济不断地发展，衍生出了很多新型行业技术，其中水利工程项目也不断增多，因而也要求水利工程探测技术可以向网络化、自动化的方向发展，换句话说，随着我国经济的不断发展对水利工程测量技术水平的要求也在不断地提高。这里首先分析了水利工程测量技术当前的发展状况，其次分析水利工程各种测量技术在实际应用过程中的优势，最后对使用水利工程测量技术出现的问题制定了具有针对性的对策，希望这些对策可以在水利工程测量技术的实际应用中起到良好的效果。

通过对我国当前的市场经济进行分析可以发现，水利工程在我国国民经济中占有重要的比例，它的重要性不言而喻。但是，由于许多外界因素的影响，导致水利工程项目的市场竞争十分严峻，为了能够在残酷的竞争中脱颖而出，有些企业就会降低招标的金额，然后在水利工程建设过程中使用劣质的材料，导致水利工程的质量存在很大的问题，所以，对水利工程的质量进行测量就显得十分重要，针对水利工程测量的各种要求发展出了多种多样的测量技术，通过测量技术及时查验出水利工程质量的不足之处，对一些不符标准之处及时采取有效措施进行改正，通过合理的使用能够测量技术来不断提高水利工程的质量，这不仅可以让企业的利益达到最大化，也在很大程度上影响着我国测绘事业的发展。

（一）水利工程测量技术的发展分析

1.数字化

目前，在水利工程测量中应用的数字测量技术种类很多，比如网络技术、计算机技术、信息技术等都在水利工程测量技术中得到了很好的应用，这就对测量技术在数字化这一特点上有了更高的标准和要求。通过使用数字技术可以更有针对性的对需要的区域进行标记甚至形成更直观的、更专业的地形图，测量技术的数字化应用可以提高水利工程中测绘成图这一过程的效率，也使水利工程的质量得到了一定的提升。随着数字化的发展使水利工程测量技术在一定的程度下改进了传统的测绘方式，并且在网络技术的作用下还可以很明显的提高数据的传输速率，缩短了水利工程测量工作的时间，也可以在信息技术的协助下进行成比例的缩放地形测量图，实现水利工程对测量环节的诸多需求。

2.自动化

为了测量到更多的、真实的数据，最终为水利工程提供全面的勘测数据，水利工程测量技术的自动化发展是其必然的趋势，这种自动化测量技术的应用可以对目标区域进行24小时的全天监控，可以随时在数据系统中抽调数据，满足了水利工程对于测量数据的各种需求。目前对于测绘技术自动化发展过程中最有意义的一项突破就是与"3S"技术联合使用，通过在测绘技术中使用"3S"技术可以不用接触实际工程对象就可以获得所需要的测量数据，还可以对这些数据进行信息处理，自动对数据进行识别、分析，对达不到标准的数据及时地进行报警。这两项技术的联合应用，可以在很大程度上简化测量工作中的一些环节，减少了人们的工作，也避免了许多人为操作带来的误差，进而更好的根据水利工程测量工作的需求进行测绘工作，为水利工程的质量打下良好的基础。

（二）工程测量技术的应用分析

1.GPS测量技术

GPS全球定位测量技术是通过卫星技术对施工作业目标物体进行定位的一种方法GPS技术通常被人们分为动态定位测量和静态定位测量两种，根据水利工程中的实际测量需要采用合适的测量技术。静态定位测量是以前常用的一种测量技术，因为它的操作比较简单，主要是通过GPS接收机对作业地点进行测量，虽然获得的数据比较准确、快速，但是这种技术多被用于较大规模的建筑测量，不适于小规模的建筑测量。动态定位测量才是我国现阶段最为常用的测量技术，它的优点就在于这种技术可以适应多种环境，在大型、中型工程中都可以使用此种测量技术，在一些环境比较恶劣，如野外也可以利用这种技术，并且通过使用动态测量技术获得的数据也比较精确，是目前应用范围最广的一种测量技术。GPS测量技术操作简单，对工作人员的要求不高，工作人员只要会使用测量仪器，就能得到所需要的数据，所以可以在很大程度上缓解工作人员的压力，也在一定程度上保证了测量数据的真实性。

2. 摄影测量技术

摄影测量技术是通过把摄像技术与数学原理融合到一起来进行测量的一种方法，简单来讲，就是通过摄影技术把之前测量得到的数据以图片的方式表现出来，在根据数学原理对图片的内容数据进行分析处理，在线路测量中经常可以看到摄影测量技术的身影。摄影测量技术常常被用在地形复杂、结构不明朗、测量地点面积大的区域。遥感测量技术是所有技术中应用范围最广、使用价值最高的一种测量技术，因为这种技术在多光谱航空领域中也可以使用，即使在多光谱航空领域中使用遥感测量技术获得的数据的准确性也十分的高，并且数据也很全面。在使用遥感测量技术开展多光谱航空测量时，负责拍照的工作人员要具备一定的专业素养，通过RS测量方法对取得的数据进行研究分析，最后将数据资源在实际工作中进行应用，遥感测量技术的应用较大程度上加强了测量工作的质量。

3. 变形监测技术

变形监测技术主要是通过使用全站仪设备来进行测量的一种测量方法，全站仪的工作原理主要是将检测目标的范围压缩在一定的空间内，根据立体式监测方法保证测量数据的准确，这也保证了使用变形监测技术测量数据的准确性，并且这项技术在使用过程中费用不高，性价比较高，对于一些经济实力较为落后的边远地区，采用变形监测技术较多。另外变形监测技术要求在测量的整个过程中都要实现全自动的运作，这样保证了工作人员在工作过程中的安全，也避免了一些人为的测量误差，最终可以有效地监测出测量数据，保证了测量环节的工作进度，但是变形监测技术也有其不能避免的缺点，准确来说就是测量周期较长。

4. 数字化测量技术

数字测量技术是通过把电子仪表、ERP系统和全站仪组合到一起联合使用，然后针对目标区域进行数据信息收集，换句话说，数字测量技术不仅是通过数字进行反馈和分析处理，它主要是通过使用多种数据处理系统与仪器共同进行数据分析的一种测量技术，对于目前我国工程测量技术来说，数字测量技术是其中比较新型、比较先进的测量技术。在一些工程中，由于一些环境的影响，如一些比例尺较大的工程图纸中，在录入输入方面就存在一定的困难，但是若使用数字测量技术，就可以在很大程度上解决这一问题，突破了传统的工程测量技术的局限。而且工程测量的工作人员可以根据工程中实际的情况使用一些方法，在保证工程质量的条件下，加快数字处理的速度。简而言之，数据测量技术的使用依托于水利工程建设时收集的数据信息，所以在使用数字化测量技术之前就应建立一个内含庞大数据信息的数据库，这对于科技信息日新月异的大数据时代，早已不再是一个问题在庞大的数据信息的支持下，保证了数字化测量技术的准确性。

（三）提升施工质量控制的对策

1.科学管理测量技术的过程

每一项水利工程项目的实施都是不可复制的，因为水利工程的建设是需要考虑地理环境、气候、温度等多方面因素的影响，根据这些因素制定合适的施工方案。所以不同的水利工程在进行工程测量的时候就需要合理的应用适宜的测量技术，在测量工作开始之前要通过一些方法对各种影响因素进行有针对性的分析，然后根据这些分析结论选择更为合适的测量技术手段。与此同时，在现代社会不断发展的同时也要注重测量技术的未来发展，若将数字化、信息化的新型技术应用到测量技术中去，一定会提升测量技术测量数据的输出效率和可信赖性，这样才能做好水利工程的各个环节的设计和施工方案，为水利工程的质量打下良好的基础。

2.强化测量施工人员管理，提升测量施工质量

对于有些测量技术来说，可能有些技术对工作人员的专业能力要求不高，但是有些技术对于工作人员的专业程度要求很高，因此负责水利工程测量的工作人员必须掌握基础的测量方法和相应的测量设备的正确熟练地使用，只有对测量技术和方法详细掌握，才能对临时突发的各种状况采取有效的处理办法。

测量的工作人员必须能看懂图纸，并对正在施工的设计图纸要十分的熟悉：因为只有熟悉水利工程的设计图纸，才能明确该项水利工程的设计思路、设计结构和其未来的作用，才会根据设计图纸选择更为合适的测量技术和测量设备。

3.强化测量仪器的管理，保障施工效果

在水利工程实际测量环节，测量技术人员必须正确的按照规范操作各种设备，并且对于这些设备要定期地进行维修保养，因为工作人员操作不当或是仪器精度不够灵敏，就会导致获得的测量数据存在较大的偏差，这种偏差哪怕只是小小的偏差对于整个工程质量的影响都是巨大的。所以，测量技术人员必须做到：（1）在设备安装过程中要选择较为平坦、土壤质地较硬的区域安装测量工具，并做好固定工作，避免在以后的工作之中因为人为的因素造成水利工程质量的大幅度提高；（2）在使用工具进行测量工作时一定要注意保证设备的安全，在移动过程中一定要轻拿轻放，避免设备的损坏；（3）设备在使用后一定要注意保养，在一定时间内查找设备可能存在的问题，及时解决。

简而言之，水利工程中的测量技术在整个水利工程施工过程中的重要性是不言而喻的。若想要水利工程的质量得到保证，水利工程也能稳步的推进，就要求水利工程测量技术要不断地进行提高和优化，并且要在水利工程施工过程中建立明确的管理制度，明确各个主体在施工中的权利和责任，监测整个工程中每一个环节的数据，掌握

整个工程中每一个环节的质量，最终保障人民的生命财产安全，使水利工程的效益得到最大化。

三、水利工程勘察选址

随着国民经济的快速发展，各方面的需求也在迅速增长，水利工程是我国的重点工程与区域经济有着非常密切的关联。近年来，我国水利工程勘察选址技术日渐成熟，在保证勘察技术先进性的同时，勘察人员综合素质也得到了普遍提高。但是，从当前水利工程勘察选址工作情况来看，仍然存在不少问题需要解决，其中，最重要的是对水利工程选址分析不深入、不具体，甚至存在错误选址问题，严重阻碍了水利工程顺利建设，因此，需要了解水利工程勘察选址工作的重要性，以便更好地提高水利工程质量，让水利工程建设发挥出应有的作用。

（一）水利工程勘察选址工作概述

1.意义

水利工程勘察选址工作通过先进的勘察手段获取施工区域水文、地质等方面的信息，为后续工程建设提供基础。主要勘察手段包括：采样勘探、坑地勘探、钻井勘探、遥感监测等方式，需要结合现场实际情况来确定勘察方式。通过分层开展水利工程勘察选址工作，对施工区域水文、地质信息进行深入了解，分层次开展勘察工作。在勘察选址设计阶段准确了解施工区域的水域、环境等内容，掌握这部分区域的灾害状况、地质信息，然后，对施工区域地质结构、环境因素、灾害预估等问题进行分析、探究，确保水利工程设计能够有效落实，在此基础上进一步完善水利工程初始设计，结合施工区域实际情况，合理控制施工技术、工艺、装备，促进水利工程选址勘察质量的提升。

2.作用

水利工程勘察选址不同于其他建筑，工作更为复杂。在水利工程建设过程中，部分建筑要建于地下，并长期承受地下水流和周边外力的冲击，在建筑使用过程中会对周边水文地质条件产生影响，甚至会导致不稳定因素的出现，严重影响水利工程的整体稳定性。因此，要重视水利工程勘察选址工作，必须实地对施工区域进行全面勘察，对可能存在的各类灾害性因素进行评估，提出必要的方法措施，确保水利工程建设顺利开展。

（二）水利工程勘察选址中需关注的问题

1.环境方面

水利工程勘察选址工作过程中需要关注工程对于周边环境带来的影响，在勘察选址过程中需要采取有效手段预测、分析工程建设可能出现的弊端，而且由于不同区域的水文地质环境存在较大差异，还具有显著的区域特性，因此，在不同施工条件、不同工程项目、不同建设区域的水利工程勘察选址所面对的环境因素都是各不相同的，而且在水利工程建设完成后会改变周边区域气候，造成该部分区域的水流、气候、生态环境等要素发生变化所以，在水利工程勘察选址过程中需要关注环境方面的问题。

2.水文方面

水利工程建设会影响施工区域水文状况，一般情况下，水利工程会在汛期储存大量水资源，在非汛期还会对水资源进行调配，容易造成周边地下水位的下降，进而影响周边河流及生态环境，河流水流量的降低会造成河流自净能力的减弱，严重时会造成水质恶化显著。

3.质量方面

水利工程勘察选址工作过程中需要选择适宜的计算方法、理论进行数据计算，力争减小与实际情况之间的差距，针对各理论公式要灵活运用，采用理论与实际相结合的方式进行处理。在形成水利工程勘察选址报告时，要确保内容丰富，将选址地点的各类优势、弊端进行详细分析，现场实际考察要确保全面，各项内容的论证要保证清晰、完善；在选址报告中还要对施工区域的整体进行可行性分析，力争一次性通过审查，避免延误工期的情况出现。

4.技术方面

不同地区的水文、地质、气候、环境等条件都是不同的，会给水利工程的勘察选址工作造成一定困难，受当地条件影响，各类技术活动无法有效展开，因此，需要在水利工程勘察选址工作开展前制订详细计划，以科学技术作为指导，结合工程现场实际情况，分析选择区域的人口、地质、水文、环境等要素，因地制宜，努力保障水利工程勘察选址报告的科学性、合理性、有效性。

（三）水利工程勘察选址工作的主要内容

自然条件下能够为水利工程提供完美地址的较少，特别是对地质条件要求高的工程项目，更无法彻底满足水利工程建设要求。水利工程建设的最优方案本质上是一个比选方案，在水文、地质等条件上依然会存在一些缺陷。这就要求在进行水利工程建设选址时，要综合多种因素，选择能够改善不良条件的处理方案，对于地质条件差、处理难度高、投资高昂的方案要首先否决。在此基础上从区域稳定性、地形地貌、地质构造、岩土性质、水文地质条件、物理地质作用、工程材料等几方面来开展水利工程的勘察选址工作。

1.区域稳定性

水利工程建设区域的稳定性意义重大，在需要建设的区域，要重点关注地壳和场地的稳定性，特别是在地震影响较为显著的区域，需要慎重选择坝址、坝型。在勘察过程中，要通过地震部门了解施工区域的地震烈度，做好地震危险性分析及地震安全性评价，确保水利工程建设区域稳定性能够满足工程建设的最终要求。

2.地形地貌

建设区域的地形地貌会对水利工程坝型的选择产生直接影响，还会对施工现场布置及施工条件产生制约。一般情况下，基岩完整且狭窄的"V"型河谷可以修建拱坝；河谷宽敞地区岩石风化较深或有较厚的松散沉积层，可以修建土坝；基岩宽高比超过2的"U"型河谷可以修建砌石坝或混凝土重力坝。建设区域中的不同地貌单元、不同岩性也会存在差异，如：河谷开阔区域存在阶地发育情况，其中的二元结构和多元结构经常会出现渗漏或渗透变形的问题。因此，在进行工程方案比选时要充分了解建设区域的地形地貌条件。

3.地质构造

水利工程建设期间地质构造对于工程选址的重要性是不言而喻的，若采用对变形较为敏感的刚性坝方案，地质构造问题更为重要，地质构造对于水坝坝基、坝肩稳定性控制有非常直接的作用。在层状岩体分布的区域，倾向上下游的岩层会存在层间错动带，在后期次生作用下会逐步演变成泥化夹层，在此过程中若其他构造结构面对其产生切割作用会严重影响坝基的稳定性，因此，在选址过程中必须充分考虑地质构造问题，尽可能选择岩体完整性较好的部位，避开断裂、裂隙强烈发育的地段。

4.岩土性质

水利工程建筑选址过程中需要先考虑岩土性质，若修建高大水坝，特别是混凝土类型的水坝，要选择新鲜均匀、透水性差、完整坚硬、抗水性强的岩石来作为水坝建设区域。我国多数高大水坝是建设在高强度的岩浆岩地基上，其他的则多是建设在石英岩、砂岩、片麻岩的基础上，在可溶性碳酸盐岩、低强度形易变的页岩和千枚岩上建设的非常稀少。在进行水利工程建设过程中需要结合工程实际情况，对不同类型、不同性质的岩土进行有效区分，确保水利工程后续施工顺利开展。另外，在进行坝址选择时，对于高混凝土坝来说，坝体必须建设在基岩上，若河床覆盖层厚度过大，会增加坝基开挖工程量，会出现施工现场条件较为复杂的情况。因此，在其他条件基本相同的情况下，要将坝址选在河床松散覆盖层较薄的区域，若不得不在覆盖层较厚的区域施工，可以选择土石坝类型进行建设。

对于松散土体坝基情况，要注意关注渗漏、渗透、变形、振动、液化等多种问题，采取有效措施避免软弱、易形变的土层。

5.水文地质条件

在岩溶地区或河床深厚覆盖层区域进行选址时，要考虑建设区域的水文地质条件。从工程防渗角度考虑，岩溶区域的坝址要尽量选择在有隔水层的横谷且陡倾岩层倾向上游的河段进行建设。在建设规划过程中还要考虑水库是否存在严重的渗漏隐患，水利工程的库区最好位于两岸地下分水岭较高且强透水层底部，有隔水岩层的纵谷处。若岩溶区域的隔水层无法利用时，要仔细分析地质构造、岩层结构、地貌条件，尽量将水利工程选在弱岩溶化区域。

6.物理地质作用

影响水利工程选址的物理地质作用较多，如：岩溶、滑坡、岩石风化、崩塌、泥石流等情况，根据之前水利工程建设经验，滑坡对选址的影响最大。在水利工程建设期间，选址在狭窄河谷地段能够有效减少工程量，降低工程成本，但狭窄河谷地段岸坡稳定性一般较差，需要在深入勘察的基础上慎重研究该种实施方案的可行性。

7.工程材料

工程材料也是影响水利工程选址的一个重要因素。工程材料的种类、数量、质量、开采条件及运输条件对工程的质量、投资影响很大，在选择坝址时应进行勘察。水库体施工常常需要当地材料，坝址附近是否有质量合乎要求，储量满足建坝需要的建材，都是水利工程选址时应考虑的内容。

水利工程勘察选址工作意义重大，随着科学技术的不断进步，先进设备的不断增加，为水利工程勘察选址奠定了良好基础，水利工程建设人员能够在勘察选址工作中获取更为准确的参考资料。同时，人们要认识到水利工程勘察选址工作复杂、难度大，在实际工作过程中，要全面分析工程建设的利弊，利用好各种现代勘测设备，确保水利工程勘察选址工作的科学化、合理化、现代化，为水利工程建设质量的提升提供良好保障。

四、水利工程质量监督

我国历来是一个重视水利治理的国家，五千年的农业文明也为水利的兴建提供了丰富的经验，大到黄河、长江的治理，小到沟渠、河流的整治，都汇聚了无数劳动人民的智慧。近年来经济的突飞猛进为水利建设的巨大投入提供了有力的保障，水利工程的建设也进入到前所未有的新阶段，而水利工程质量的监督，也更加复杂和重要。

（一）水利工程质量监督的特征

1.复杂性

水利工程建设往往涉及的范围比较广，小到一个村庄、大到一个国家，甚至多个国家联合。例如长江三峡工程，作为一项划世纪的工程，倾全国之力进行，横跨数省造福上亿人口，库区迁移百姓上百万。这样的大工程往往建设周期很长、需要数年的时间，建设范围较大、各种复杂的水文、地势地貌都会出现，施工条件艰苦、施工难度大，这样的工程监督起来更加困难。而由于工程浩大、工期很长，需要很多部门间的配合和协作才能完成监管，不让工程质量存在一点问题，这就更增加了工程的复杂性。

2.艰巨性

水利工程是一种关乎百姓生计、关乎国计民生的大问题，其安全与否不仅影响到水利工程的运行效率、经济效益、防洪防涝抗旱的社会效应，一旦出现安全问题还会对人民的生命财产安全造成严重损害。水利工程的复杂性决定着其在监管方面的艰巨性，一个小的质量漏洞而监管没有到位就有可能造成一次大坝的泄露甚至决堤，就会造成成百上千甚至几万人的生命财产安全受到威胁。同时，水利工程的严格质量要求对施工材料的质量把控也有着严格的要求，这使得水利工程的监管要拉长战线，对施工设计到的每个环节都有把控，对监管提出更艰巨的要求。

3.专业性

水利工程的复杂性和艰巨性注定了进行水利工程的监管需要很强的专业性。就水利工程来说，不光有水力发电站、水库等中等规模，也有航运、调节地区用水等大规模工程，还有净水站、灌溉渠等小规模工程。工程的类型不一样，对质量的要求就不一样，对监管人员的专业要求更是不一样，这就要求监管人员具备较强的水利专业知识，能够监督好、评价好工程的实际质量，在施工方案、施工条件、施工材料等多个方面为施工提供保障，保证工程安全、高效的有序进行。

（二）提高水利工程质量监督的措施

1.完善法律法规

完善的法律体系是提高水利工程质量监管的有力武器。历史的经验带给我们的惨痛经验之一就是法律的漏洞越多，钻空子的人就越多。水利工程建设是利国利民的大工程，也是很多人眼中的"肥工程"，把承接这种大工程当作自己发财的"捷径"，历朝历代因水利工程偷工减料等质量问题被问责的案例数不胜数，而更多的人却没有受到追究，究其原因在于水利工程具有长期性的特点，例如其设计标准是200年一遇，而其实际执行的是百年一遇，只要洪水不来，很多时候这个工程是不容易暴露的，而哪怕暴露了，当时的人员也因退休、死亡等原因而不去追责。这就需要我们继续完善法律法规，在监管层面让法律更细致一些，既有利于当时的监管执法，也能持续追责，有法可依、违法必究、不论早晚，让违法者付出代价。

2.加强监管力度

有效的监督是减少水利工程质量问题的重要手段。正如我们目前正在全国上下营造出的打虎拍蝇氛围一样，对于水利工程的质量监管也要形成这种威慑力量，要有决心、有恒心来下大力气加强监管的力度，这直接影响到水利工程的质量安全。一方面，要形成舆论氛围，从意识上认识到水利工程监督的重要性和放松监管的严重后果，让责任人真正负起责任，不敢马虎、不能大意；另一方面，监管部门要加强监管的实际行为，积极参与到水利工程的施工过程中，严把质量关，以身作则，在各个环节进行风险控制和验收，及早发现问题、勇于揭露问题，将违规、违法的损失减小到最少。同时，监管、验收过程中不可避免地会出现"得罪人"的事情，这要求监管人员有高度的责任心，不敢对违法漠视、不敢不作为，充当老好人。

3.形成网格监管

监管从来都不是单一的，水利工程的质量监督更不应该是一次验收、一种监管。就监管渠道来说，要实行第三方检测，通过与施工方毫无关联的一个公信力度比较好的第三方检测机构的检测，对施工才能做出更公正的结果。同时对这一第三方机构进行定时、不定时的抽查，看其曾检测过的工程是否有问题，一旦查实问题要有严格的清退、惩罚机制，让第三方机构不敢寻租。就责任划分来说，要建立"工程责任人——监管人——参与单位责任人——设计单位责任人"的相互监督的局面，拓展监管举报渠道，提高办事效率。只有形成这种网格式的监管格局，才能更有效地对水利工程的质量进行监管。

五、水利工程节能设计

近年来，水利工程在我国得到了很大的发展，水利工程是综合性较强的项目，虽然给人们生活带来了方便，但是对自然环境的损害也不容忽视。因此，综合考虑生态因素，在水利工程建设中重视水利工程的节能应用是非常有必要的。随着我国社会经济的快速发展，水资源紧缺问题变得越来越明显，水利工程的节能设计受到了高度重视，依靠先进的科学技术降低水资源的能耗是非常关键的。这里结合实际情况，对水利工程节能设计要点进行了具体的分析探讨。引入生态节能的水利工程概念，兼顾各个方面的影响因素，制定了相应的节能控制措施。使水利工程节能设计更加合理化，保持水利工程建设与生态环境的平衡，促进水利工程作用的充分发挥。

水利节能需要贯穿到工程前期设计的各个环节，因此，在工程设计中，要充分地考虑到工程设计的理念，做好可行性研究及初步设计概算等。在节能设计还需要结合当前的相关规定，对工程能耗进行分析，结合工程的实际情况进行合理的选址。真正体现出水利工程建设节能的宗旨，实现人、水资源的和谐共处共同发展。

（一）优化水利工程选址设计

设计修建水库方案时，选址是至关重要的环节，要充分地考虑库址、坝址及建成后是否需要移民等各种因素。因此，在不考虑地质因素的情况下，不要忽视以下3点：在水利工程区域内一定要有可供储水的盆地或洼地，用来储水。这种地形的等高线呈口袋型，水容量比较大。选择在峡谷较窄处兴建大坝，不但能够确保大坝的安全，还能够有效减少工程量，节省建设投资。水库应建在地势较高的位置，减少闸门的应用，提升排水系统修建的效率。此外，生态水利工程在建址时，不要忽视对生态系统的影响，尽量减少建设以后运行时对生态系统造成的不利影响。

（二）水利工程功能的节能运用

1.利用泵闸结合进行合理布置，提高水利工程的自排能力

在水利工程修建设计中在泵站的周边修建水闸来使其排水，即泵闸结合的布置，在水位差较大的情况下进行强排，不但能够节约能源，还能降低强排时间。另外，选择合理的水闸孔宽和河道断面，提高水利工程的自排能力，利用闸前后的水位差，使用启闭闸门，达到排涝和调水的要求。

2.使用绿化景观来增强河道的蓄洪能力，合理规划区域排水模式

为了减少占地面积，在水利工程防汛墙的设计中，可以采用直立式结构形式。在两侧布置一定宽度的绿化带，使现代河道的修建不但能够提高河道的蓄洪能力，还能

满足对生态景观的要求。在设计区域排水系统时，可将整个区域分成若干区域，采取有效的措施，将每个区域排出的水集中到一级泵站，再排到二级排水河道里，最后将水排到区域外，达到节能的效果。

3.实行就地补偿技术，合理地进行调度

受地理环境的因素，一般选择低扬程、大流量的水泵，电动机功率比较低，要将功率因素提高可以采用无功功率的补偿。因此，在泵站设计时可以采用就地补偿技术，将多个电动机并联补偿电容柜。满足科学调度的需求，实现优化运行结构的需求。

（三）加强水利工程的节能设计的有效措施

1.建筑物设计节能

我国建筑物节能标准体系正在逐渐完善，在水电站厂房、泵站厂房等应用建筑物设计节能技术。在工程建设中可以采用高效保温材料复合的外墙，结合实际情况，采用各类新型屋面节能技术，有效控制窗墙面积比。研究采用集中供热技术、太阳能技术的合理性和可行性，减少能源消耗。水电站厂房可以利用自然通风技术，减少采通风方面的能源消耗。

2.用电设备的节能设计

选择合适的用电设备达到节能的具体要求，在水泵的选择上。应正确比较水泵参数，全面考虑叶片安放角、门径和比转速等因素。在水利工程用电设备的节能设计时，可以采用齿轮变速箱连接电动机和水泵的直连方式，即提高效率又节约成本。按照具体专项规划的要求，主要耗能设备能源效率一定要达到先进水平。

3.水利泵站变压器的节能设计

在设计的水利泵闸工程中，应该设置专用的降压变压器给电动机供电，来节省工程投资成本，为以后的运行管理提供方便，选择适合的电动机，避免出现泵闸电动机用电量较大的情况。选择站用变压器，避免大电机运行时带来的冲击。

当前人们越来越重视对环境的保护，生态理念逐渐融入各行各业中去。在水利工程建设中节能设计是一个全新的论题，随着节能技术的快速发展，受到了越来越广泛的重视。这就需要在节能设计中，结合水利工程的实际情况与特征，严格按照国家技术规范和标准，坚持完成水利工程的设计评估，有针对性地确定工程的节能措施。加大水利工程环节的节能控制，合理分析工程的节能效果，以水利工程设计更加科学化为前提，完善水利工程设计内容。

六、水利工程绩效审计

近年来，我国水利工程项目的投资一直在持续增加，水利工程的质量和效益也得到了社会的广泛关注。绩效审计作为一种保证工程项目质量，规范项目资金运用的管理工具，对于水利工程来说有着十分重要的意义。当前，我国在水利工程项目中，绩效审计工作已经逐渐深入，对于项目的经济学、效率性以及效益型的评价也发挥了一定作用，然而，其重要存在着一些不足。

（一）水利工程绩效审核的内涵

1.水利工程项目的特点

水利工程对于国家和地区来说，有着至关重要的意义，是国家经济和社会的重要战略资源，对于社会经济体系有巨大的影响，不仅关系着防洪、供水、电力、粮食，还关系着经济、生态甚至国家安全。水利工程包括防洪工程。农田水利工程、水力发电工程以及航运工程等多种类型。

2.以政府投资为主

水利工程项目通常资金投入量极大，政府以国家预算内、外资金，财政担保信贷以及国债转贷资金等方式实施投资。

3.具有很强的系统性

水利工程项目通常其规划和建设不会孤立考虑，而是与同一流域、同一地区其他水利项目一起通盘考虑，构成一个庞大的系统工程；同时，就项目本身来看，也是一个复杂的系统化工厂，因此，在项目管理与绩效审计中，都必须从全局考虑，展开综合分析。

4.具有较强的公益性

水利项目基本都与民生有很大关系，对当地社会和经济有重要作用，同时对当地的生态环境必然也会起到积极或消极的作用，因此，必须以公众利益作为考虑的基础。

5.水利工程绩效审计

水利工程的绩效审计，是在《审计法》《国家建设项目审计准则》等法律法规指导下，对水利工程的建设活动的全过程实施监督和审查，涵盖项目从设计、材料、施工、监理、质量检查等所有环节和部门，以项目投资为主线，重点审查项目投资立项的合法性、资金来源的合法性、资金使用的合理性，以及项目投入使用后的效益型。当前，我国一些重要水利项目，都已经逐渐推广实施了绩效审核工作。

（二）水利工程绩效审计的建议

1.持续深入水利工程绩效审核研究

当前，发达国家已经拥有了相对成熟的绩效审计理论，并依次为基础，制定了完善的绩效审核制度，再经过实践的检验得以不断完善。我国在这方面的理论研究起步较晚，研究理论也相对滞后，研究成果还不足以有效应用于实践，帮助解决实际遇到的问题，这也导致在现实中的水利工程绩效审计工作开展的深入、广度远远不足。所以，必须持续深入水利工程绩效审核研究，重点要集中在以下几个方面：一是审计框架，如何有效将财务审计、绩效审计与项目审计融合成有机整体；二是审计如何与工程实务相结合，不仅要重视对投资的审计，更好重视对项目管理的审计；三是如何推动审计工作深化，是审计的内容真正能够反应项目自身的真实性、合法性、效益型和建设性。在研究过程中，可以积极借鉴发达国家的相关理论，再与我国实际状况相结合。

2.建立科学全面的水利工程绩效审核指标体系

当前，我国的水利工程绩效审核工作在绩效审核方面之所以形式化严重，与缺乏有效的绩效评价体系指导有密切关系。科学的指标体系，不仅有助于审计工作的开展，也有利于审计结果的更加客观公正。早在20世纪末，美国营建研究院就提出了整套全面的建设项目绩效评估体系，从而为建设项目的绩效审计活动提供指。我国迄今为止尚没有形成这样的指标体系、水利工程绩效审核指标体系，有助于审计人员本着客观公正的态度，充分考虑项目内容、地区差异等客观因素，从而给予公平的审计。

水利工程绩效审核指标体系，从工程建设过程来看，应当涵盖建设全过程；从审计目标来看，应当至少包括项目得经济学、效率性、环境性、公平性以及效益性。同时，在基本框架下可确定相关实施细则，以使指标系统既能够把持统一性，又能够被灵活使用。

3.强化审计机构的审计能力

水利工程绩效审核作为一项具有较高复杂度，涉及诸多专业知识的综合性工作，对审计机构的审计能力也有十分严格的要求。因此，设计机构的能力必须有计划、有目的的不断提升。首先，要推动社会化人才的进入，社会化人才带着各个专业的实际从业经验，进入审计机构，帮助人才队伍完善知识结构，打造财务审计与工程技术兼备的人才队伍。其次，要建立有效的人才培养制度，不断推动现有审计人员的知识结构、专业能力和综合能力的提升。另外，还建立有效的专家晋升通道，打造职业资格认证体系，以提供强大的人才保障。最后，要建立庞大的外部审计资源，包括行业专家、咨询机构等，在特殊情况下，可借助外部资源使审计工作得以更好地完成。

综上所述，当前我国水利工程绩效审计工作依然有较大的提升空间，在推动水利工程绩效审计的过程中，必须在加大研究力度的基础上，建立完善的绩效审计指标体系，同时强化审计队伍能力的提升，才能更好地完成水利工程的绩效审计工作。

第二节　水利工程建设

一、基层水利工程建设探析

（一）水利工程建设意义

水利工程不仅要满足日益增长的人民生活和工农业生产发展需要，更要为保护和改善环境服务。基层水利工程由于其层次的特殊性，对当地发展具有更重要的现实意义。

1.保障水资源可持续发展

水具有不可替代性、有限性、可循环使用性以及易污染性，如果利用得当，可以极大地促进人类的生存与发展，保障人类的生命及财产安全。为了保障经济社会可持续发展，必须做好水资源的合理开发和利用。水资源的可持续发展能最大限度保护生态环境，是维持人口、资源、环境相协调的基本要素，是社会可持续发展的重要组成部分。

2.维持社会稳定发展

我国历来重视水利工程的发展，水利工程的建设情况关乎我国的经济结构能否顺利调整以及国民经济能否顺利发展。加强水利工程建设，是确保农业增收、顺利推进工业化和城镇化、使国民经济持续有力增长的基础和前提，对当地社会的长治久安大有裨益，水利工程建设情况在一定程度上是当地社会发展状况的晴雨表。

3.提高农业经济效益和社会生态效益

水利工程建设一定程度上解决了生活和生产用水难的问题，也提高了农业效益和经济效益，为农业发展和农民增收做出了突出的贡献。在水利工程建设项目的实施过程中，各级政府和水利部门越来越注重水利工程本身以及周边的环境状况，并将水利工程建设作为农业发展的重中之重，极大地提升了当地的生态效益和社会效益。

（二）水利工程建设问题

1.工程建设大环境欠佳

虽然水利工程对当地农业发展至关重要，相关部门也都支持水利事业的发展，但是水利工程建设整体所处大环境欠佳，起步仍然比较晚，缺乏相关建设经验，致使水利工程建设发展较为缓慢。尽管近几年水利工程建设发展在提速，但整体仍比较缓慢。

2.工程建设监督机制不健全

水利工程建设存在一定的盲目性、随意性，致使不能兼顾工程技术和社会经济效益等诸多方面。工程重复建设多以及工程纠纷多，造成了水利工程建设中出现规划无序、施工无质以及很多工程隐患等问题。工程建设监督治理机制不健全导致建设进度缓慢、施工过程不规范、监理不到位，最终表现在施工中存在着明显的质量问题，严重影响了水利工程有效功能的发挥，没有起到水利工程应该发挥的各项效用。

3.工程建设资金投入渠道单一

水利工程建设管理单位在防洪、排涝、建设等工作中，耗费了大量的人力、物力、财力，而这些支出的补偿单靠水费收入远远不够。尽管当前各地政府都加大了水利工程的建设投入，但对于日益增长的需求，水利工程仍然远远不足。我国是一个农业大国，且我国的农业发展劣势很明显，仍然需要国家大力扶持和政策保护以及积极开通其他融资渠道。

4.工程建设标准低损毁严重

工程建设质量与所处时代有很大关系，受限于当时的技术、资金条件，早期水利工程普遍存在设计标准低、施工质量差、工程不配套等问题。特别是工程运行多年后，水资源的利用率低、水资源损失浪费严重、水利工程老化失修、垮塌损毁严重，甚至存在重大的水利工程安全隐患。这些损毁问题的发生，与当初工程建设设计标准过低关系很大。

5.督导不及时责任不明确

抓进度、保工期是确保工程顺利推进的头等大事。上级领导不能切实履行自身职责，不能做到深入工程一线、掌握了解情况、督促检查工程进展。各相关部门不敢承担责任，碰到问题相互推诿、扯皮、回避矛盾，不能积极主动地研究问题和想方设法去解决问题。对重点工程，上级部门做不到定期督查、定期通报、跟踪问效，对各项工程进度、质量、安全等情况，同样做不到月检查、季通报、年考核。

6.工程建设管理体制不顺畅

处于基层的水利工程管理单位，思维观念严重落后，仍然沿用粗放的管理方式，使得水资源的综合运营经济收益率非常低。水利工程管理体制不顺、机制不活等问题造成大量水利工程得不到正常的维修养护，工程效益严重衰减，难以发挥工程本身的实际效用，对工程本身造成了浪费，甚至给国民经济和人民生命财产带来极大的安全隐患。

7.工程后期监管力量薄弱

随着社会经济的高速发展，水利工程建设突飞猛进，与此同时人为损毁工程现象也屡见不鲜。工程竣工后正常运行，对后期的监管多地表现出来的是监管乏力，捉襟见肘。监管不力，主要原因是管护队伍建设落后，缺乏必要的监管人员、车辆、器械等，执法不及时、不到位也是监管不力的重要原因。

（三）未来发展探析

做好基层水利工程建设与管理意义重大，必须强化保障措施，扎实做好各项工作，保障水利工程正常运行。

1.落实工作责任

按照河长制湖长制工作要求，要全面落实行政首长负责制，明确部门分工，建立健全绩效考核和激励奖惩机制，确保各项保障措施落实到位。通过会议安排以及业务学习等方式，使基层领导干部深刻地认识到水利工程建设的重要性和必要性，不断提高对水利工程的认识，积极主动推进水利工程建设，为农田水利事业的发展打下坚实的基础。

2.加强推进先进理念

采取专项培训和"走出去、请进来"等方法，抓好水利工程建设管理从业者的业务培训，开阔眼界，提高业务水平。积极学习周边地区先进的水利工程建设办法、管护理念、运行制度。此外工作人员还要自觉提高自身的理论和实践素养，武装自己的头脑，丰富自身的技能，为当地水利工程建设管理提供强有力的理论和技术支持。

3.加大资金投入及融资渠道

基层政府要提前编制水利工程建设财政预案，进一步加大公共财政投入，为水利工程建设提供强有力的物质保障。积极开通多种融资渠道，加强资金整合，继续完善财政贴息、金融支持等各项政策，鼓励各种社会资金投入水利建设。制定合理的工程建设维修养护费标准，多种形式对水利工程进行管护，确保水利工程能持之有序的发挥水利效用。

4.统筹兼顾搞好项目建设规划

规划具有重要的现实指导和发展引领作用，规划水平的高低决定着建设质量的好坏。

因此，规划的编制要追求高水平、高标准，定位要准确，层次也要高。在水利工程规划编制过程中，既要与基层的总体规划有效衔接，统筹考虑，又要做出特色、打造出亮点。对短时间难以攻克的难题，要做长远规划，一步一步实施，一年一年推进，不能为了赶进度，就降低了规划的质量。

5.抓好工程质量监管加快建设进度

质量是工程的生命，决定着工程效用的发挥程度。相关部门对每一项工程、每一个工段都要严格按照规范程序进行操作，需要建设招标和监理的要落实到位，从规划、设计到施工每一个环节都要按照既定质量标准和要求实施。加快各个项目建设进度，速度必须服从质量，否则建设的只能是形象工程、政绩工程、豆腐渣工程。各责任部门要及早制定检查验收办法，严格把关，应该整改和返工的要严格要求落实。

6.健全监管体制

对建成的水利工程要力求做到"建、管、用"三位一体，管护并举，建立健全起一套良性循环的运行管理体制。完善工程质量监督体系，自上而下、齐抓共管，保证工程规划合理、建设透明、质量过硬，确保每个环节都经得起考验。此外还要加大对水利工程破坏行为的打击力度，增加巡察频次，增添巡逻人员，制订巡查计划，确定巡查目标和任务，细化工作职责，防止各种人为破坏现象的发生。

7.加大宣传力度组织群众参与

加大宣传力度，采取悬挂横幅、宣传标语以及利用宣传车进行流动宣传等方式，大力宣传基层水利工程建设的新进展、新成效和新经验，使广大群众了解水法规、节水用水途径、水工程建设及管护等内容。此外还可以尝试如利用网络、多媒体、微信等新平台做好宣传工作，广泛发动群众参与，积极营造全社会爱护水利工程的良好氛围。

8.借力河湖长制共推管护工作

当前河湖长制开展迅猛，各项专项行动推进及时，清废行动、清"四乱"等行动有效促进了河湖及各类水利工程管护工作的开展。水利工程在河湖长制管理范围之列，是河湖管护的重要组成部分，水利工程管护工作开展的好坏，也很大程度影响着河湖长制的开展利用好河湖长制发展的东风，是推进水利工程管护工作的良好契机。

我国是水利大国，水利建设任重道远，水利工程的正常运行是关系国计民生的大事。我国人均水资源并不丰富，且时空分布不均，更凸显了水利工程建设的重要性。阐述水利工程的重大意义，分析基层水利工程建设管理中存在的问题，探索未来基层水利工程建设管理方法，旨在与各工程建设管理工作者探讨交流。

二、水利工程建设监理现状分析

（一）水利工程监理工作的特点

首先，它是公平和独立的。在水利工程建设阶段，当承包人与发包人之间存在利益冲突时，监理人员可以根据相关原则和操作规范，有效地调整不同利益相关者之间的关系。其次，实现了工程管理与工程技术的有机结合。一名合格的水利工程监理人员需要具备扎实的专业知识基础，以及良好的协调管理经验。

（二）加强水利工程监理工作的相关策略

1.提升水利工程监理有效性的措施

①各级主管部门应当加强对本辖区内水利工程建设监理单位的监督管理。违反规定或者存在安全隐患的工程，应当责令停止，并大力整顿监理风。并加大社会监督宣传力度，加深对监督的认识，以消除一些人对监督的误解。②建立监督部门"红名单"和"黑名单"制度。认真履行监督职责的部门进入"红色名单"，给予一定的物质奖励和精神奖励，提高监督积极性；对监事或在随机变更投标文件中确定的监事将存在严重的质量问题。监督单位和人员必须进入"黑名单"，并将不良行为记录在案。如果有必要，他们应该受到一定的惩罚，从根本上遏制监管部门的无耻行为。监管部门只攫取业务，不谈质量。③提高监理人员的专业素质。可以邀请专业人士讲解一些专业知识，提高监理人员的专业素质同时结合监理过程中的一些实际案例，不断提高监理人员的工作技能。此外，将扩大高素质人才的招聘，提高监事的薪酬水平，使监事部门有一定的财力招聘一些高素质人才；加强对监理人员的监督管理，做到认真、公正、廉洁。依法治水，有利于水利工程建设。

2.加强施工阶段监理控制的措施

水利工程具有高度的复杂性、综合性和系统性，施工过程和内容较多。为此，有关部门和人员必须做好施工阶段的监理工作。具体可以从以下几个方面着手：一是水利工程企业要结合工程的具体特点，制定健全可行的监督管理制度，严格执行各方面制度，严格惩处人员违纪行为。其次，水利工程监理人员必须严格监督施工过程，确保每个施工人员都能按照施工标准进行施工。最后，监理人员应在施工现场设置监控点，并将计算机电子设备引入监控点，对施工现场进行动态监测，及时发现问题，及时消除潜在的质量隐患。

3.水利工程施工后期监理工作

水利建设后期的监理工作一般包括以下几个方面：一是监理人员必须定期组织工程验收工作。在实践中，必须严格遵守国家有关规定和标准；第二，制定健全可行的维修管理计划，定期进行工程维修工作，确保项目寿命和成本的节约。同时，水利工程监理人员还应根据实际情况对施工方案进行细化，并在不同阶段纳入不同的质量标准。

水利建设的过程中，只有建立健全监督工作制度，监督工作的改进系统，工程监理工作的标准化程序，项目的充分发挥监督功能，和"四控制、二管理、一协调"的工作可以使水利工程的监理工作已进入科学的操作记录，程序，标准和标准化，从而促进水利工程的健康运行和可持续发展。

三、水利工程建设环境保护与控制

在当今社会发展进步的过程中，我国建设的各项水利工程发挥出了重要作用。尤其在水利运输与发电、农业灌溉与洪涝灾害等方面，更加体现出了我国水利工程建设的强大。为了加快我国社会主义现代化经济的提高，我们对水利工程的作用需求也进一步提高。但是在注重水利发展的同时，我们要更加注重保护生态环境，应充分考虑到生态环境与水利发展之间的利弊关系，权衡两者之间可持续发展的可能性，因此我们需要寻求一种良好的机制来完善环境保护的措施，真正为我国水利工程的发展提供可持续的强有力的保障。

我国作为综合经济实力在世界排名靠前的大国，确也存在水资源贫瘠的短处。而正是通过我国这些水利工程的建设，才将我国的水资源合理调配。与此同时，这些水利工程的建设使我们深深感受到了其所带来的有益之处，比如闻名于世的三峡大坝工程就给人们的交通运输、水力发电、农业灌溉以及防洪防涝带来了便利。充分合理的开发水利建设是符合我国的发展战略计划与基本国情的，但近年来的调查结果却显示，水利工程的建设会导致生态环境失去平衡，而且往往越大的工程给环境带来的影响越严重。

（一）水利工程建设对生态环境造成影响

在建设水利水电工程中都会对生态环境造成一定程度的破坏，其中调查表明分析出了有以下主要方面的影响：

1.对河流生态环境造成影响

大多数的水利工程需要建设在江流湖泊河道上，而在建设水利工程之前，江河湖泊等都有着其平衡的生态环境。在江流河道上建造水利工程往往会导致河流原来的生态环境受到影响，长此以往，会严重破坏河流的生态环境导致河流局部形态的变化以及可能会影响到上游和下游的地质变化、水文变化造成河道泥沙淤积等问题。更有甚者，会造成水温情况的上升，从而对河中生物产生不利影响，造成河中生物的死亡或大量水草的蔓延。

2.对陆生生态环境造成影响

建设水利工程之后不但会对水文地质产生影响，也会对陆生生态环境造成不同程度的影响后果。因为在建设水利工程的过程中，周围土壤的挖掘、运输，包括水流的阻断对下游产生的灌溉以及周围陆生动植物的给水供给都会产生影响。经过长时间的给水不到位，就会造成生态环境链的断裂，即便是后续施工结束，也很难恢复到以前的生态环境。在注重施工过程中保护水文环境以及陆生生态环境的同时，还要注重施工过程中生产生活污水的处理排放对生态环境的影响。往往在施工过程中会造成植被破坏、动物迁徙以及动物在迁徙途中因为食物或水的缺失而死亡。这些问题都应该是我们所更加关注的，人与生态环境应该互相并存，因此，我们在施工中应该尽可能地减小施工对陆生生态环境的影响。

3.对生活环境造成影响

一般情况下，在水利水电工程的建设过程中，施工场地都要大于建设用地。因此往往要占用一些土地来为工程建设施工提供便利。在水利工程中，一般会对部分的沿岸居民以及可能会受到工程施工影响的居民提出安置迁徙的要求，这也是水利工程施工对人类生活环境造成最直观的影响后果。其次就是对沿岸耕地的影响，会将沿岸耕地的土质变为土地盐碱化或者直接变成沼泽地。与此同时，也可能对当地的气候产生影响，而且如果出现安置调配不合理的情况，还可能造成二次破坏的后果。

（二）水利工程建设环境保护与控制的举措

水利工程的建设使我们深深感受到了其所带来的有益之处，但是，如果不正确处理好水利工程建设与生态环境之间的关系，合理保护生态环境，那么水利工程就不能发挥正面影响。因此，合理建设水利工程，保护生态环境，控制环境污染的负面影响，我们可以从以下几个方面入手：

1.建立环境友好型水利水电工程

环境友好型水利工程，即让水利工程与生态环境和平发展，让二者相互依存，相互影响，最终促进二者的良性发展。在这一环节，首先要立足于现状，建立水利工程建设流域的综合规划体系。据相关报道，现阶段我国水利水电建设正处于转型的重要阶段。因此，我们应该抓住机会，从实际情况出发，发挥水利工程建设的整体优势，促进环境和水利工程的统筹发展。其次，我们应该加强对江河领域周边环境的实地调研查看，调研内容主要包括：地形地势特点、水文环境信息以及周边所住居民情况。通过加强对江河流域的调研工作，建立江河领域生态保护系统，加大监督保护力度，让水能资源真正做大取之不尽，用之不竭。

2.提高技术研究水平，突破现有的生态保护工作格局

据相关报道，在世界很多发达的欧美国家，其过鱼技术的应用十分广泛，并且配套设施的设置也具有相当高的科技水平。但在我国水利工程建设中，科学技术的利用

率远不及发达的欧美国家。因此，我们可以总结欧美国家在这一领域的经验教训，引进过鱼技术和相关配套设备，加强高科技的投入力度，在永久性拦河闸坝的建设工作中，通过利用该技术和相关配套设备，增加分层取水口的数量，从而保护周围环境的良性发展。除此之外，我国的分层取水技术仍处于落后地位，因此我们可以学习该技术发展完善成熟的国家，引进建立研究中心的施工模式，提高我国的分层取水技术的质量水平，最终促进我国水利工程建设向着环境友好型而迈进一步。

3.生态调度，补偿河流生态，缓解环境影响

我们在调整水利水电现在的运行方式的过程中也应该多向发达国家学习，通过他们的成功案例总结经验结合我国现实情况将工程的调度管理加入生态管理，同时应早日争取实现以修复河流自然流域为重点发展方向。在工程建设中应合理安排对生态环境的补偿，借鉴我国成功的水利工程建设经验，如：丹江口水利工程中，通过增加枯水期的下泄流量，进而解决了汉江下流的水体富营养化问题；太湖流域改变传统的闸坝模式，从而对太湖流域水质进行了改善，真正做到了对河流生态系统的补偿，缓解了水利工程建设对环境带来的负面影响。

4.建设相关规程和保护体系，多途径恢复和保护生态环境

水利工程建设给周边环境造成的负面影响大多是不可逆的，因此，我们应该针对问题出现的原因进行充分探究，并有针对性地进行综合治理。除此之外，我们还应该从实际出发，因地制宜。在这一环节，我们可以借鉴以往成功的水利工程建设案例，找到可以引荐的经验。例如：可以通过人工培育的方法，降低水利工程给水生生物带来的负面影响；采用气垫式调压井，对工程流域的植物覆盖率进行有效保护；利用胶凝砂砾石坝，减少对当地稀有资源的利用率；修建生物走廊，重建岸坡区域的植被覆盖；加强人工湿地的设置等等。总而言之，对水利工程周边的环境进行保护和控制是多方面的，要树立综合治理的理念，改变传统的环境保护体系，加强技术的投入力度，针对建设区域的实地情况，建立符合当地情况的环境保护规章制度和保护体系。

综上所述，在当今社会发展进步的过程中，我国建设的各项水利工程发挥出了重要作用。这其中在水利运输与发电以及农业灌溉与洪涝灾害等方面充分体现出了我国水利工程建设的强大。因此，在注重水利发展的同时我们更加要注重保护生态环境，应充分考虑到生态环境与水利发展利弊，权衡可持续发展的可能性，因此我们需要寻求一种良好的机制完善的措施，以此为我国水利工程的发展提供可持续的强有力的保障。一般来说，水利工程建设对周边环境造成的负面影响大多是不可逆的，因此，我们应该针对问题出现的原因进行充分探究，并有针对性地进行综合治理，改变传统的环境保护体系，加强技术的投入力度，针对建设区域的实地情况，真正为建立环境友好型的水利水电工程贡献力量。

四、水利工程建设中的水土保持设计

随着国家经济的快速发展，人们的生活质量水平不断地提高。给环境带来很大的问题。特别是工业发展严重损害水资源，最终将导水资源枯竭，为可持续性利用资源，基于可持续发展，人类寻求最大的效益，其中，水土保持是当前水利工程建设中维护水资源较为可行的措施。

（一）水利工程产生水土流失的特点

1.水利工程建设施工削弱现有的土壤强度

在水利工程的建立过程中，排弃、采挖等生产作业都需要用到现代化机械设备，这会大大削弱现有的土壤强度。在侵蚀速度不断加快的同时，运动形式也处于不断变化的状态导致原有的水土流失发生规律发生了巨大变化。这样不仅会影响施工环境周边的水土强度还会造成水土流失不均匀的现象。

2.水利工程建设施工所导致的水土流失是不可逆的

一般来说，自然形成的水土流失相对来说是可恢复的，但水利工程建设施工所导致的水土流失是不可逆的。目前，随着国内水利工程建设的发展与创新，政府和企业开始加强自身的水土保持意识，很多水利工程建设在施工之前都会进行实地勘察，在研究科学设计方案的基础上，减少水土流失的可能，使设计方案与施工环境最大限度地相互包容，大大减少了水土流失现象的发生。

（二）水利工程建设中水土保持工作的可持续发展作用

1.提升水资源的利用率

现阶段经济飞速发展，导致生态环境遭受巨大破坏，特别是水土流失导致水资源利用效率不断降低，多发洪涝灾害，使得水资源质量越来越低。为高效利用水资源，须搞好水土保持工作，逐步优化国内水土资源，促使水资源高效利用，创造更大的经济及社会价值。

2.积极影响国家的宏观经济发展

水土保持在维护自然生态环境上起到积极作用，推动了国民经济的宏观发展。水土流失引发的灾害，给国家经济造成了巨大的损失，强化水土保持，可有效规避以上灾害，促使经济不断发展，为此，水土保持在促进我国经济宏观发展上具有突出作用。

3.减少水质污染，提高水环境品质

水土保持可较好提升水环境质量，围绕水源保护开展工作，促进一体化治理有效实施，充分建设生态保护、生态治理，生成一套完备的水土保持防护系统，减少当前环境污染给水资源带来的损害，从整体上提升水环境质量。

（三）水利工程水土保持措施分析

1. 确保生物多样性

围绕生态优先，与生物多样性原则展开水土保持设计，是指借助地方物种，构建生物群落，以保护生态环境。生物多样性包括生物遗传基因、生物物种与生物系统的多样性，对维护生态物种多样性有着现实意义。

2. 注重乡土化设计

乡土植物环境适应性强，对生态环境恢复有着积极促进作用。不仅恢复生态环境效果显著，同时成本低，合理搭配可显著提高经济与生态效益。

3. 应用生态修复新技术

针对地势陡峭、降雨量小、土层瘠薄的水利工程建设，水分、土壤对施工区的生态恢复影响大；对此，可引用新型的生态修复技术、材料等，减少施工对水土流失的影响，同时确保生态恢复效果。

4. 加强宣传

水土保持工作，作为与人们生活质量相关联的公益性工程，首先人与自然间应和谐相处。其次利用现代媒体影响，提高群众对工作展开的认识与责任，以及水利工程建设的监督意识。最后各部门应当合理借助群众力量，确保水土保持工作顺利展开。

5. 综合治理

水利工程建设中，应当加强对堤防、蓄水与引水等工程的认识，改善坡形与沟床，切实预防水土流失。挖方区需设置排水渠、截流沟、抗滑桩、挡土墙等工程措施；降低重力侵蚀影响。回填区应整理坡形，同时敷设林草，减少施工中的水蚀风蚀等侵蚀。临时占地加强防护与以整理、补植。施工中的弃渣循环利用。沟道内需设置谷坊、淤地坝等治沟工程，减少边坡淘涮。临时生活区禁止向农田排放污水与生活垃圾。

6. 提供资金支持

为促使水利工程各项工作有序实施，要求技术人员务必做好资金保障工作。因为水利工程建设严重破坏水土，但这和工程资金链供应直接相关。资金为维持水利工程建设十分重要的一类因素，但在具体水利而在实际工程施工时，各流程均要遵照有关法律及法规来执行，马上制止出现的违规行为，同时在此前提下，编制合理有效的水利工程施工方案。有效预算各施工资金情况，如此避免各方面发生超预算。同时，在给水利工程项目立项过程中，严厉审查施工单位，符合审查条件后，方能进行投标。

水利工程具有时间长影响广对生态破坏较大等诸多特点，所以水利工程中更应该注重水土保持措施的开展。水土保持措施一般包括了生态措施、工程措施和临时措施，而针对水利工程的特殊性，往往这几种形式的措施要综合使用，同时水利工程的措施要分部分区的进行使用。水利工程施工环节复杂，施工工序不同对场地带来的影响也不同，所以必须根据水利工程每一工序的特点进行水土保持措施的制定和计划，只有合理并合宜的水土保持方案才能够起到防止水土流失的作用。此外，水利工程施工现场要注意水土监测工作的开展，只有开展了水土检测工作才能够更好地有理有据的开展水土保持措施，才能够更好地结合实际开展水土保持相关方案。

第二章 现代水利工程管理的功能

第一节 现代水利工程管理的地位

水利工程是指在江河、湖泊和地下水源上开发、利用、控制、调配和保护水资源的各类工程。人类社会为了生存和可持续发展的需要，采取各种措施，适应、保护、调配和改变自然界的水和水域，以求在与自然和谐共处、维护生态环境的前提下，合理开发利用水资源，并为防治洪、涝、干旱、污染等各种灾害。为达到这些目的而修建的工程称为水利工程。在人类的文明史上，四大古代文明都发祥于著名的河流，如古埃及文明诞生于尼罗河畔，中华文明诞生于黄河、长江流域。因此丰富的水力资源不仅滋养了人类最初的农业，而且孕育了世界的文明水利是农业的命脉，人类的农业史，也可以说是发展农田水利、克服旱涝灾害的战天斗地史。

人类社会自从进入21世纪后，社会生产规模日益扩大，对能源需求量越来越大，而现有的能源又是有限的。人类渴望获得更多的清洁能源，补充现在能源的不足，同时加上洪水灾害一直威胁着人类的生命财产安全，人类在积极治理洪水的同时又努力利用水能源。水利工程既满足了人类治理洪水的愿望，又满足了人类的能源需求。水利工程按服务对象或目的可分为：将水能转化为电能的水力发电工程；为防止、控制洪水灾害的防洪工程；防止水质污染和水土流失，维护生态平衡的环境水利工程和水土保持工程；防止旱、渍、涝灾害而服务于农业生产的农田水利工程，即排水工程、灌溉工程；为工业和生活用水服务，排除、处理污水和雨水的城镇供、排水工程；改善和创建航运条件的港口、航道工程；增进、保护渔业生产的渔业水利工程；满足交通运输需要、工农业生产的海涂围垦工程等。一项水利工程同时为发电、防洪、航运、灌溉等多种目标服务的水利工程，称为综合水利工程。我国正处在社会主义现代化建设的重要时期，为满足社会生产的能源需求及保证人民生命财产安全的需要，我国已进入大规模的水利工程开发阶段。水利工程给人类带来了巨大的经济、政治、文化效益。它具备防洪、发电、航运功能，对促进相关区域的社会、经济发展具有战略意义。水利工程引起的移民搬迁，促进了各民族间的经济、文化交流，有利于社会稳定。水利工程是文化的载体，大型水利工程所形成的共同的行为规则，促进了工程文化的发展，人类在治水过程中形成的哲学思想指导着水利工程实践。长期以来繁重的水利工程任务也对我国科学的水利工程管理产生了巨大的需求

一、我国水利工程在国民经济和社会发展中的地位

我国是水利大国，水利工程是抵御洪涝灾害、保障水资源供给和改善水环境的基础建设工程，在国民经济中占有非常重要的地位。水利工程在防洪减灾、粮食安全、供水安全、生态建设等方面起到了很重要的保障作用，其公益性、基础性、战略性毋庸置疑。各地要加强中小型水利项目建设，解决好用水最后一公里问题，因而水利工程在促进经济发展，保持社会稳定，保障供水和粮食安全，提高人民生活水平，改善人居环境和生态环境等方面具有极其重要的作用。

我们国家向来重视水利工程的建设，治水历史源远流长，一部中华文明史也就是中国人民的治水史。古人云：治国先治水，有土才有邦。水利的发展直接影响到国家的发展，治水是个历史性难题。历史上著名的治水英雄有大禹、李冰、王景等。他们的治水思想都闪耀着中国古人的智慧光华，在治水方面取得了卓越的成绩。人类进入21世纪，科学技术日新月异，为了根治水患，各种水利工程也相继开建。特别是近十年来水利工程投资规模逐年加大，各地众多大型水利工程陆续上马，初步形成了防洪、排涝、灌溉、供水、发电等工程体系。由此可见，水利工程是支持国民经济发展的基础，其对国民经济发展的支撑能力主要表现为满足国民经济发展的资源性水需求，提供生产、生活用水，提供水资源相关的经济活动基础，如航运、养殖等，同时为国民经济发展提供环境性用水需求，发挥净化污水、容纳污染物、缓冲污染物对生态环境冲击等作用。如以商品和服务划分，则水利工程为国民经济发展提供了经济商品、生态服务和环境服务等。

新中国成立以来，大规模水利工程建设取得了良好的社会效益和经济效益，水利事业的发展为经济发展和人民安居乐业提供了基本保障。

长期以来，洪水灾害是世界上许多国家都发生的严重自然灾害之一，也是中华民族的心腹之患。由于中国水文条件复杂，水资源时空分布不均，与生产力布局不相匹配。独特的国情水情决定了中国社会发展对科学的水利工程管理的需求，这包括防治水旱灾害的任务需求，中国是世界上水旱灾害最为频发和威胁最大的国家，水旱灾害几千年来始终是中华民族生存和发展的心腹之患；新中国成立后，国家投入大量人力、物力和财力对七大流域和各主要江河进行大规模治理。由于人类活动的长期影响，气候变化异常，水旱灾害交替发生，并呈现愈演愈烈的趋势。长期干旱，土地沙漠化现象日益严重，从而更加剧了干旱的形势。而中国又拥有世界上最多的人口，支

撑的人口经济规模特别巨大，是世界第二大经济体，中国过去三十年创造了世界最快经济增长纪录，面临的生态压力巨大，中国生态环境状况整体脆弱，庞大的人口规模和高速经济增长导致生态环境系统持续恶化。随着人口的增长和城市化的快速发展，干旱造成的用水缺口将会不断增大，干旱风险及损失亦将持续上升，而水利工程在防洪减灾方面，随着经济社会的快速发展，水利建设进程加快，以三峡工程、南水北调工程为标志，一大批关系国计民生和经济发展的重点水利工程相继开工建设，我国已初步形成了大江大河大湖的防洪排错工程体系，有效地控制了常遇洪水，抗御了大洪水和特大洪水，减轻了洪涝灾害损失，特别是确保黄河的岁岁安澜。总的来看，七大江河现有的防洪工程对占全国的1/3的人口，1/4的耕地，包括京、津、沪在内的许多重要城市，以及国家重要的铁路、公路干线都起到了安全保障作用。

在支撑经济社会发展方面，大量蓄水、引水、提水工程有效提升了我国水资源的调控能力和城乡供水保障能力。因水利工程的建设以及科学的水利工程管理作用，全国水土流失综合治理面积也日益增加。灌溉工程为农业发展特别是粮食稳产、高产创造了有利的前提条件，奠定了农业长期稳步发展的基础，巩固了农业在国民经济发展中的基础地位二在扶贫方面，大多数水利工程，特别是大型水利枢纽的建设地点多数选在高山峡谷、人烟稀少地区，水利枢纽的建设大大加速了地区经济和社会的发展进程，甚至会出现跨越式发展，另外，我国的小水电建设还解决了山区缺电问题，不仅促进了农村乡镇企业发展和产业结构调整，还加快了老少边穷地区农牧民脱贫致富。在保护生态环境方面，水利建设为改善环境做出了积极贡献，其中水土保持和小流域综合治理改善了生态环境，水力发电的发展减少了环境污染，为改善大气环境做出了贡献，农村小水电不仅解决了能源问题，还为实施封山育林、恢复植被等创造了条件，另外污水处理与回用、河湖保护与治理也有效地保护了生态环境。

水利工程之所以能够发挥如此重要的作用，与科学的水利工程管理密不可分。由此可见水利工程管理在我国国民经济和社会发展中占据十分重要的地位。

二、我国水利工程管理在工程管理中的地位

工程管理是指为实现预期目标，有效地利用资源，对工程所进行的决策、计划、组织、指挥、协调与控制，是对具有技术成分的活动进行计划、组织、资源分配以及指导和控制的科学和艺术。工程管理的对象和目标是工程，是指专业人员运用科学原理对自然资源进行改造的一系列过程，可为人类活动创造更多便利条件。工程建设需要应用物理、数学、生物等基础学科知识，并在生产生活实践中不断总结经验。水利工程管理作为工程管理理论和方法论体系中的重要组成部分，既有与一般专业工程管理相同的共性，又有与其他专业工程管理不同的特殊性，其工程的公益性（兼有经营性、安全性、生态性等特征），使水利工程管理在工程管理体系中占有独特的地位。水利工程管理又是生态管理、低碳管理和循环经济管理，是建设"两型"社会的必要

手段，可以作为我国工程管理的重点和示范，对于我国转变经济发展方式、走可持续发展道路和建设创新型国家的影响深远。

水利工程管理是水利工程的生命线，贯穿于项目的始末，包含着对水利工程质量、安全、经济、适用、美观、实用等方面的科学、合理的管理，以充分发挥工程作用、提高使用效益。由于水利工程项目规模过大，施工条件比较艰难、涉及环节较多、服务范围较广、影响因素复杂、组成部分较多、功能系统较全，所以技术水平有待提高，在设计规划、地形勘测、现场管理、施工建筑阶段难免出现问题或纰漏，另外，由于水利设备长期处于水中作业受到外界压力、腐蚀、渗透、融冻等各方面影响，经过长时间的运作磨损速度较快，所以需要通过管理进行完善、修整、调试，以更好的进行工作，确保国家和人民生命与财产的安全，社会的进步与安定、经济的发展与繁荣，因此水利工程管理具有重要性和责任性。

第二节　水利工程管理的作用

一、水利水电工程管理对社会发展的推动作用

随着工业化和城镇化的不断发展，科学的水利工程管理有利于增强防灾减灾能力，强化水资源节约保护工作，扭转听天由命的水资源利用局面，进而推动社会的发展。

（一）对社会稳定的作用

水利工程管理有利于构建科学的防洪体系，而科学的防洪体系可减轻洪水的灾害，保障人民生命财产安全和社会稳定。全国主要江河初步形成了以堤防、河道整治、水库、蓄滞洪区等为主的工程防洪体系，在抗御历年发生的洪水中发挥了重要作用，有利于社会稳定。

社会稳定首先涉及的是人与人、不同社会群体、不同社会组织之间的关系。这种关系的核心是利益关系，而利益关系与分配密切相关，利益分配是否合理，是社会稳定与否的关键。分配问题是个大问题，当前，中国的社会分配出现了很大的问题，分配不公和收入差距拉大已经成为不争的事实，是导致社会不稳定的基础性因素。而科学的水利工程管理，有利于水利工程的修建与维护，有利于提高水利工程沿岸居民的收入水平，有利于缩小贫富差距，改善分配不均的局面，进而有利于维护社会稳定。其次，科学的水利工程管理有助于构建社会稳定风险系统控制体系，从而将社会稳定风险降到最低，进而保障社会稳定。由于水利工程本来就是大型国家民生工程，其具有失事后果严重，损失大的特点，而水情又是难以控制的，一般水利工程都是根据百年一遇洪水设计，而无法排除是否会遇到更大设计流量的洪水，当更大流量洪水发生时，所造成的损失必然是巨大的，也必然会引发社会稳定问题，而科学的水利工程管

理可将损失降到最小。同时水利工程的修建可能会造成大量移民，而这部分背井离乡的人是否能得到妥善安置也与社会稳定与否息息相关，此时必然得依靠科学的水利工程管理。

大型水利工程的移民促进了汉族与少数民族之间的经济、文化交流，促进了内地和西部少数民族的平等、团结、互助、合作、共同繁荣的谁也离不开谁的新型民族关系的形成。工程是文化的载体。而水利工程文化是其共同体在工程活动中所表现或体现出来的各种文化形态的集结或集合水利工程在工程活动中则会形成共同的风格、共同的语言、共同的办事方法及其存在着共同的行为规则。作为规则，水利工程活动则包含着决策程序、审美取向、验收标准、环境和谐目标、建造目标、施工程序、操作守则、生产条例、劳动纪律等，这些规则促进了水利工程文化的发展，哲学家将其上升为哲理指导人们水利工程活动李冰在修建都江堰水利工程的同时也修建了中华民族治水文化的丰碑，是中华民族治水哲学的升华。都江堰水利工程是一部水利工程科学全书：它包含系统工程学、流体力学、生态学，体现了尊重自然、顺应自然规律并把握其规律的哲学理念。它留下的"治水"三字经、八字真言如："深淘滩、低作堰""遇弯截角、逢正抽心"，至今仍是水利工程活动的主导哲学思想，其哲学思想促进了民族同胞的交流，促进民族大团结。再者，水利工程能发挥综合的经济效益，给社会经济的发展提供强大的清洁能源支持，为养殖、旅游、灌溉、防洪等提供条件，从而提高相关区域居民的物质生活条件，促进社会稳定。概括起来，水利工程管理对社会稳定的作用主要可以概括为：

第一，水利工程管理为社会提供了安全保障。水利工程最初的一个作用就是可以进行防洪，减少水患的发生。依据以往的资料记载，我国的洪水主要是发生在长江、黄河、松花江、珠江以及淮河等河流的中下游平原地区水患的发生不仅仅影响到了社会经济的健康发展，同时对人民群众的安全也会造成一定的影响。通过在河流的上游进行水库的兴建，在河流的下游扩大排洪，使得这些河流的防洪能力得到了很好的提升。随着经济社会的快速发展，水利建设进程加快，以三峡工程、南水北调工程为标志，一大批关系国计民生的重点水利工程相继进入建设、使用和管理阶段。当前，我国已初步形成了大江大河大湖的防洪排错工程体系，有效地控制了常遇洪水，抗御了大洪水和特大洪水，减轻了洪涝灾害损失，特别是确保黄河的岁岁安澜。总的来看，七大江河现有的防洪工程对占全国1/3的人口，1/4的耕地，包括京、津、沪在内的许多重要城市，以及国家重要的铁路、公路干线都起到了安全保障作用。

第二，水利工程管理有助于促进农业生产。水利工程对农业有着直接的影响，通过兴修水利，可以使得农田得到灌溉，农业生产的效率得到提升，促进农民丰产增收。灌溉工程为农业发展特别是粮食稳产、高产创造了有利的前提条件，奠定了农业长期稳步发展的基础，巩固了农业在国民经济发展中的基础地位。虽然我国人口众多，但是因为水利工程的兴建与管理使得土地灌溉的面积大大的增加，这使得全国人民的基本口粮得到了满足，为解决我国14亿人口的穿衣吃饭问题立下不可代替的功劳。

第三，水利工程管理有助于提高城乡人民生产生活水平。大量蓄水、引水、提水工程有效提升了我国水资源的调控能力和城乡供水保障能力。水利工程管理向城乡提供清洁的水源，有效地推动了社会经济的健康发展，保障了人民群众的生活质量，也在一定程度上促进了经济和社会的健康发展。另外，在扶贫方面，大多数水利工程，特别是大型水利枢纽的建设地点多数选在高山峡谷、人烟稀少地区，水利枢纽的建设大大加速了地区经济和社会的发展进程，甚至会出现跨越式发展。我国的小水电建设还解决了山区缺电问题，不仅促进了农村乡镇企业发展和产业结构调整，还加快了老少边穷地区农牧民脱贫致富。

（二）对和谐社会建设的推动作用

社会主义和谐社会是人类孜孜以求的一种美好社会，马克思主义政党不懈追求的一种社会理想。构建社会主义和谐社会，全面贯彻落实科学发展观，从中国特色社会主义事业总体布局出发提出的重大战略任务，反映了建设富强民主文明和谐美丽的社会主义现代化强国的内在要求，体现了全党全国各族人民的共同愿望。人与自然的和谐关系是社会主义和谐社会的重要特征，人与水的关系是人与自然关系中最密切的关系。只有加强和谐社会建设，才能实现人水和谐，使人与自然和谐共处，促进水利工程建设可持续发展。水利工程发展与和谐社会建设具有十分密切的关系，水利工程发展是和谐社会建设的重要基础和有力支撑，有助于推动和谐社会建设。

水利工程活动与社会的发展紧密相连、和谐社会的构建离不开和谐的水利工程活动。树立当代水利工程观，增强其综合集成意识，有益于和谐社会的构建。随着社会发展，社会系统与自然系统相互作用不断增强，水利工程活动不但对自然界造成影响，而且还会影响社会的运行发展。在水利工程活动过程中，会遇到各种不同的系统内外部客观规律的相互作用问题。如何处理它们之间的关系是水利工程研究的重要内容因而，我们必须以当代和谐水利工程观为指导，树立水利工程综合集成意识，推动和谐社会的构建步伐：要使大型水利工程活动与和谐社会的要求相一致，就必须以当代水利工程观为指导协调社会规律、科学规律、生态规律，综合体现不同方面的要求，协调相互冲突的目标。摒弃传统的水利工程观念及其活动模式，探索当代水利工程观的问题，揭示大型水利工程与政治、经济、文化、社会、环境等相互作用的特点及其规律。在水利工程规划、设计、实施中，运用科学的水利工程管理，化冲突为和谐，为和谐社会的构建做出水利工程实践方面的贡献。

人与自然和谐相处是社会和谐的重要特征和基本保障，而水利是统筹人与自然和谐的关键。人与水的关系直接影响人与自然的关系，进而会影响人与人的关系、人与社会的关系。如果生态环境受到严重破坏、人民的生产生活环境恶化，如果资源能源供应高度紧张、经济发展与资源能源矛盾尖锐，人与人的和谐、人与社会的和谐就无法实现，建设和谐社会就无从谈起。科学的水利工程管理以可持续发展为目标，尊重自然、善待自然，保护自然，严格按自然经济规律办事，坚持防洪抗旱并举，兴利除害结合，开源节流并重，量水而行，以水定发展，在保护中开发，在开发中保护，按照优化开发、重点开发、限制开发和禁止开发的不同要求，明确不同河流或不同河段的功能定位，实行科学合理开发，强化生态保护。在约束水的同时，必须约束人的行为；在防止水对人的侵害的同时，更要防止人对水的侵害；在对水资源进行开发、利用、治理的同时，更加注重对水资源的配置、节约和保护；从无节制的开源趋利、以需定供转变为以供定需，由"高投入、高消耗、高排放、低效益"的粗放型增长方式向"低投入、低消耗、低排放、高效益"的集约型增长方式转变；由以往的经济增长为唯一目标，转变为经济增长与生态系统保护相协调，统筹考虑各种利弊得失、大力发展循环经济和清洁生产，优化经济结构，创新发展模式，节能降耗，保护环境；在以水利工程管理手段进一步规范和调节与水相关的人与人、人与社会的关系，实行自律式发展科学的水利工程管理利于科学治水，在防洪减灾方面，给河流以空间，给洪水以出路，建立完善工程和非工程体系，合理利用雨洪资源，尽力减少灾害损失，保持社会稳定；在应对水资源短缺方面，协调好生活、生产、生态用水，全面建设节水型社会，大力提高水资源利用效率；在水土保持生态建设方面，加强预防、监督、治理和保护，充分发挥大自然的自我修复能力，改善生态环境；在水资源保护方面，加强水功能区管理，制定水源地保护监管的政策和标准，核定水域纳污能力和总量，严格排污权管理。依法限制排污，尽力保证人民群众饮水安全，进而推动和谐社会建设。概括起来，水利工程管理对和谐社会建设的作用可以概括如下：

第一，水利工程管理通过改变供电方式有利于经济、生态等多方面和谐发展。

水力发电已经成为我国电力系统十分重要的组成部分。新中国成立之后，一大批大中型的水利工程的建设为生产和生活提供大量的电力资源，极大地方便了人民群众的生产生活，也在一定程度上改变了我国过度依赖火力发电的局面，这也有利于环境的改善。我国不管是水电装机的容量还是水利工程的发电量，都处在世界前列特别是农村小水电的建设有力地推动了农村地区乡镇企业的发展，为进行农产品的深加工、进行农田灌溉等做出了巨大的贡献。三峡工程、小浪底水利工程、二滩水利工程等一大批有着世界影响力的水利枢纽工程的建设，预示着我国水利发电的建设已经进入了一个十分重要的阶段。

第二，水利工程管理有助于保护生态环境，促进旅游等第三产业发展。

水利建设为改善环境做出了积极贡献，其中水土保持和小流域综合治理改善了生态环境，水力发电的发展减少了环境污染，为改善大气环境做出了贡献，农村小水电不仅解决了能源问题，还为实施封山育林、恢复植被等创造了条件，另外污水处理与回用、河湖保护与治理也有效地保护了生态环境。水利工程在建成之后，库区的风景区使得山色、瀑布、森林以及人文等紧密地融合在一起，呈现出一派山水林岛的和谐画面，是绝佳的旅游胜地如：举世瞩目的三峡工程在建设之后、也成为一个十分著名的旅游景点，吸引了大量的游客前往参观，感受三峡工程的魅力，这在很大程度上促进了旅游收益的提升，增加了当地群众的经济收入。

第三，水利工程管理具有多种附加值，有利于推动航运等相关产业发展。

水利工程管理在对水利工程进行设计规划、建设施工、运营、养护等管理过程中，有助于发掘水利工程的其他附加值，如航运产业的快速发展。内河运输的一个十分重要的特点就是成本较低，通过进行水运可以增加运输量，降低运输的成本，满足交通发展的需要的同时促进经济的快速发展。水利工程的兴建与管理使得内河运输得到了发展，长江的"黄金水道"正是在水利工程的不断完善和兴建的基础之上得到发展和壮大的。

二、水利水电工程管理对生态文明的促进作用

生态文明是人类文明发展的一个新的阶段，即工业文明之后的文明形态；生态文明是人类遵循人、自然、社会和谐发展这一客观规律而取得的物质与精神成果的总和；生态文明是以人与自然、人与人、人与社会和谐共生、良性循环、全面发展、持续繁荣为基本宗旨的社会形态。它以尊重和维护生态环境为主旨，以可持续发展为根据，以未来人类的继续发展为着眼点。这种文明观强调人的自觉与自律，强调人与自然环境的相互依存、相互促进、共处共融。三百年的工业文明以人类征服自然为主要特征。世界工业化的发展使征服自然的文化达到极致；一系列全球性生态危机说明地球再没能力支持工业文明的继续发展。需要开创一个新的文明形态来延续人类的生存，这就是生态文明。如果说农业文明是黄色文明，工业文明是黑色文明，那生态文明就是绿色文明。生态，指生物之间以及生物与环境之间的相互关系与存在状态，亦即自然生态。自然生态有着自在自为的发展规律人类社会改变了这种规律，把自然生态纳入到人类可以改造的范围之内，这就形成了文明，生态文明，是指人类遵循人、自然、社会和谐发展这一客观规律而取得的物质与精神成果的总和；是指人与自然、人与人、人与社会和谐共生、良性循环、全面发展、持续繁荣为基本宗旨的文化伦理形态。

生态文明强调人的自觉与自律，强调人与自然环境的相互依存、相互促进、共处共融，既追求人与生态的和谐，也追求人与人的和谐，而且人与人的和谐是人与自然和谐的前提可以说，生态文明是人类对传统文明形态特别是工业文明进行深刻反思的成果，是人类文明形态和文明发展理念、道路和模式的重大进步。

科学的水利工程管理可以转变传统的水利工程活动运转模式，使水利工程活动更加科学有序，同时促进生态文明建设。若没有科学的水利工程理念作指导，水利工程会对水生态系统造成某种胁迫，如水利工程会造成河流形态的均一化和不连续化，引起生物群落多样性水平下降，但科学合理的水利工程管理有助于减少这一现象的发

生，尽量避免或减少水利工程所引起的一些后果。

若不考虑科学的水利工程管理，仅仅从水利工程出发，则势必会造成对生态的极大破坏。因为水利工程活动主要关注人对自然的改造与征服，忽视自然的自我恢复能力，忽略了过度的开发自然会造成自然对人类的报复，既不考虑水利工程对社会结构及变迁的影响，也不考虑社会对水利工程的促进与限制。且在水利工程的决策、运行与评估的过程中，只考虑人的社会活动规律与生态环境的外在约束条件，没将其视为水利工程活动的内在因素。但运用科学的水利工程管理，可形成科学的水利工程理念。此时水利工程考虑的不再仅仅是人对自然的征服改造，它是在科学发展观的基础上，协调人与自然的关系，工程活动既考虑当代人的需要又考虑到后代人的需求，是和谐的水利工程。运用科学水利工程管理理念的水利工程转变了传统水利工程的粗放发展方式。运用科学水利工程管理理念的水利工程活动是一种集约式的工程活动，与当代的经济发展模式相适应，其具备较完善的决策、实施、评估等相关系统。也会成为知识密集型、资源集约型的造物活动，具备更高的科技含量再者，其在改造环境的同时保护环境，使生态环境能够可持续发展，将生态环境作为工程活动的外在约束条件，以生态因素作为水利工程的决策、运行、评估内在要素。

科学的水利工程管理对生态文明的促进作用主要体现在以下两方面。

（一）对资源节约的促进作用

节约资源是保护生态环境的根本之策，节约资源意味着价值观念、生产方式、生活方式、行为方式、消费模式等多方面的变革，涉及各行各业，与每个企业、单位、家庭、个人都有关系，需要全民积极参与。必须利用各种方式在全社会广泛培育节约资源意识，大力倡导珍惜资源、节约资源风尚，明确确立和牢固树立节约资源理念，形成节约资源的社会共识和共同行动，全社会齐心合力共同建设资源节约型、环境友好型社会资源是增加社会生产和改善居民生活的重要支撑，节约资源的目的并不是减少生产和降低居民消费水平，而是使生产相同数量的产品能够消耗更少的资源，或者用相同数量的资源能够生产更多的产品、创造更高的价值，使有限资源能更好满足人民群众物质文化生活需要。只有通过资源的高效利用，才能实现这个目标因此，转变资源利用方式，推动资源高效利用，是节约利用资源的根本途径要通过科技创新和技术进步深入挖掘资源利用效率，促进资源利用效率不断提升，真正实现资源高效利用，努力用最小的资源消耗支撑经济社会发展。科学的水利工程管理，有助于完善水资源管理制度，加强水源地保护和用水总量管理，加强用水总量控制和定额管理、制定和完善江河流域水量分配方案，推进水循环利用，建设节水型社会科学的水利工程管理，可以促进水资源的高效利用，减少资源消耗。

我国经济社会快速发展和人民生活水平提高对水资源的需求与水资源时空分布不均以及水污染严重的矛盾，对建设资源节约型和环境友好型社会形成倒逼机制。人的命脉在田，在人口增长和耕地减少的情况下保障国家粮食安全对农田水利建设提出了更高的要求水利工作需要正确处理经济社会发展和水资源的关系，全面考虑水的资源功能、环境功能和生态功能，对水资源进行合理开发、优化配置、全面节约和有效保护。水利面临的新问题需要有新的应对之策，而水利工程管理又是由问题倒逼而产生，同时又在不断解决问题中得以深化。

（二）对环境保护的促进作用

从宇宙来看，地球是一个蔚蓝色的星球，地球的储水量是很丰富的，共有14.5亿立方千米之多，其72%的表面积覆盖水。但实际上，地球上97.5%的水是咸水，又咸又苦，不能饮用，不能灌溉，也很难在工业应用，能直接被人们生产和生活利用的，少得可怜，淡水仅有2.5%而在淡水中，将近70%冻结在南极和格陵兰的冰盖中，其余的大部分是土壤中的水分或是深层地下水，难以供人类开采使用江河、湖泊、水库等来源的水较易于开采供人类直接使用，但其数量不足世界淡水的1%，约占地球上全部水的0.007%。全球淡水资源不仅短缺而且地区分布极不平衡，而我国又是一个干旱缺水严重的国家。扣除难以利用的洪水径流和散布在偏远地区的地下水资源后，中国现实可利用的淡水资源量则更少，仅为11000亿立方米左右，人均可利用水资源量约为900立方米，并且其分布极不均衡。加强水资源的保护，对环境保护起到促进性的作用，水利是现代化建设不可或缺的首要条件，是经济社会发展不可替代的基础支撑，当然也是生态环境改善不可分割的保障系统，其具有很强的公益性、基础性、战略性。

同时，科学的水利工程管理可以加快水力发电工程的建设，而水电又是一种清洁能源，水电的发展有助于减少污染物的排放，进而保护环境。水力发电相比于火力发电等传统发电模式在污染物排放方面有着得天独厚的优势，水力发电成本低，水力发电只是利用水流所携带的能量，无需再消耗其他动力资源，水力发电直接利用水能，几乎没有任何污染物排放。水电是清洁、环保、可再生能源，可以减少污染物的排放量，改善空气质量；还可以通过"以电代柴"有效保护山林资源，提高森林覆盖率并且保持水土。

一般情况下，地区性气候状况受大气环流所控制，但修建大、中型水库及灌溉工程后，原先的陆地变成了水体或湿地，使局部地表空气变得较湿润，对局部小气候会产生一定的影响，主要表现在对降雨、气温、风和雾等气象因子的影响。而科学的水利工程管理就可对地区的气候施加影响，因时制宜，因地制宜，利于水土保持。而水土保持是生态建设的重要环节，也是资源开发和经济建设的基础工程，科学的水利工程管理，可以快速控制水土流失，提高水资源利用率，通过促进退耕还林还草及封禁保护，加快生态自我修复，实现生态环境的良性循环，改善生产、生活和交通条件，为开发创造良好的建设环境，对于环境保护具有重要的促进作用。

而大型水利工程通常既是一项具有巨大综合效益的水利枢纽工程，又是一项改造生态环境的工程。人工自然是人类为满足生存和发展需要而改造自然环境，建造一些生态环境工程。例如，三峡工程具有巨大的防洪效益，可以使荆江河段的防洪标准由十年一遇提高到百年一遇，即使遇到特大洪水，也可避免发生毁灭性灾害，这样就可以有效减免洪水灾害对长江中游富庶的江汉平原和洞庭湖区生态环境的严重破坏。最重要的是可以避免人口的大量伤亡，避免洪灾带来的饥荒、救灾赈济和灾民安置等一系列社会问题，可减免洪灾对人们心理上造成的威胁，减缓洞庭湖淤积速度，延长湖泊寿命，还可改善中下游枯水期的时间。水电站与火电相比，为国家节省大量原煤，可以有效地减轻对周围环境的污染，具有巨大的环境效益。可减轻因有害气体的排放而引起酸雨的危害。三峡工程还可使长江中下游枯水季节的流量显著增大，有利于珍稀动物白鳍豚及其他鱼类安全越冬，减免因水浅而发生的意外死亡事故，还有利于减少长江口盐水上溯长度和入侵时间，减少上海市区人民吃"咸水"的时间，由此看来三峡工程的生态环境效益是巨大的。水生态系统作为生态环境系统的重要部分，在物质循环、生物多样性、自然资源供给和气候调节等方面起到举足轻重的作用。

（三）对农村生态环境改善的促进作用

促进生态文明是现代社会发展的基本诉求之一，建设社会主义新农村也要实现村容整洁，就必须加强农业水利工程建设，统筹考虑水资源利用、水土流失与污染等一系列问题及其防治措施，实现保护和改善农村生态环境的目的。水利工程管理是现代农业建设不可或缺的首要条件，是经济社会发展不可替代的基础支撑，是生态环境改善不可分割的保障系统，具有很强的公益性、基础性、战略性。加快水利工程发展，不仅事关农业农村发展，而且事关经济社会发展全局；不仅关系到防洪安全、供水安全、粮食安全，而且关系到经济安全、生态安全、国家安全。要把水利工程管理工作摆上党和国家事业发展更加突出的位置，着力加快农田水利工程建设和管理，推动水利工程管理实现跨越式发展。

水利工程管理对农村生态环境改善的促进作用可以具体归纳以下几点：

1.解决旱涝灾害

水资源作为人类生存和发展的根本，具有不可替代的作用，但是对于我国而言，由于不同气候条件的影响，水资源的空间分布极不均匀，南方水资源丰富，在雨季常常出现洪涝灾害，而北方水资源相对不足，常见干旱，这两种情况都在很大程度上影响了农业生产的正常进行，影响着人们的日常生产和生活。而水利工程管理，可以有效解决我国水资源分布不均的问题，解决旱涝灾害，促进经济的持续健康发展，如南水北调工程，就是其中的代表性工程。

2.改善局部生态环境

在经济发展的带动下，人们的生活水平不断提高，人口数量不断增加，对于资源和能源的需求也在不断提高，现有的资源已经无法满足人们的生产和生活需求。而通过水利工程的兴建和有效管理，不仅可以有效消除旱涝灾害，还可以对局部区域的生态环境进行改善，增加空气湿度，促进植被生长，为经济的发展提供良好的环境支持。

3.优化水文环境

水利工程管理，能够对水污染情况进行及时有效的治理，对河流的水质进行优化。以黄河为例，由于上游黄土高原的土地沙化现象日益严重，河流在经过时，会携带大量的泥沙，产生泥沙的淤积和拥堵现象，而通过兴修水利工程，利用蓄水、排水等操作，可以大大增加下游的水流速度，对泥沙进行排泄，保证河道的畅通。

三、我国水利工程管理与工程科技发展的互相推动作用

工程科技与人类生存息息相关。温故而知新。回顾人类文明历史，人类生存与社会生产力发展水平密切相关，而社会生产力发展的一个重要源头就是工程科技。工程造福人类，科技创造未来。工程科技是改变世界的重要力量，它源于生活需要，又归于生活之中历史证明，工程科技创新驱动着历史车轮飞速旋转，为人类文明进步提供了不竭动力源泉，推动人类从蒙昧走向文明、从游牧文明走向农业文明、工业文明、走向信息化时代。多年来，中国经济社会快速发展，其中工程科技创新驱动功不可没当今世界，科学技术作为第一生产力的作用愈益凸显，工程科技进步和创新对经济社会发展的主导作用更加突出

（一）水利工程管理对工程科技体系的影响和推动作用

古往今来，人类创造了无数令人惊叹的工程科技成果，古代工程科技创造的许多成果至今仍存在着，见证了人类文明编年史。如古埃及金字塔、古罗马斗兽场、柬埔寨吴哥窟、印度泰姬陵等古代建筑奇迹，再如中国的造纸术、火药、印刷术、指南针等重大技术创造和万里长城、都江堰、京杭大运河等重大工程，都是当时人类文明形成的关键因素和重要标志，都对人类文明发展产生了重大影响，都对世界历史演进具有深远意义。中国是有着悠久历史的文明古国，中华民族是富有创新精神的民族。5000年来，中国古代的工程科技是中华文明的重要组成部分，也为人类文明的进步做出了巨大贡献。

近代以来，工程科技更直接地把科学发现同产业发展联系在一起，成为经济社会发展的主要驱动力。每一次产业革命都同技术革命密不可分。18世纪，蒸汽机引发了第一次产业革命，导致从手工劳动向动力机器生产转变的重大飞跃，使人类进入了机械化时代。19世纪末至20世纪上半叶，电机和化工引发了第二次产业革命，使人类进入了电气化、核能、航空航天时代，极大提高了社会生产力和人类生活水平，缩小了国与国、地区与地区、人与人的空间和时间距离，地球变成了一个"村庄"。20世纪下半叶，信息技术引发了第三次产业革命，使社会生产和消费从工业化向自动化、智能化转变，社会生产力再次大提高，劳动生产率再次大飞跃。工程科技的每一次重大突破，都会催发社会生产力的深刻变革，都会推动人类文明迈向新的更高的台阶。

中华人民共和国成立以来，中国大力推进工程科技发展，建立起独立的、比较完

整的、有相当规模和较高技术水平的工业体系、农业体系、科学技术体系和国防体系，取得了一系列伟大的工程科技成就，为国家安全、经济发展、社会进步和民生改善提供了重要支撑，实现了向工业化、现代化的跨越发展特别是改革开放多年来，中国经济社会快速发展，其中工程科技创新驱动功不可没。"两弹一星"、载人航天、探月工程等一批重大工程科技成就，大幅度提升了中国的综合国力和国际地位一而科学的水利工程管理更是催生了三峡工程、南水北调等一大批重大水利工程建设成功，大幅度提升了中国的基础工业、制造业、新兴产业等领域创新能力和水平，推动了完整工程科技体系的构建进程。同时推动了农业科技、人口健康、资源环境、公共安全、防灾减灾等领域工程科技发展，大幅度提高了14亿多中国人的生活水平和质量。

（二）水利工程对专业科技发展的推动作用

工程科技已经成为经济增长的主要动力，推动基础工业、制造业、新兴产业高速发展，支撑了一系列国家重大工程建设。科学的水利工程管理可以推动专业科技的发展。如三峡水利工程就发挥了巨大的综合作用，其超临界发电、水力发电界等技术已达到世界先进水平：

改革开放后，我国经济社会发展取得了举世瞩目的成就，经济总量跃居世界第二，众多主要经济指标名列世前列。中国的发展正处在关键的战略转折点，实现科学发展、转变经济发展方式刻不容缓。而这最根本的是要依靠科技力量，提高自主创新能力，实施创新驱动发展战略，把发展从依靠资源、投资、低成本等要素驱动转变到依靠科技进步和人力资源优势上来。而水利工程的特殊性决定了加强技术管理势在必行一水利工程的特殊性主要表现在两个方面，一方面水利工程是我国各项基础建设中最为重要的基础项目，其关系到农业灌溉、关系到社会生产正常用水、关系到整个社会的安定，如果不重视技术管理，极有可能埋下技术隐患，使得水利工程质量出现问题。另一方面水利工程工程量大，施工中需要多个工种的协调作业，而且工期长，施工中容易受到各种自然和社会因素的制约。当然，水利工程技术要求较高，施工中会出现一些意想不到的技术难题，如果不做好充分的技术准备工作，极有可能导致施工的停滞。正是基于水利工程的这种特殊性，才可体现科学的水利工程管理的重要性，其可为水利工程施工的顺利进行和高质量的完工奠定基础。具体说来，水利工程管理对专业科技发展的推动作用如下：

水利工程安全管理信息系统。水利工程管理工作推动现场自动采集系统、远程传输系统的开发研制；中心站网络系统与综合数据库的建立及信息接收子系统、数据库管理子系统、安全评价子系统与信息服务子系统以及中央指挥站等的开发应用。

土石坝的养护与维修。土石坝所用材料是松散颗粒的，土粒间的连接强度低，抗剪能力小，颗粒间孔隙较大，因此易受到渗流、冲刷、沉降、冰冻、地震等的影响。在运用过程中常常会因渗流而产生渗透破坏和蓄水的大量损失；因沉降导致坝顶高程不够和产生裂缝；因抗剪能力小、边坡不够平缓、渗流等而产生滑坡；因土粒间连接力小，抗冲能力低，在风浪、降雨等作用下而造成坝坡的冲蚀、侵蚀和护坡的破坏，所以也不允许坝顶过水；因气温的剧烈变化而引起坝体土料冻胀和干缩等。故要求土石坝有稳定的坝身、合理的防渗体和排水体、坚固的护坡及适当的坝顶构造，并在运用过程中加强监测和维护。土石坝的各种破坏都有一定的发展过程，针对可能出现病害的形势和部位，加强检查，如在病害发展初期能够及时发现，并采取措施进行处理和养护，防止轻微缺陷的进一步扩展和各种不利因素对土石坝的过大损害，保证土石坝的安全，延长土石坝的使用年限。在检查中，经常会用到槽探、井探及注水检查法；甚低频电磁检查法（工作频率为15~35千赫，发射功率为20~1000千瓦）；同位素检查法（同位素示踪测速法、同位素稀释法和同位素示踪吸附法）。

混凝土坝及浆砌石坝的养护与维修。混凝土坝和浆砌石坝主要靠重力维持稳定，其抗滑稳定往往是坝体安全的关键，当地基存在软弱夹层或缺陷，在设计和施工中又未及时发现和妥善处理时，往往使坝体与地基抗滑稳定性不够，而成为最危险的病害。此外，由于温度变化、应力过大或不均匀沉陷，都可能使坝体产生裂缝，并沿裂缝产生渗漏。围绕混凝土建筑物修补加固设立了大量的科研课题，有关新材料、新工艺和新技术得到开发应用，取得了良好的效果。水下修补加固技术方面，水下不分散混凝土在众多工程中成功应用，水下裂缝、伸缩缝修补成套技术已研制成功，水下高性能快速密封堵漏灌浆材料得到成功应用。大面积防渗补强新材料、新技术方面，聚合物水泥砂浆作为防渗、防腐、防冻材料得到大范围推广应用，喷射钢纤维混凝土大面积防渗取得成功，新型水泥基渗透结晶防水材料在水工混凝土的防渗修补中得到应用。

碾压混凝土及面板胶结堆石筑坝技术。对于碾压混凝土坝，涉及结构设计的改进、材料配比的研究、施工方法的改进、温控方法及施工质量控制。在水利工程管理中，需要做好面板胶结堆石坝，集料级配及掺入料配合比的试验；做好胶结堆石料的耐久性、坝体可能的破坏形态及安全准则、坝体及其材料的动力特性、高坝坝体变形特性及对上游防渗体系的影响分析。此外，水利工程抗震技术、地震反应及安全监测、震害调查、抗震设计以及抗震加固技术也不断得到应用。

堤防崩岸机理分析、预报及处理技术。水利工程管理需要对崩岸形成的地质资料及河流地质作用、崩岸变形破坏机理、崩岸稳定性、崩岸监测及预报技术、崩岸防治及施工技术、崩岸预警抢险应急技术及决策支持系统进行分析和研究。

深覆盖层堤坝地基渗流控制技术水利工程管理需要完善防渗体系、防渗效果检测技术，分析超深、超薄防渗墙防渗机理，开发质优价廉的新型防渗土工合成材料，开发适应大变形的高抗渗塑性混凝土。

水利工程老化及病险问题分析技术。在水利管理中，水利工程老化病害机理、堤防隐患探测技术与关键设备、病险堤坝安全评价与除险加固决策系统、堤坝渗流控制和加固关键技术、长效减压技术、堤坝防渗加固技术，已有堤坝防渗加固技术的完善与规范化都在推动专业工程科技的不断发展高边坡技术在水利工程管理中，高边坡技术包括高边坡工程力学模型破坏机理和岩石力学参数，高边坡研究中的岩石水力学，高边坡稳定分析及评价技术，高边坡加固技术及施工工艺，高边坡监测技术，以及高边坡反馈设计理论和方法

新型材料及新型结构。水利新型材料涉及新型混凝土外加剂与掺和料、自排水模板、各种新型防护材料、各种水上和水下修补新材料、各种土工合成新材料，以及用于灌浆的超细水泥等。

水利工程监测技术，工程监测在我国水利工程管理中发挥着重要作用，已成为工程设计、施工、运行管理中不可缺少的组成部分高精度、耐久、强抗干扰的小量程钢弦式孔隙水压力计，智能型分布式自动化监测系统，水利工程中的光导纤维监测技术、大型水利工程泄水建筑物长期动态观测及数据分析评价方法，网络技术在水利工程监测系统中的应用，大坝工作与安全性态评价专家系统，堤防安全监测技术，水利工程工情与水情自动监测系统，高坝及超高坝的关键技术：设计参数，强度、变形及稳定计算、高速及超高速水力学等在水利工程管理过程中主要用到观测方法和仪器设备的研制生产、监测设计、监测设备的埋设安装，数据的采集、传输和存储，资料的整理和分析，工程实测性态的分析评价等。主要涉及水工建筑物的变形观测、渗流观测、应力和温度观测、水流观测等。

水库管理。对工程进行维修养护，防止和延缓工程老化、库区淤积、自然和人为破坏，延长水库使用年限。及时掌握各种建筑物和设备的技术状况，了解水库实际蓄泄能力和有关河道的过水能力，收集水文气象资料的情报、预报以及防汛部门和各用水户的要求。要在库岸防护、水库控制运用、水库泥沙淤积的防治等方面进行技术推广与应用。

水闸的养护与修理。水闸多数修建在软土地基上，是一种既挡水又泄水的低水头水工建筑物，因而它在抗滑稳定、防渗、消能防冲及沉陷等方面都有其自身的工作特点，当土工建筑物发生渗漏、管涌时，一般采用上游堵截渗漏，下游反虑导渗的方法进行及时处理，根据情况采用开挖回填或灌浆方法处理。

渠系输水建筑物的养护与修理。渠系建筑物属于渠系配套建筑物，承担灌区或城市供水的输配水任务，按照用途可分为控制建筑物、交叉建筑物、输水建筑物、泄水建筑物、量水建筑物、输水建筑物；输水流量、水位和流速常受水源条件、用水情况和渠系建筑物的状态发生较大而频繁的变化，灌溉渠道行水与停水受季节和降雨影响显著，维护和管理与此相适应，位于深水或地下的渠系建筑物，除要承受较大的山岩压力、渗透压力外、还要承受巨大的水头压力及高速水流的冲击作用力在地面的建筑物又要经受温差作用、冻融作用、冻胀作用以及各种侵蚀作用，这些作用极易使建筑物发生破坏此外，在一个工程中，渠系建筑物数量多，分布范围大，所处地形条件和水文地质条件复杂，受到自然破坏和人为破坏的因素较多，且交通运输不便，维修施

工不便，对工程科技的要求较高。

防汛抢险。江河堤防和水库坝体作为挡水设施，在运用过程中由于受外界条件变化的作用，自身也发生相应结构的变化而形成缺陷，这样一到汛期，这些工程存在的隐患和缺陷都会暴露出来，一般险情主要有风浪冲击、洪水漫顶、散浸、陷坑、崩岸、管涌、漏洞、裂缝及堤坝溃决等。雨情、水情和枢纽工情的测报、预报准备等。包括测验设施和仪器、仪表的检修、校验，报讯传输系统的检修试机，水情自动测报系统的检查、测试，以及预报曲线图表、计算机软件程序、大屏幕显示系统与历史暴雨、洪水、工程变化对比资料准备等，保证汛情测报系统运转灵活，为防洪调度提供准确、及时的测报、预报资料和数据。

地下工程。在水利工程管理中，需要进行复杂地质环境下大型地下洞室群岩体地质模型的建立及地质超前预报，不均匀岩体围岩稳定力学模型及岩体力学作用，围岩结构关系，岩石力学参数确定及分析，强度及稳定性准则，应力场与渗流场的耦合，大型地下洞室群工程模型，洞室群布置优化，洞口边坡与洞室相互影响及其稳定性和变形破坏规律，地下洞室群施工顺序、施工技术优化，地下洞室围岩加固机理及效应，大型地下洞室群监测技术，隧洞盾构施工关键技术，岩爆的监测、预报及防治技术以及围岩大变形支护材料和控制技术。

（三）科技运用对水利工程管理的推进作用

水利工程管理通过引进新技术、新设备，改造和替代现有设备，改善水利管理条件；加强自动监测系统建设，提高监测自动化程度；积极推进信息化建设，提升监测、预报和决策的现代化水平。引进新技术、新设备是水利工程能长期稳定带来经济效益的有效途径。在原有资源基础上，不断改善运行环境，做到具有创新性且有可行性，从而提高工程整体的运营能力，是未来水利工程管理的要求。

近几年，随着现代通信和计算机等技术的迅猛发展，以及水利信息化建设进程不断加快，水利工程管理开始由传统型的经验管理逐步转换为现代化管理各级工程管理部门着手利用通信、计算机、程控交换、图文视讯和遥测遥控等现代技术，配置相应的硬、软件设施，先后建立通信传输、计算机网络、信息采集和视频监控等系统，实现水情、工情信息的实时采集，水工建筑物的自动控制，作业现场的远程监视，工程视讯异地会商及办公自动化等。具体来说，现代信息技术的应用对水利工程管理的推动作用如下：

物联网技术的应用：物联网技术是完成水利信息采集、传输以及处理的重要方法，也是我国水利信息化的标志。近几年来，伴随着物联网技术的日益发展，物联网技术在水利信息管理尤其是在水利资源建设中得到了广泛的应用并起到了决定性作用。截至目前，我国水利管理部已经完成了信息管理平台的构建和完善，用户想要查阅我国各地的水利信息，只要通过该平台就能完成。为了能够对基础水利信息动态实现实时把握，我国也加大了对基层水利管理部门的管理力度，给科学合理的决策提供了有效的信息资源。由于物联网具有快速传播的特点，水利管理部门对物联网水利信息管理系统的构建也不断加强在水利管理服务中，物联网技术有以下两个作用，分别为在水利信息管理系统中的作用和对水利信息智能化处理作用。为了能够通过物联网对水利信息及时地掌握并制定有效措施，可以采用设置传感器节点以及RFID设备的方法，完成对水利信息的智能感应以及信息采集：所谓的智能处理，就是采用计算技术和数据利用对收集的信息进行处理，进而对水利信息加以管理和控制。气候变化、模拟出水资源的调度和市场发展等问题都可以采用云计算的方法，实现应用平台的构建和开发。水利工作视频会议、水利信息采集以及水利工程监控等工作中物联网技术都得到了广泛的综合应用。

遥感技术的应用：在水利信息管理中遥感技术也得到了广泛的应用。其获取信息原理就是通过地表物体反射电磁波和发射电磁波，实现对不同信息的采集。近几年，遥感技术也被广泛地应用到防洪、水利工程管理和水行政执法中。遥感技术在防洪抗旱过程中，能够借助遥感系统平台实现对灾区的监测，发生洪灾后，人工无法测量出受灾面积，遥感技术能够对灾区受灾面积以及洪水持续时间进行预测，并反馈出具体灾情情况以及图像，为决策部门提供了有效的决策依据信息新技术的快速发展，遥感技术在水利信息管理中也有越来越重要的作用。在使用遥感技术获取数据时，还要求其他技术与其相结合，进行系统的对接，进而能够完成对水利信息数据的整合，充分体现了遥感技术集成化特点；遥感技术能够为水利工作者提供大量的数据，而且也能够根据数据制作图像。但是在使用遥感技术时，为了能够给决策者供应辅助决策，一定要对遥感系统进行专业化的模型分析，充分体现了遥感技术数字模型化特点；为了能够对数据收集、数据交换以及数据分析等做出科学准确的预测，使用遥感技术时，要设定统一的标准要求，充分体现了遥感技术标准化特点。

GIS技术的应用：GIS技术在水利信息管理服务中对水利信息自动化起到关键性作用，反映地理坐标是GIS技术最大的功能特点、由于其能够对水利资源所处的地形地貌等信息做出很好地反映，因此对我国水利信息准确位置的确定起到了决定性作用；GIS技术可以在平台上将测站、水库以及水闸等水利信息进行专题信息展示；GIS技术也能够对综合水情预报、人口财产和受灾面积等进行准确的定量估算分析；GIS技术能够集成相关功能的模块及相关专业模型。其中集成功能模块主要包括数据库、信息服务以及图形库等功能性模块；集成相关专业模型包括水文预报、水库调度以及气象预报等。充分体现了G1S技术基础地理信息管理、水利专题信息展示、统计分析功能运用以及系统集成功能的作用。GIS技术在水利信息管理、水环境、防汛抗旱减灾、水资源管理以及水土保持等方面得到了广泛的应用，其应用能力也从原始的查询、检索和空间显示变成分析、决策、模拟以及预测。

GPS技术的应用：GPS技术引入水利工程管理中去，将使水利工程的管理工作变得非常方便，卫星定位系统其作用就是准确定位，它是在计算机技术和空间技术的基础上发展而来的，卫星定位技术一般都应用在抗洪抢险和防洪决策等水利信息管理工作中。卫星定位技术能够对发生险情的地理位置进行准确定位，进而给予灾区及时的救援。卫星定位系统在水利信息管理服务中有广泛应用，诸如20世纪末，我国发生特大险情，就是通过卫星定位系统对灾区进行准确定位并进行及时救援，从而有效地控制了灾情，降低了灾害的持续发生。随着信息新技术的不断发展，卫星定位系统也与其他RS影像以及GIS平台等系统连接，进而被广泛应用到抗洪抢险工作中。采用该方法能够对灾区和险情进行准确定位，从而实施及时救援，降低了灾情的持续发展，保障了灾区人民的生命安全。

第三章　水利工程合同管理

第一节　水利工程合同概述

一、水利工程合同基础

（一）合同的概念与特征

1.合同的概念

合同又称契约，是当事人之间确立一定权利义务关系的协议。广泛的合同，泛指一切能发生某种权利义务关系的协议。我国实施的《中华人民共和国合同法》中，对合同的主体及权利义务的范围都作了限定，即合同是平等主体之间确立民事权利义务关系的协议。采用了狭义的合同概念。

建设工程合同是承包方与发包方之间确立承包方完成约定的工程项目，发包方支付价款与酬金的协议，它包括工程勘察、设计、施工合同。它是《民法典》中记名合同的一种，属于《民法典》调整的范围。

计划经济期间，所有建设工程项目都由国家调控，工程建设中的一切活动均由政府统筹安排，建设行为主体都按政府指令行事，并只对政府负责。行为主体之间并无权利义务关系存在，所以，也无须签订合同。但在市场经济条件下，政府只对工程建设市场进行宏观调控，建设行为主体均按市场规律平等参与竞争，各行为主体的权利义务皆由当事人通过签订合同自主约定，因此，建设工程合同成为明确承发包双方责任、保证工程建设活动得以顺利进行的主要调控手段之一，其重要性已随着市场经济体制的进一步确立而日益明显。

需要指出，除建设工程合同以外，工程建设过程中，还会涉及许多其他合同，如设备、材料的购销合同，工程监理的委托合同，货物运输合同，工程建设资金的借贷合同，机械设备的租赁合同，保险合同等，这些合同同样也是十分重要的。它们分属各个不同的合同种类，分别由《民法典》和相关法规加以调整。

2.合同法的法律特征

（1）合同的主体是法律认可的自然人、法人和其他组织。自然人包括我国公民和外国自然人，其他组织包括个人独资企业、合伙企业等。（2）合同当事人的法律地位平等。合同是当事人之间意思表示一致的法律行为，只有合同各方的法律地位平等时，才能保证当事人真实地表达自己的意志。所谓平等，是指当事人在合同关系中法律地位是平等的，不存在谁领导谁的问题，也不允许任何一方将自己的意志强加于对方。（3）合同是设立、变更、终止债权债务关系的协议。首先，合同是以设立、变更和终止债权债务关系为目的的；其次，合同只涉及债权债务关系；再次，合同之所以称为协议，是指当事人意思表示一致，即指当事人之间形成了合意。

（二）建设工程合同管理的概念

建设工程合同管理，指在工程建设活动中，对工程项目所涉及的各类合同的协商、签订与履行过程中所进行的科学管理工作，并通过科学的管理，保证工程项目目标实现的活动。

建设工程合同管理的目标主要包括工程的工期管理、质量与安全管理、成本（投资）管理、信息管理和环境管理。其中，工期主要包括总工期、工程开工与竣工日期、工程进度及工程中的一些主要活动的持续时间等；工程质量主要包括其在安全、使用功能及其在耐久性能、环境保护等方面所有明显的、隐含的能力的特性总和。据此，可将建设工程质量概括为：根据国家现行的有关法律、法规、技术标准、设计文件的规定和合同的约定，对工程的安全、适用、经济、美观等特性的综合要求。工程成本主要包括合同价格、合同外价格、设计变更后的价格、合同的风险等。

（三）建设工程合同管理的原则

建设工程合同管理一般应遵循以下几个原则。

1.合同第一位原则

在市场经济中，合同是当事人双方经过协商达成一致的协议，签订合同是双方的民事行为。在合同所定义的经济活动中，合同是第一位的，作为双方的高行为准则，合同限定和调节着双方的义务和权利。任何工程问题和争议首先都要按照合同解决，只有当法律判定合同无效，或争议超过合同范围时才按法律解决。所以在工程建设过程中，合同具有法律上的高优先地位。合同一经签订，则成为一个法律文件。双方按合同内容承担相应的法律责任，享有相应的法律权利。合同双方都必须用合同规范自己的行为，并用合同保护自己。

在任何国家，法律确定经济活动的约束范围和行为准则，而具体经济活动的细节则由合同规定。

2.合同自愿原则

合同自愿是市场经济运行的基本原则之一，也是一般国家的法律准则。合同自愿体现在以下两个方面：（1）合同签订时，双方当事人在平等自愿的条件下进行商讨。双方自由表达意见，自己决定签订与否，自己对自己的行为负责。任何人不得利用权力、暴力或其他手段向对方当事人进行胁迫，以致签订违背当事人意愿的合同。（2）合同自愿构成。合同的形式、内容、范围由双方商定。合同的签订、修改、变更、补充和解释，以及合同争执的解决等均由双方商定，只要双方一致同意即可，他人不得随便干预。

3.合同的法律原则

建设工程合同都是在一定的法律背景条件下签订和实施的，合同的签订和实施必须符合合同的法律原则。它具体体现在以下三个方面：（1）合同不能违反法律，合同不能与法律相抵触，否则合同无效。这是对合同有效性的控制。（2）合同自由原则受法律原则的限制，所以工程实施和合同管理必须在法律所限定的范围内进行。超越这个范围，触犯法律，会导致合同无效、经济活动失败，甚至会带来承担法律责任的后果。（3）法律保护合法合同的签订和实施。签订合同是一个法律行为，合同一经签订，合同以及双方的权益即受法律保护。如果合同一方不履行或不正确履行合同，致使对方利益受到损害，则不履行一方必须赔偿对方的经济损失。

4.诚实信用原则

合同的签订和顺利实施应建立在承包商、业主和工程师紧密协作、互相配合、互相信任的基础上，合同各方应对自己的合作伙伴、对合同及工程的总目标充满信心，业主和承包商才能圆满地执行合同，工程师才能正确地、公正地解释和进行合同管理。在工程建设实施过程中，各方只有互相信任才能紧密合作，才能有条不紊地工作，才可以从总体上减少各方心理上的互相提防和由此产生的不必要的互相制约。这样，工程建设就会更为顺利地实施，风险和误解就会较少，工程花费也会较少。

诚实信用有以下一些基本的要求和条件：（1）签约时双方应互相了解，任何一方应尽力让对方正确地了解自己的要求、意图及其他情况。业主应尽可能地提供详细的工程资料、工程地质条件的信息，并尽可能详细地解答承包商的问题，为承包商的报价提供条件。承包商应尽可能提供真实可靠的资格预审资料、各种报价单、实施方案、技术组织措施文件。合同是双方真实意思的表达。（2）任何一方都应真实地提供信息，对所提供信息的正确性负责，并且应当相信对方提供的信息。（3）不欺诈，不误导。承包商按照自己的实际能力和情况正确报价，不盲目压价，并且明确业主的意图和自己的工程责任。（4）双方真诚合作。承包商应正确全面地履行合同义务，积极施工，遇到干扰应尽量避免业主遭受损失，防止损失的发生和扩大。（5）在市场经济中，诚实信用原则必须有经济的、合同的甚至是法律的措施，如工程保函、保留金和其他担保措施，对违约的处罚规定和仲裁条款，法律对合法合同的保护措施，法律和市场对不诚信行为的打击和惩罚措施等予以保证。没有这些措施保证或措施不完备，就难以形成诚实信用的氛围。

5.公平合理原则

建设工程合同调节双方的合同法律关系，应不偏不倚，维护合同双方在工程建设中的公平合理的关系。具体表现在以下几个方面：（1）承包商提供的工程（或服务）与业主支付的价格之间应体现公平的原则，这种公平通常以当时的市场价格为依据。（2）合同中的责任和权利应平衡，任何一方有一项责任就必须有相应的权利；反之，有权利就必须有相应的责任。应无单方面的权利和单方面的义务条款。（3）风险的分担应公平合理。（4）工程合同应体现工程惯例。工程惯例是指建设工程市场中通常采用的做法，一般比较公平合理，如果合同中的规定或条款严重违反惯例，往往就违反了公平合理的原则。（5）在合同执行中，应对合同双方公平地解释合同，统一地使用法律尺度来约束合同双方。

二、水利施工合同

（一）施工合同

1.施工合同的概念

水利工程施工合同，是发包人与承包人为完成特定的工程项目，明确相互权利、义务关系的协议，它的标的是建设工程项目。按照合同规定，承包人应完成项目施工任务并取得利润，发包人应提供必要的施工条件并支付工程价款而得到工程。

施工合同管理是指水利建设主管机关、相应的金融机构，以及建设单位、监理单位、承包企业依照法律和行政法规、规章制度，采取法律的、行政的手段，对施工合同关系进行组织、指导、协调和监督，保护施工合同当事人的合法权益，处理施工合同纠纷，防止和制裁违法行为，保证施工合同法规的贯彻实施等一系列活动。施工合同管理的目的是约束双方遵守合同规则，避免双方责任的分歧以及不严格执行合同而造成的经济损失。施工合同管理的作用主要体现在：一是可以促使合同双方在相互平等、诚信的基础上依法签订切实可行的合同；二是有利于合同双方在合同执行过程中相互监督，确保合同顺利实施；三是合同中明确规定了双方具体的权利与义务，通过合同管理确保合同双方严格执行；四是通过合同管理，增强合同双方履行合同的自觉性，使合同双方自觉遵守法律规定，共同维护当事人双方的合法权益。

2.监理人对施工合同的管理

（1）在工期管理方面

按合同规定，要求承包人提交施工总进度计划，并在规定的期限内批复，经批准的施工总进度计划（称合同进度计划），作为控制工程进度的依据，并据此要求承包人编制年、季和月进度计划，并加以审核；按照年、季和月进度计划进行实际检查；分析影响进度计划的因素，并加以解决；不论何种原因发生工程的实际进度与合同进度计划不符时，要求承包人提交一份修订的进度计划，并加以审核；确认竣工日期的延误等。

（2）在质量管理方面

检验工程使用的材料、设备质量；检验工程使用的半成品及构件质量；按合同规定的规范、规程，监督检验施工质量；按合同规定的程序，验收隐蔽工程和需要中间验收工程的质量；验收单项竣工工程和全部竣工工程的质量等。

（3）在费用管理方面

严格对合同约定的价款进行管理；对预付工程款的支付与扣还进行管理；对工程进行计量，对工程款的结算和支付进行管理；对变更价款进行管理；按约定对合同价款进行调整，办理竣工结算；对保留金进行管理等。

（二）施工合同的分类

1.施工合同的分类

（1）总价合同

总价合同是发包人以一个总价将工程发包给承包人，当招标时有比较详细的设计图纸、说明书及能准确算出工程量时，可采取这种合同，总价合同又可分为以下三种：

1）固定总价合同

合同双方以图纸和工程说明为依据，按商定的总价进行承包，除非发包人要求变更原定的承包内容，否则承包人不得要求变更总价。这种合同方式一般适用于工程规模较小，技术不太复杂，工期较短，且签订合同时已具备详细的设计文件的情况。对于承包人来说可能有物价上涨的风险，报价时因考虑这种风险，故报价一般较高。

2）可调价总价合同

在投标报价及签订施工合同时，以设计图纸、《工程量清单》及当时的价格计算签订总价合同。但合同条款中商定，如果通货膨胀引起工料成本增加时，合同总价应相应调整。这种合同发包人承担了物价上涨风险，这种计价方式适用于工期较长，通货膨胀率难以预测，现场条件较为简单的工程项目。

3）固定工程量总价合同

承包人在投标时，按单价合同办法，分别填报分项工程单价，从而计算出总价，据之签订合同，完工后，如增加了工程量，则用合同中已确定的单价来计算新的工程量和调整总价，这种合同方式，要求《工程量清单》中的工程量比较准确。合同中的单价不是成品价，单价中不包括所有费用。

（2）单价合同

1）估计工程量单价合同

承包人投标时，按工程量表中的估计工程量为基础，填入相应的单价为报价。合同总价是估计工程量乘单价，完工后，单价不变，工程量按实际工程量。这种合同形式适用于招标时难以准确确定工程量的工程项目，这里的单价是成品价与上面不同。

这种合同形式的优点是，可以减少招标准备工作；发包人按《工程量清单》开支工程款，减少了意外开支；能鼓励承包人节约成本；结算简单。缺点是对于某些不易计算工程量的项目或工程费应分摊在许多工程的复杂工程项目，这种合同易引起争议。

2）纯单价合同

招标文件只向投标人给出各分项工程内的工作项目一览表，工程范围及必要的说明，而不提供工程量，承包人只要给出单价，将来按实际工程量计算。

（3）实际成本加酬金合同

实报实销加事先商定的酬金确定造价，这种合同适合于工程内容及技术经济指标未能完全确定，不能提出确切的费用而又急于开工的工程；或是工程内容可能有变更的新型工程；以及施工把握不大或质量要求很高，容易返工的工程。缺点是发包人难以对工程总造价进行控制，而承包人也难以精打细算节约成本，所以此种合同采用较少。

（4）混合合同

即以单价合同为主，以总价合同为辅，主体工程用固定单价，小型或临时工程用固定总价。

水利工程中由于工期长，常使用单价合同。在FIDIC条款中，是采取单位单价方式，即按各项工程的单价进行结算，它的特点是尽管工程项目变化，承包人总金额随之变化，但单位单价不变，整个工程施工及结算中，保持同一单价。

2.施工合同类型的选择

水利工程项目选用哪种合同类型，应根据工程项目特点、技术经济指标、招标设计深度，以及确保工程成本、工期和质量的要求等因素综合考虑后决定。

（1）根据项目规模、工期及复杂程度

对于中小型水利工程一般可选用总价合同，对于规模大、工期长且技术复杂的大中型工程项目，由于施工过程中可能遇到的不确定因素较多，通常采用单价合同承包。

（2）根据工程设计明确程度

对于施工图设计完成后进行招标的中小型工程，可以采用总价合同。对于建设周期长的大型复杂工程，往往初步设计完成后就开始施工招标，由于招标文件中的工作内容详细程度不够，投标人据以报价的工程量为预计量值，一般应采用单价合同。

（3）根据采用先进施工技术的情况

如果发包的工作内容属于采用没有可遵循规范、标准和定额的新技术或新工艺施工，较为保险的作法是采用成本加酬金合同。

（4）根据施工要求的紧迫程度

某些紧急工程，特别是灾后修复工程，要求尽快开工且工期较紧。此时可能仅有实施方案，还没有设计图纸。由于不可能让承包人合理地报出承包价格，只能采用成本加酬金合同。

（三）施工合同文件的组成

施工合同文件是施工合同管理的依据，根据《水利水电土建工程施工合同条件》，它由如下部分组成：（1）协议书（包括补充协议）。（2）中标通知书。（3）投标报价书。（4）专用合同条款。（5）通用合同条款。（6）技术条款。（7）图纸。（8）已标价的《工程量清单》。（9）经双方确认进入合同的其他文件。

组成合同的各项文件应互相解释，互为说明。当合同文件出现含糊不清或不一致时，由监理人做出解释。除合同另有规定外，解释合同文件的优先顺序规定在专用合同条款内。

施工合同示范文本分通用合同条款和专用合同条款两部分，通用合同条款共计60条，内容涵盖了合同中所涉及的词语涵义、合同文件、双方的一般义务和责任、履约担保、监理人和总监理工程师、联络、图纸、转让和分包、承包人的人员及其管理、材料和设备、交通运输、工程进度、工程质量、文明施工、计量与支付、价格调整、变更、违约和索赔、争议的解决、风险和保险、完工与保修等，一般应全文引用，不得更动；专用合同条款应按其条款编号和内容，根据工程实际情况进行修改和补充。凡列入中央和地方建设计划的大中型水利水电土建工程应使用施工合同示范文本，小型水利水电土建工程可参照使用。

三、施工合同分析与控制

（一）施工合同分析

（1）在一个水利枢纽工程中，施工合同往往有几份、十几份甚至几十份，各合同之间相互关联。（2）合同文件和工程活动的具体要求（如工期、质量、费用等）、合同各方的责任关系、事件和活动之间的逻辑关系错综复杂。（3）许多参与工程的人员涉及的活动和问题仅为合同文件的部分内容，因此合同管理人员应对合同进行全面分析，再向各职能人员进行合同交底以提高工作效率。（4）合同条款的语言有时不够明了，必须在合同实施前进行分析，以方便进行合同的管理工作。（5）在合同中存在的问题和风险包括合同审查时已发现的风险和还可能隐藏着的风险，在合同实施前有必要作进一步的全面分析。（6）在合同实施过程中，双方会产生许多争执，解决这些争执也必须对合同进行分析。

（二）合同分析的内容

1.合同的法律背景分析

分析合同签订和实施所依据的法律、法规，承包人应了解适用于合同的法律的基本情况（范围、特点等），指导整个合同实施和索赔工作，对合同中明示的法律要重点分析。

2.合同类型分析

类型不同的合同，其性质、特点、履行方式不一样，双方的责任、权利关系和风险分担也不一样。这直接影合同双方的责任和权利的划分，影响工程施工中合同的管理和索赔。

3.承包人的主要任务分析

（1）承包人的责任，即合同标的

承包人的责任包括：承包人在设计、采购、生产、试验、运输、土建、安装、验收、试生产、缺陷责任期维修等方面的责任；施工现场的管理责任；给发包人的管理人员提供生活和工作条件的责任等。

（2）工作范围

它通常由合同中的工程量清单、图纸、工程说明、技术规范定义。工程范围的界限应很清楚，否则会影响工程变更和索赔，特别是固定总价合同的工作范围。

（3）工程变更的规定

重点分析工程变更程序和工程变更的补偿范围。

4.发包人的责任分析

发包人的责任分析主要是分析发包人的权利和合作责任。发包人的权利是承包人的合作责任，是承包人容易产生违约行为的地方；发包人的合作责任是承包人顺利完成合同规定任务的前提，同时又是承包人进行索赔的理由。

5.合同价格分析

应重点分析合同采用的计价方法、计价依据、价格调整方法、合同价格所包括的范围及工程款结算方法和程序。

6.施工工期分析

分析施工工期，合理安排工作计划，在实际工程中，工期拖延极为常见和频繁，对合同实施和索赔影响很大，要特别重视。

7.违约责任分析

如果合同的一方未遵守合同规定，造成对方损失，则应受到相应的合同处罚。

违约责任分析主要分析如下内容：（1）承包人不能按合同规定的工期完成工程的违约金或承担发包人损失的条款。（2）由于管理上的疏忽而造成对方人员和财产损失的赔偿条款。（3）由于预谋和故意行为造成对方损失的处罚和赔偿条款。（4）由于承包人不履行或不能正确履行合同责任，或出现严重违约时的处理规定。（5）由于发包人不履行或不能正确履行合同责任，或出现严重违约时的处理规定，特别是对发包人不及时支付工程款的处理规定。

8.验收、移交和保修分析

（1）验收

验收包括许多内容，如材料和机械设备的进场验收、隐蔽工程验收、单项工程验收、全部工程竣工验收等。

在合同分析中，应对重要的验收要求、时间、程序以及验收所带来的法律后果作出说明。

（2）移交

竣工验收合格即办理移交。应详细分析工程移交的程序，对工程尚存的缺陷、不足之处以及应由承包人完成的剩余工作，发包人可保留其权利，并指令承包人限期完成，承包人应在移交证书上注明的日期内尽快地完成这些剩余工程或工作。

（3）保修

分析保修期限和保修责任的划分。

9.索赔程序和争执解决的分析

重点分析索赔的程序、争执的解决方式和程序以及仲裁条款，包括仲裁所依据的法律，仲裁地点、方式和程序，仲裁结果的约束力等。

（三）　合同控制

1.预付款控制

预付款是承包工程开工以前业主按合同规定向承包人支付的款项。承包人利用此款项进行施工机械设备和材料以及在工地设置生产、办公和生活设施的开支。预付款金额的上限为合同总价的五分之一，一般预付款的额度为合同总价的10%～15%。

预付款的实质是承包人先向业主提取的贷款，是没有利息的，在开工以后是要从每期工程进度款中逐步扣除还清的。通常对于预付款，业主要求承包商出具预付款保证书。

工程合同的预付款，按世界银行采购指南规定分为以下几种：

调遣预付款：用做承包商施工开始的费用开支，包括临时设施、人员设备进场、履约保证金等费用。

设备预付款：用于购置施工设备。

材料预付款：用于购置建筑材料。其数额一般为该材料发票价的75%以下，在月进度付款凭证中办理。

2.工程进度款

工程进度款是承包商依据工程进度的完成情况，不仅要计算工程量所需的价格，还再增加或者扣除相应的项目款才为每月所需的工程进度款。此款项一般需承包商尽早向监理工程师提交该月已完工程量的进度款付款申请，按月支付，是工程价款的主要部分。

承包商要核实投标及变更通知后报价的计算数字是否正确、核实申请付款的工程进度情况及现场材料数量、已完工程量，项目经理签字后交驻地监理工程师审核，驻地监理工程师批准后转交业主付款。

3.保留金

保留金也称滞付金，是承包商履约的另一种保证，通常是从承包商的进度款中扣下一定百分比的金额，以便在承包商违约时起补偿作用。在工程竣工后，保留金应在规定的时间退还给承包商。

4.浮动价格计算

外界环境的变化如人工、材料、机械设备价格会直接影响承包商的施工成本。假若在合同中不对此情况进行考虑，按固定价格进行工程价格计算的话，承包商就会为合同中未来的风险而进行费用的增加，如果合同规定不按浮动价格计算工程价格，承包商就会预测到由合同期内的风险而增加费用，该费用应计入标价中。一般来说，短期的预测结果还是比较可靠的，但对远期预测就可能很不准确，这就造成承包商不得不大幅度提高标价以避免未来风险带来的损失。这种做法难以正确估计风险费用，估计偏高或偏低，无论是对业主和承包商来说都是不利的。为获得一个合理的工程造价，工程价款支付可以采用浮动价格的方法来解决。

5.结算

当工程接近尾声时要进行大量的结算工作。同一合同中包含需要结算的项目不止一个，可能既包括按单价计价项目，又包括按总价付款项目。当竣工报告已由业主批准，该项目已被验收时，该建筑工程的总款额就应当立即支付。按单价结算的项目，在工程施工已按月进度报告付过进度款，由现场监理人员对当时的工程进度工程量进行核定，核定承包人的付款申请并付了款，但当时测定的工程量可能准确也可能不准确，所以该项目完工时应由一支测量队来测定实际完成的工程量，然后按照现场报告提供的资料，审查所用材料是否该付款，扣除合同规定已付款的用料量，成本工程师则可标出实际应当付款的数量。承包人自己的工作人员记录的按单价结算的材料使用情况与工程师核对，双方确认无误后支付项目的结算款。

（四）发包人违约

1.违约行为

发包人应当按合同约定完成相应的义务。如果发包人不履行合同义务或不按合同约定履行义务，则应承担相应的违约责任。发包人的违约行为包括：（1）发包人不按合同约定按时支付工程预付款；（2）发包人不按合同约定支付工程进度款，导致施工无法进行；（3）发包人无正当理由不支付工程竣工结算价款；（4）发包人不履行合同义务或者不按合同约定履行义务的其他情况。

发包人的违约行为可以分成两类：一类是不履行合同义务，如发包人应当将施工所需的水、电、电讯线路从施工场地外部接至约定地点，但发包人没有履行该项义务，即构成违约；另一类是不按合同约定履行义务，如发包人应当开通施工场地与城乡公共道路的通道，并在专用条款中约定了开通的时间和质量要求，但实际开通的时间晚于约定或质量低于合同约定，也构成违约。

2.违约责任

合同约定应该由工程师完成的工作，工程师没有完成或没有按照约定完成，给承包人造成损失的，也应当由发包人承担违约责任。因为工程师是代表发包人进行工作的，其行为与合同约定不符时，视为发包人的违约。发包人承担违约责任后，可以根据监理委托合同追究监理单位相应的责任。

发包人承担违约责任的方式有以下四种：

（1）赔偿因其违约给承包人造成的经济损失

赔偿损失是发包人承担违约责任的主要方式，其目的是补偿因违约给承包人造成的经济损失。承包人、发包人双方应当在专用条款内约定发包人赔偿承包人损失的计算方法。损失赔偿额应当相当于因违约所造成的损失，包括合同履行后可以获得的利益，但不得超过发包人在订立合同时预见或者应当预见到的因违约可能造成的损失。

（2）支付违约金

支付违约金的目的是补偿承包人的损失，双方在专用条款中约定发包人应当支付违约金的数额或计算方法。

（3）顺延延误的工期

对于因为发包人违约而延误的工期，应当相应顺延。

（4）继续履行

发包人违约后，承包人要求发包人继续履行合同的，发包人应当在承担上述违约责任后继续履行施工合同。

（五）承包人违约

1.违约的情况

承包人的违约行为主要有以下三种情况：（1）因承包人原因不能按照协议书约定的竣工日期或者工程师同意顺延的工期竣工。（2）因承包人原因工程质量达不到协议书约定的质量标准。（3）承包人不履行合同义务或不按合同约定履行义务的其他情况。

2.违约责任

承包人承担违约责任的方式有以下4种：

（1）赔偿因其违约给发包人造成的损失

承、发包人双方应当在专用条款内约定承包人赔偿发包人损失的计算方法。损失赔偿额应当相当于因违约所造成的损失，包括合同履行后可以获得的利益，但不得超过承包人在订立合同时预见或者应当预见到的因违约可能造成的损失。

（2）支付违约金

双方可以在专用条款中约定承包人应当支付违约金的数额或计算方法。发包人在确定违约金的费率时，一般要考虑以下因素：发包人盈利损失；由于工期延长而引起的贷款利息增加；工程拖期带来的附加监理费；由于本工程拖期无法投入使用，租用其他建筑物时的租赁费。

至于违约金的计算方法，在每个合同文件中均有具体规定，一般按每延误1天赔偿一定的款额计算，累计赔偿额一般不超过合同总额的10%。

（3）采取补救措施

对于施工质量不符合要求的违约，发包人有权要求承包人采取返工、修理、更换等补救措施。

（4）继续履行

承包人违约后，如果发包人要求承包人继续履行合同时，承包人承担上述违约责任后仍应继续履行施工合同。

（六）监理工程师职责

监理工程师在发包方与承包方订立的承包合同中属于独立的第三方，其职责由监理委托合同和承发包双方签订的承包合同中规定，主要职责是受项目法人委托对工程项目的质量、进度、投资、安全进行控制，对工程合同和项目信息进行管理，协调各方在合同履行过程中的各种关系，为顺利按计划实现工程建设目标而努力。监理工程师的主要职责如下：

（1）按监理合同的规定协助发包方进行除监理招标以外的各项招标工作。如采用委托代理招标，则招标工作主要由招标代理机构负责。

（2）按监理合同要求全面负责对工程的监督与管理，协调各承包方的关系，对合同文件进行解释（具体由监理合同明确），处理各方矛盾。

（3）按合同规定权限向承包方发布开工令，发布暂停工程或部分工程施工的指示，发布复工令。审批由于发包方原因而引起的承包方的工期延误，核实承包方提前完工的时间。

（4）负责核签和解释、变更、说明工程设计图纸，发出图纸变更命令，提供新的补充图纸，审批承包商提供的施工设计图、浇筑图和加工图。

（5）得到发包方同意后，批准工程的分包。

（6）有权要求撤换那些不能胜任本项目职责工作或行为不端或玩忽职守的承包方的任何人员。

（7）有权检查承包方人员变动情况，可随时检查承包方人员上岗资料证明。

（8）核查承包方进驻工地的施工设备，有权要求承包方增加和更换施工设备，批准承包方变更设备。

（9）审批承包方提供的总进度计划、年度、季度和月进度计划或单位工程进度计划，审批赶工措施，修正进度计划，经发包方授权批准承包方延长完工期限。

（10）审批承包方的质检体系，审查承包方的质量报表，有权对全部工程的所有部位及任何一项工艺、材料和工程设备进行检查和检验。

（11）参与检查验收合同规定的各种材料和工程设备。

（12）对隐蔽工程和工程的隐蔽部分进行验收。

（13）指示承包方及时采取措施清除处理不合格的工程材料和工程设备。

（14）按合同规定期限向承包方提交测量基准点、基准线和水准点及其书面资料，审批承包方的施工控制网。

（15）批准或指示承包方进行必要的补充地质勘探。

（16）检查、监督、指挥全工地的施工作业安全以及消防、防汛和抗灾等工作，审批承包方的安全生产计划。

（17）审核和出具预付款证书，审核承包方每月提供的工程量报表和有关计量资料，核定承包方每月进度付款申请单，向发包书出具进度付款证书。

（18）复核承包方提交的完工付款清单和最终付款申请单，或出具临时付款证书。

（19）协调发包方与承包方因政策、法规引起的价格调整的合同金额。

（20）根据工程需要和发包方授权，指示承包方进行合同规定的变更内容（协调和调整合同价格超过15%时的调整金额。此项授权范围具体由招标文件和合同规定）。

（21）指令承包方以计日工方式进行任何一项变更工作，批准动用备用金。

（22）对承包方违约发出警告，责令承包方停工整顿，暂停支付工程款。

（23）按合同规定处理承发包方的违约纠纷和索赔事项。

（24）审核承包方提交分部工程、单位工程和整体工程的完工验收申请报告并提出审核意见，根据发包方授权签署工程移交证书给承包方。

（25）组织验收承包方在规定的保修期内应完成的日常维护和缺陷修复工作。根据发包方授权签署和颁发保修责任终止证书给承包方。

（26）组织验收承包方按合同规定应完成的完工清场和撤退前需要完成的所有工作。

（27）批准承包方提出的合理化建议。

（28）监理委托合同中规定的监理工程师的其他权利以及在各种补充协议中发包方授权监理工程师行使的一切权利。

四、FIDIC 合同条件

（一）FIDIC 简介

FIDIC 是指国际咨询工程师联合会。它是由该联合会的五个法文词首组成的缩写词。国际咨询工程师联合会是国际上最具有权威性的咨询工程师组织，为规范国际工程咨询和承包活动，该组织编制了许多标准合同条件，其中1957年首次出版的 FIDIC 土木工程施工合同条件在工程界影响最大，专门用于国际工程项目，但在第4版时删去了文件标题中的"国际"一词，使 FIDIC 合同条件不仅适用于国际招标工程，只要把专用条件稍加修改，也同样适用于国内招标合同。采用这种标准的合同格式有明显的优点，能合理平衡有关各方之间的要求和利益，尤其能公平地在合同各方之间分配风险和责任。

（二）施工合同文件的组成

构成合同的各个文件应被视作互为说明的。为解释之目的，各文件的优先次序如下：

（1）合同协议书。

（2）中标函。

（3）投标函。

（4）合同专用条件。

（5）合同通用条件。

（6）规范。

（7）图纸。

（8）资料表以及其他构成合同一部分的文件。

如果在合同文件中发现任何含混或矛盾之处，工程师应颁布任何必要的澄清或指示。

（三）合同争议的解决

1. 解决合同争议的程序

首先由双方在投标附录中规定的日期前，联合任命一个争议裁决委员会（Dispute Adjudication Board，DAB）。

如果双方间发生了有关或起因于合同或工程实施的争议，任何一方可以将该争议以书面形式，提交DAB，并将副本送另一方和工程师，委托DAB作出决定。双方应按照DAB为对该争议做出决定可能提出的要求，立即给DAB提供所需的所有资料、现场进入权及相应的设施。

DAB应在收到此项委托后84天内，提出它的决定。

如果任何一方对DAB的决定不满意，可以在收到该决定通知后28天内，将其不满向另一方发出通知。

在发出了表示不满的通知后，双方在仲裁前应努力以友好的方式解决争议，如果仍达不成一致，仲裁在表示不满的通知发出后56天进行。

2. 争议裁决委员会

（1）争议裁决委员会的组成

签订合同时，业主与承包商通过协商组成裁决委员会。裁决委员会可选定为1名或3名成员，一般由3名成员组成，合同每一方应提名1名成员，由对方批准。双方应与这两名成员共同并商定第三位成员，第三人作为主席。

（2）争议裁决委员会的性质

属于非强制性但具有法律效力的行为，相当于我国法律中解决合同争议的调解，但其性质则属于个人委托。成员应满足以下要求：

1）对承包合同的履行有经验。

2）在合同的解释方面有经验。

3）能流利地使用合同中规定的交流语言。

（3）工作

由于裁决委员会的主要任务是解决合同争议，因此不同于工程师需要常驻工地。

1）平时工作。裁决委员会的成员对工程的实施定期进行考察现场，了解施工进度和实际潜在的问题，一般在关键施工作业期间到现场考察，但两次考察的间隔时间不少于140天，离开现场前，应向业主和承包商交考察报告。

2）解决合同争议的工作。接到任何一方申请后，在工地或其他选定的地点处理争议的有关问题。

（4）报酬

付给委员的酬金分为月聘请费用和日酬金两部分，由业主与承包商平均负担。裁决委员会到现场考察和处理合同争议的时间按日酬金计算，相当于咨询费。

（5）成员的义务

保证公正处理合同争议是其最基本的义务，虽然当事人双方各提名1名成员，但他不能代表任何一方的单方利益，因此合同规定。

1）在业主与承包商双方同意的任何时候，他们可以共同将事宜提交给争议裁决委员会，请他们提出意见。没有另一方的同意，任一方不得就任何事宜向争议委员会建议。

2）裁决委员会或其中的任何成员不应从业主、承包商或工程师处单方获得任何经济利益或其他利益。

3）不得在业主、承包商或工程师处担任咨询顾问或其他职务。

4）合同争议提交仲裁时，不能被任命为仲裁人，只能作为证人向仲裁提供争议证据。

第二节　水利工程合同实施

一、合同交底

合同交底是由合同管理人员在对合同的主要内容进行分析、解释和说明的基础上，通过组织项目管理人员和各个工程小组学习合同条文和合同总体分析结果，使大家熟悉合同中的主要内容、规定、管理程序，了解合同双方的合同责任和工作范围，各种行为的法律后果等，使大家都树立全局观念，使各项工作协调一致，避免执行中的违约行为。

在传统的施工管理系统中，人们十分重视图纸交底工作，却不重视合同交底工作，导致各个项目组和各个工程小组对项目的合同体系、合同基本内容不甚了解，影响了合同的履行。

项目经理或合同管理人员应将各种任务或事件的责任分解，落实到具体的工作小组、人员和分包单位。合同交底的目的和任务如下：

（1）对合同的主要内容达成一致理解。

（2）将各种合同事件的责任分解落实到各工程小组或分包商。

（3）将工程项目和任务分解，明确其质量和技术要求以及实施的注意要点等。

（4）明确各项工作或各个工程的工期要求。

（5）明确成本目标和消耗标准。

（6）明确相关事件之间的逻辑关系。

（7）明确各个工程小组（分包人）之间的责任界限。

（8）明确完不成任务的影响和法律后果。

（9）明确合同有关各方的责任和义务。

二、合同实施跟踪

（一）施工合同跟踪

合同签订后，合同中各项任务的执行要落实到具体的项目经理部或具体的项目参与人，承包单位作为履行合同义务的主体，必须对项目经理或项目参与人的履行情况进行跟踪、监督和控制，确保合同义务的完全履行。

施工合同跟踪有两个方面的含义：一是承包单位的合同管理职能部门对项目经理部或项目参与人的履行情况进行的跟踪、监督和检查；二是项目经理部或项目参与人本身对合同计划的执行情况进行的跟踪、检查与对比。在合同实施过程中二者缺一不可。

1.合同跟踪的依据

合同跟踪的重要依据是合同以及依据合同而编制的各种计划文件；其次还要依据各种实际工程文件，如原始记录、报表、验收报告等；另外，还要依据管理人员对现场情况的直观了解，如现场巡视、交谈、会议、质量检查等。

2.合同跟踪对象

（1）承包的任务

1）工程施工的质量，包括材料、构件、制品和设备等的质量，以及施工或安装质量，是否符合合同要求等。

2）工程进度，是否在预订的期限内施工，工期有无延长，延长的原因是什么等。

3）工程数量，是否按合同要求完成全部施工任务，有无合同规定以外的施工任务等。

4）成本的增加或减少。

（2）工程小组或分包人的工程和工作

可以将工程施工任务分别交由不同的工程小组或发包给专业分包完成，工程承包商必须对这些工程小组或分包商及其所负责的工程进行跟踪检查、协调关系，提出意见、建议或警告，保证工程总体质量和进度。

对专业分包人的工作和负责的工程，总承包商负有协调和管理的责任，并承担由此造成的损失，所以专业分包人的工作和负责的工程必须纳入总承包的计划和控制中，防止因分包人工程管理失误而影响全局。

（3）业主和其委托的工程师的工作

1）业主是否及时、完整地提供了工程施工的实施条件，如场地、图纸、资料等。

2）业主和工程师是否及时给予了指令、答复和确认等。

3）业主是否及时并足额地支付了应付的工程款项。

（二）偏差分析

通过合同跟踪，可能会发现合同实施中存在的偏差，即工程的实际情况偏离了工程计划和工程目标，应该及时分析原因，采取措施，纠正偏差，避免损失。

合同实施偏差分析的内容包括以下几个方面。

1.产生偏差的原因分析

通过对合同执行实际情况与实施计划的对比分析，不仅可以发现合同实施的偏差，而且可以探索引起差异的原因。原因分析可以采用鱼刺图、因果关系分析图（表）、成本量差、价差、效率差分析等方法定性或定量地进行。

2.合同实施偏差的责任分析

即分析产生合同偏差的原因是由谁引起的，应该由谁承担责任。

责任分析必须以合同为依据，按合同规定落实双方的责任。

3.合同实施的趋势分析

针对合同实施偏差情况，可以采取不同的措施，应分析在不同措施下合同执行的结果与趋势，包括：

（1）最终的工程状况，包括总工期的延误、总成本的超支、质量标准、所能达到的产生能力（或功能要求）等。

（2）承包商将承担什么样的后果，如被罚款、被清算，甚至被起诉，对承包商资信、企业形象、经营战略的影响等。

（3）最终工程经济效益（利润）水平。

（三）偏差的处理

根据合同实施偏差分析的结果，承包商应该采取相应的调整措施，调整措施可以分为：

（1）组织措施，如增加人员投入，调整人员安排，调整工作流程和工作计划等。

（2）技术措施，如变更技术方案，采用新的高效率的施工方案等。

（3）经济措施，如增加投入，采取经济激励措施等。

（4）合同措施，如进行合同变更，采取附加协议，采取索赔手段等。

（四）工程变更管理

工程变更管理一般是指在工程施工过程中，根据合同约定对施工的程序、工程的内容、数量、质量要求及标准等作出的变更。

1.工程变更的原因

工程变更一般主要有以下几方面的原因：

（1）业主的变更指令。如业主有新的意图、对建筑的新要求、业主修改项目计划、削减项目预算等。

（2）由于设计人员、监理方人员、承包商事先没有很好地理解业主的意图，或设计的错误，导致图纸修改。

（3）工程环境的变化，预定的工程条件不准确，要求实施方案或实施计划变更。

（4）由于产生新技术和知识，有必要改变原计划、预案实施方案或实施计划，或由于业主指南及业主责任的原因造成施工方案的改变。

（5）政府部门对工程有新的要求，如国家计划变化、环境保护要求、城市规划变动等。

（6）由于合同实施出现问题，必须调整合同目标或修改合同条款。

2.工程变更的范围

根据FIDIC施工合同条件，工程变更的内容可能包括以下几个方面。

（1）改变合同中所包括的任何工作的数量。

（2）改变任何工作的质量和性质。

（3）改变工程任何部分的标高、基准线、位置和尺寸。

（4）删减任何工作，但要交他人实施的工作除外。

（5）任何永久工程需要的任何附加工作、工程设备、材料或服务。

（6）改动工程的施工顺序或时间安排。

根据我国合同示范文本，工程变更包括设计变更和工程质量标准等其他实质性内容的变更，其中设计变更包括：

（1）更改工程有关部分的标高、基准线、位置和尺寸。

（2）增减合同中约定的工程量。

（3）改变有关工程的施工时间和顺序。

（4）其他有关工程变更需要的附加工作。

3.工程变更的程序

工程变更是索赔的主要起因。由于工程变更对工程施工过程影响很大，会造成工期的拖延和费用的增加，容易引起双方的争执，所以要十分重视工程变更管理问题。

一般工程施工承包合同中都有关于工程变更的具体规定。工程变更一般按照如下程序。

（1）提出工程变更。根据工程实施的实际情况，承包商、业主、工程师、设计单位都可以根据需要提出工程变更。

（2）工程变更的批准。承包商提出的工程变更，应该交与工程师审查并批准；由设计方提出的工程变更应该与业主协商或经业主审查并批准；由业主方提出的工程变更，涉及设计修改的应该与设计单位协商，并且一般通过工程师发出。工程师发出工程变更的权利，一般会在施工合同中明确约定，通常在发出变更通知前应征得业主批准。

（3）工程变更指令的发出及执行。为了避免耽误工程，工程师和承包商就变更价格和工期补偿达成一致意见之前有必要先行发布指示，先执行工程变更工作，然后再就变更价格和工期补偿进行协商和确定。

工程变更指令的发出有两种形式：书面形式和口头形式。一般情况下要求用书面形式发布变更指示，如果由于情况紧急而来不及发出书面指示，承包商应该根据合同规定要求工程师书面认可。

根据工程惯例，除非工程师明显超越合同权限，承包商应该无条件地执行工程变更的指示。即使工程变更价款没有规定，或者承包商对工程师答应给予付款的金额不满意，承包商也必须一边进行变更工作，一边根据合同寻求解决办法。

4.工程变更的责任分析与补偿要求

根据工程变更的具体情况可以分析确定工程变更的责任和费用补偿。

（1）由于业主要求、政府部门要求、环境变化、不可抗力、原设计错误等导致的设计修改，应该由业主承担责任；由此所造成的施工方案的变更以及工期的延长和费用的增加应该向业主索赔。

（2）由于承包商的施工过程、施工方案出现错误、疏忽而导致设计的修改，应该由承包商承担责任。

（3）施工方案变更要经过工程师的批准，不论这种变更是否会对业主带来好处（如工期缩短、节约费用）。

由于承包商的施工过程、施工方案本身的缺陷而导致了施工方案的变更，由此所引起的费用增加和工期延长应该由承包商承担责任。

业主向承包商授标前（或签订合同前），可以要求承包商对施工方案进行补充、修改或作出说明，以便符合业主的要求。在授标后（或签订合同后）业主为了加快工期、提高质量等要求变更施工方案，由此所引起的费用增加可以向业主索赔。

第三节　水利工程合同违约与索赔

一、合同违约

(一) 违反合同民事责任的构成要件

法律责任的构成要件是承担法律责任的条件。《民法典》规定，当事人一方不履行合同义务或履行合同义务不符合约定的，应当承担违约责任。也就是说，不管何种情况也不管当事人主观上是否有过错，更不管是何种原因（不可抗力除外），只要当事人一方不履行合同或者履行合同不符合约定，都要承担违约责任。这就是违反合同民事责任的构成要件。

《民法典》规定，违反合同民事责任的构成要件是严格责任，而不是过错责任。按照这一规定，即使当事人一方没有过错，或者因为别人没有履行义务而使合同的履行受到影响，只要合同没有履行或者履行合同不符合约定，就应当承担违约责任。至于当事人与其他人的纠纷，是另一个法律关系，应分开解决。当然，对于当事人一方有过错的，更要承担责任，如《民法典》规定的缔约过失、无效合同和可撤销合同采取过错责任，有过错一方要向受损害一方赔偿损失。

(二) 承担违反合同民事责任的方式及选择

《民法典》规定，当事人一方不履行合同义务或者履行合同义务不符合规定的，应继续履行或采取补救措施，承担赔偿损失等违约责任。承担违反合同民事责任的方式有：①继续履行；②采取补救措施；③赔偿损失；④支付违约金。

承担违反合同民事责任的方式在具体实践中如何选择？总的原则是由当事人自由选择，并有利于合同目的的实现。提倡继续履行和补救措施优先，有利于合同目的的实现，特别是有些经济合同不履行，有可能涉及国家经济建设和公益性任务的完成，水利工程就是这样。水利建设任务能否顺利完成，直接关系的公共利益能否顺利实现。当然，如果合同不能继续履行或者无法采取

补救措施，或者继续履行、采取补救措施仍不能完成合同约定的义务，就应该赔偿损失。

(1) 关于继续履行方式。继续履行是承担违反合同民事责任的首选方式，当事人订立合同的目的就是为了通过双方全面履行约定的义务，使各自的需要得到满足。一方违反合同，其直接后果是对方需要得不到满足。因此，继续履行合同，使对方需要得到满足，是违约方的首要责任。特别是对于价款或者报酬的支付，《民法典》明确规定，当事人一方未支付价款或者报酬的，对方可以要求其支付价款或报酬。

在某些情况下，继续履行可能是不可能或没有必要的，此时承担违反合同民事责任的方式就不能采取继续履行了。例如，水利工程建设中，大型水泵供应商根本没有

足够的技术力量和设备来生产合同约定的产品，原来订合同时过高估计了自己的生产能力，甚至订合同是为了赚钱盲目承接任务，此时履行合同不可能，只能是赔偿对方损失。如果供货商通过努力（如加班、增加技术力量和其他投入等）能够和产出符合约定的产品，则应采取继续履行或采取补救措施的方式。又如季节性很强的产品，过了季节就没法销售或使用的，对方延迟交货就意味着合同继续履行没有必要。《民法典》规定了三种情形不能要求继续履行的：①法律上或事实上不能继续履行的；②债务的标的不适于强制履行或履行费用过高的；③债权人在合理期限内未要求履行物。

（2）关于采取补救措施。采取补救措施是在合同一方当事人违约的情况下，为了减少损失使合同尽量圆满履行所采取的一切积极行为。如：不能如期履行合同义务的，与对方协商能否推迟履行；自己一时难于履行的，在征得对方当事人同意的前提下，尽快寻找他人代为履行；当发现自己提供的产品质量、规格不符合合同约定的标准时，积极负责修理或调换。总之，采取补救措施不外乎避免或减少损失和达到合同约定要求两个方面。《民法典》规定，质量不符合约定的，应当按照当事人的约定承担违约责任；对违约责任没有约定或约定不明确，依法仍不能确定的，受损害方根据标的性质及损失大小，可以合理选择要求修理、更换、重作、退货、减少价款或者报酬等违约责任。例如在水利工程中，某单位工程的部分单元工程质量严重不合格，一般就要求拆除并重新施工。

（3）关于承担赔偿损失。承担赔偿损失，就是由违约方承担因其违约给对方造成的损失。《民法典》规定，当事人一方不履行合同义务或者履行合同义务不符合约定的，在履行义务或者采取补救措施后，对方还有其他损失的，应当赔偿损失。至于赔偿额的计算，《民法典》原则规定为：损失赔偿应当相当于因违约所造成的损失，包括合同履行后可以获得的利益，但不得超过违反合同一方订立合同时预见到或者应当预见到的因违反合同可能造成的损失；经营者对消费者提供商品或服务有欺诈行为的，依照《消费者权益保护法》的规定承担损害赔偿责任，即加倍赔偿。《民法典》还规定，当事人可以约定因违约产生的损失赔偿额的计算方法。当事人一方违约后，对方应当采取适当措施防止损失的扩大，没有采取适当措施致使损失扩大的，不得就扩大的损失要求赔偿。

至于支付违约金、定金的收取或返还，它们是一种损失赔偿的具体方式，不仅具有补偿性，而且具有惩罚性。

（4）关于违约金。违约金是指不履行或者不完全履行合同的一方当事人按照法律规定或者合同约定支付给另一方当事人一定数额的货币。违约金具有两种性质：①补偿性，在违约行为给对方造成损失时，违约金起到一定的补偿作用；②惩罚性，惩罚违约行为，当事人约定了违约金，不论违约是否给对方造成损失，都要支付违约金。

对于违约金的数量如何确定？约定违约金的高于或低于违约造成的损失怎么办？《民法典》有明确规定，当事人可以约定一方违约时应当根据违约情况向对方支付一定数额的违约金，因此，违约金的数量可以由当事人双方在订立合同时约定，或者在订立合同后补充约定。对于违约金低于造成的损失的，当事人可以请求人民法院或仲裁机构予以增加；对于违约金过分高于造成的损失的，当事人也可以请求人民法院或仲裁机构予以适当减少。

（5）关于定金。定金是订立合同后，为了保证合同的履行，当事人一方根据约定支付给对方作为债权担保的货币。定金具有补偿性，即给付定金的一方在不履行合同约定的义务或债务时，定金不能收回，用于赔偿对方的损失。例如，投标人在递交投标文件时附交的投标保证金就具有定金的性质，投标人在中标后不承担合同义务，无法定情况而放弃中标的，招标人即可以没收其投标保证金。定金还具有惩罚性，即给付定金的一方不履行合同约定义务的，即使没有给对方造成损失也不能收回；而收受定金的一方不履行合同约定义务的，应当双倍返还定金。

二、施工索赔

（一）索赔的特点

（1）索赔是合同管理的一项正常的规定，一般合同中规定的工程赔偿款是合同价的7%~8%。

（2）索赔作为一种合同赋予双方的具有法律意义的权利主张，其主体是双向的。在工程施工合同中，业主与承包方都有索赔的权利，业主可以向承包方索赔，同样承包方也可以向业主索赔。而在现实工程实施中，大多数出现的情况是承包方向业主提出索赔。由于承包方向业主进行索赔申请的时候，没有很烦琐的索赔程序，所以在一些合同协议书中一般只规定了承包方向业主进行索赔的处理方法和程序。

（3）索赔必须建立在损害结果已经客观存在的基础上。不管是时间损失还是经济损失，都需要有客观存在的事实，如果没有发生就不存在索赔的情况。

（4）索赔必须以合同或者法律法规为依据。只有一方存在违约行为，受损方就可以向违约方提出索赔要求。

（5）索赔应该采用明示的方式，需要受损方采用书面形式提出，书面文件中应该包括索赔的要求和具体内容。

（6）索赔的结果一般是索赔方可以得到经济赔偿或者其他赔偿。

（二）索赔费用的计算方法

索赔费用的计算方法有实际费用法、总费用法和修正的总费用法。

1.实际费用法

实际费用法是计算工程索赔时最常用的一种方法。这种方法的计算原则是以承包商为某项索赔工作所支付的实际开支为根据，向业主要求费用补偿。

用实际费用法计算时，在直接费的额外费用部分的基础上，再加上应得的间接费和利润，即是承包商应得的索赔金额。由于实际费用法所依据的是实际发生的成本记录或单据，所以在施工过程中，系统而准确地积累记录资料是非常重要的。

2.总费用法

总费用法就是当发生多次索赔事件以后，重新计算该工程的实际总费用，实际总费用减去投标报价时的估算总费用，即为索赔金额

索赔金额=实际总费用-投标报价估算总费用

不少人对采用该方法计算索赔费用持批评态度，因为实际发生的总费用中可能包括了承包商的原因，如施工组织不善而增加的费用；同时投标报价估算的总费用也可能为了中标而过低。所以这种方法只有在难以采用实际费用法时才应用。

3.修正的总费用法

修正的总费用法是对总费用法的改进，即在总费用计算的原则上，去掉一些不合理的因素，使其更合理。修正的内容如下：①将计算索赔款的时段局限于受到外界影响的时间，而不是整个施工期；②只计算受影响时段内的某项工作所受影响的损失，而不是计算该时段内所有施工工作所受的损失；③与该项工作无关的费用不列入总费用中；④对投标报价费用重新进行核算：按受影响时段内该项工作的实际单价进行核算，乘以实际完成的该项工作的工程量，得出调整后的报价费用。

按修正后的总费用计算索赔金额的公式如下：

索赔金额=某项工作调整后的实际总费用-该项工作的报价费用

与总费用法相比，修正的总费用法有了实质性的改进，它的准确程度已接近于实际费用法。

（三）　工期索赔的分析

1.工期索赔的分析

工期索赔的分析包括延误原因分析、延误责任的界定、网络计划（CPM）分析、工期索赔的计算等。

运用网络计划方法分析延误事件是否发生在关键线路上，以决定延误是否可以索赔。在工期索赔中，一般只考虑对关键线路上的延误或者非关键线路因延误而变成关键线路时才给予顺延工期。

2.工期索赔的计算方法

（1）直接法

如果某干扰事件直接发生在关键线路上，造成总工期的延误，可以直接将该干扰事件的实际干扰时间（延误时间）作为工期索赔值。

（2）比例分析法

采用比例分析法时，可以按工程量的比例进行分析。

3.网络分析法

在实际工程中，影响工期的干扰事件可能会很多，每个干扰事件的影响程度可能都不一样，有的直接在关键线路上，有的不在关键线路上，多个干扰事件的共同影响

结果究竟是多少可能引起合同双方很大的争议，采用网络分析方法是比较科学合理的，其思路是：假设工程按照双方认可的工程网络计划确定的施工顺序和时间施工，当某个或某几个干扰事件发生后，使网络中的某个工作或某些工作受到影响，使其持续时间延长或开始时间推迟，从而影响总工期，则将这些工作受干扰后的新的持续时间和开始时间等代入网络中，重新进行网络分析和计算，得到的新工期与原工期之间的差值就是干扰事件对总工期的影响，也就是承包商可以提出的工期索赔值。网络分析方法通过分析干扰事件发生前和发生后网络计划的计算工期之差来计算工期索赔值，可以用于各种干扰事件和多种干扰事件共同作用所引起的工期索赔。

第四章 现代水利工程建设项目管理

第一节 水利工程建设项目综述

一、水利工程建设项目管理初探

随着我国建筑业管理体制改革的不断深化，以工程项目管理为核心的水利水电施工企业的经营管理体制，也发生了很大的变化。这就要求企业必须对施工项目进行规范的、科学的管理，特别是加强对工程质量、进度、成本、安全的管理控制。

（一）水利工程建设项目的施工特性

我国实行项目经理资质认证制度以来，以工程项目管理为核心的生产经营管理体制，已在施工企业中基本形成。21世纪初，原建设部等颁布了《建设工程项目管理规范》国家标准，对建设工程项目的规范化管理产生了深远影响。

水利工程的项目管理，还取决于水利工程施工的以下特性：水利工程施工经常是在河流上进行，受地形、地质、水文、气象等自然条件的影响很大。施工导流、围堰填筑和基坑排水是施工进度的主要影响因素。水利工程多处于交通不便的偏远山谷地区，远离后方基地，建筑材料的采购运输、机械设备的进出场费用高、价格波动大。水利工程量大，技术工种多，施工强度高，环境干扰严重，需要反复比较、论证和优选施工方案，才能保证施工质量。在水利工程施工过程中，石方爆破、隧洞开挖及水上、水下和高空作业多，必须十分重视施工安全。

由此可见，水利工程施工对项目管理提出了更高的要求。企业必须培养和选派高素质的项目经理，组建技术和管理实力强的项目部，优化施工方案，严格控制成本，才能顺利完成工程施工任务，实现项目管理的各项目标。

（二）水利工程建设项目的管理内容

1.质量管理

（1）人的因素

一个施工项目质量的好坏与人有着直接的关系，因为人是直接参与施工的组织者和操作者。施工项目中标后，施工企业要通过竞聘上岗来选择年富力强、施工经验丰富的项目经理，然后由项目经理根据工程特点、规模组建项目经理部，代表企业负责该工程项目的全面管理。项目经理是项目的最高组织者和领导者，是第一责任人。

（2）材料因素

材料质量直接影响到工程质量和建筑产品的寿命。因此，要根据施工承包合同、施工图纸和施工规范的要求，制定详细的材料采购计划，健全材料采购、使用制度。要选择信誉高、规模大、抗风险能力强的物资公司作为主要建筑材料的供应方，并与之签订物资采购合同，明确材料的规格、数量、价格和供货期限，明确双方的职责和处罚措施。材料进场后，应及时通知业主或监理对所有的进场材料进行必要的检查和试验，对不符合要求的材料或产品予以退货或降级使用，并做好材料进货台账记录。对入库产品应做出明显标识，标识牌应注明产品规格、型号、数量、产地、入库时间和拟用工程部位。对影响工程质量的主要材料（如钢筋、水泥等），要做好材质的跟踪调查记录，避免混入不合格的材料，以确保工程质量。

（3）机械因素

随着建筑施工技术的发展，建筑专业化、机械化水平越来越高，机械的种类、型号越来越多，因此，要根据工程的工艺特点和技术要求，合理配置、正确管理和使用机械设备，确保机械设备处于良好的状态。要实行持证上岗操作制度，建立机械设备的档案制度和台账记录，实行机械定期维修保养制度，提高设备运转的可靠性和安全性，降低消耗，提高机械使用效率，延长机械寿命，保证工程质量。

（4）技术措施

施工技术水平是企业实力的重要标志。采用先进的施工技术，对于加快施工进度、提高工程质量和降低工程造价都是有利的。因此，要认真研究工程项目的工艺特点和技术要求，仔细审查施工图纸，严格按照施工图纸编制施工技术方案。项目部技术人员要向各个施工班组和各个作业层进行技术交底，做到层层交底、层层了解、层层掌握。在工程施工中，还要大胆采用新工艺、新技术和新材料。

（5）环境因素

环境因素对工程质量的影响具有复杂和多变的特点。例如春季和夏季的暴雨、冬季的大雪和冰冻，都直接影响着工程的进度和质量，特别是对室外作业的大型土方、混凝土浇筑、基坑处理工程的影响更大。因此，项目部要注意与当地气象部门保持联系，及时收听、收看天气预报，收集有关的水文气象资料，了解当地多年来的汛情，采取有效的预防措施，以保证施工的顺利进行

2.进度管理

进度管理是指按照施工合同确定的项目开工、竣工日期和分部分项工程实际进度

目标制订的施工进度计划，按计划目标控制工程施工进度。在实施过程中，项目部既要编制总进度计划，还要编制年度、季度、月、旬、周季度计划，并报监理批准。目前，工程进度计划一般是采用横道图或网络图来表示，并将其张贴在项目部的墙上。工程技术人员按照工程总进度计划，制定劳动力、材料、机械设备、资金使用计划，同时还要做好各工序的施工进度记录，编制施工进度统计表，并与总的进度计划进行比较，以平衡和优化进度计划，保证主体工程均衡进展，减少施工高峰的交叉，最优化地使用人力、物力、财力，提高综合效益和工程质量。若发现某道主体工程的工期滞后，应认真分析原因并采取一定的措施，如抢工、改进技术方案、提高机械化作业程度等来调整工程进度，以确保工程总进度。

3.成本管理

施工项目成本控制是施工项目工作质量的综合反映。成本管理的好坏，直接关系到企业的经济效益。成本管理的直接表现为劳动效率、材料消耗、故障成本等，这些在相应的施工要素或其他的目标管理中均有所表现。成本管理是项目管理的焦点。项目经理部在成本管理方面，应从施工准备阶段开始，以控制成本、降低费用为重点，认真研究施工组织设计，优化施工方案，通过技术经济比较，选择技术上可行、经济上合理的施工方案。同时根据成本目标编制成本计划，并分解落实到各成本控制单元，降低固定成本，减小或消灭非生产性损失，提高生产效率。从费用构成的方面考虑，首先要降低材料费用，因为材料费用是建筑产品费用的最大组成部分，一般占到总费用的60%～70%，加强材料管理是项目取得经济效益的重要途径之一。

4.安全管理

安全生产是企业管理的一项基本原则，与企业的信誉和效益紧密相连。因此，要成立安全生产领导小组，由项目经理任组长、专职安全员任副组长，并明确各职能部门安全生产责任人，层层签订安全生产责任状，制定安全生产奖罚制度，由项目部专职安全员定期或不定期地对各生产小组进行检查、考核，其结果在项目部张榜公布。同时要加强职工的安全教育，提高职工的安全意识和自我保护意识。

（三）水利工程建设项目管理的注意事项

1.提高施工管理人员的业务素质和管理水平

施工管理工作具有专业交叉渗透、覆盖面宽的特点，项目经理和施工现场的主要管理人员应做到一专多能，不仅要有一定的理论知识和专业技术水平，还要有比较广博的知识面和比较丰富的工程实践经验，更需要具备法律、经济、工程建设管理和行政管理的知识和经验。

2.牢固树立服务意识，协调处理各方关系

项目经理必须清醒地认识到，工程施工也属于服务行业，自己的一切行为都要控制在合同规定的范围内，要正确地处理与项目法人（业主）、监理公司、设计单位及当地质检站的关系，以便在施工过程中顺利地开展工作，互相支持、互相监督，维护各方的合法权益。

3.严格执行合同

按照"以法律为准绳,以合同为核心"的原则,运用合同手段,规范施工程序,明确当事人各方的责任、权利、义务,调解纠纷,保证工程施工项目的圆满完成。

4.严把质量关

既要按设计文件执行施工合同,又要根据专业知识和现场施工经验,对设计文件中的不合理之处提出意见,以供设计单位进行设计修改。拟订阶段进度计划并在实施中检查监督,做到以工程质量求施工进度,以工程进度求投资效益。依据批准的概算投资文件及施工详图,对工程总投资进行分解,对各阶段的施工方案、材料设备、资金使用及结算等提出意见,努力节约投资。

5.加强自身品德修养,调动积极因素

现场施工管理人员特别是项目经理,必须忠于职守,认真负责,爱岗敬业,吃苦耐劳,廉洁奉公,并维护应有的权益。通过推行"目标管理,绩效考核",调动一切积极因素,充分发挥每个项目参与者的作用,做到人人参与管理、个个分享管理带来的实惠,才能保证工程质量和进度。

水利工程建设项目管理是一项复杂的工作,项目经理除了要加强工程施工管理及有关知识的学习外,还要加强自身修养,严格按规定办事,善于协调各方面的关系,保证各项措施真正得到落实。在市场经济不断发展的今天,施工单位只有不断提高管理水平,增强自身实力,提高服务质量,才能不断拓展市场,在竞争中立于不败之地。因此,建设一支技术全面、精通管理、运作规范的专业化施工队伍,既是时代的要求,更是一种责任。

二、水利工程建设项目管理方法

水利工程管理是保证水利工程正常运行关键环节,这不仅需要每个水利职工从意识上重视水利工程管理工作,更要促进水利工程管理水平的提高。本节对水利工程管理方法进行探讨研究。

(一)明确水利工程的重大意义

水利工程是保障经济增长,社会稳定发展,国家食物安全度稳定提高的重要途径。使我们能够有效地遏制生态环境急剧恶化的局面,实现人口、资源、环境与经济、社会的可持续利用与协调发展的重要保障。特别是水利工程的管理涉及社会安全、经济安全、食物安全、生态与环境安全等方面,在思想上务必要予以足够的重视。

(二)提高水利工程建设项目管理的措施

1.加强项目合同管理

水利工程项目规模大、投资多、建设期长,又涉及与设计、勘察和施工等多个单位依靠合同建立的合作关系，整个项目的顺利实施主要依靠合同的约束进行，因此水利工程项目合同管理是水利工程建设的重要环节，是工程项目管理的核心，其贯穿于项目管理的全过程。项目管理层应强化合同管理意识，重视合同管理，要从思想上对合同重要性有充分认识，强调按合同要求施工，而不单是按图施工。并在项目管理组织机构中建立合同管理组织，使合同管理专业化。如在组织机构中设立合同管理工程师、合同管理员，并具体定义合同管理人员的地位、职能，明确合同管理的规章制度、工作流程，确立合同与质量、成本、工期等管理子系统的界面，将合同管理融于项目管理的全过程之中。

2.加强质量、进度、成本的控制

（1）工程质量控制方面

一是建立全面质量管理机制，即全项目、全员、全过程参与质量管理；二是根据工程实际健全工程质量管理组织，如生产管理、机械管理、材料管理、试验管理、测量管理、质量监督管理等；三是各岗工作人员配备在数量和质量上要有保证，以满足工作需要；四是机械设备配备必须满足工程的进度要求和质量要求；五是建立健全质量管理制度。

（2）进度控制方面

进度控制是一个不断进行的动态过程，其总目标是确保既定工期目标的实现，或者在保证工程质量和不增加工程建设投资的前提下，适当缩短工期。项目部应根据编制的施工进度总计划、单位工程施工进度计划、分部分项工程进度计划，经常检查工程实际进度情况。若出现偏差，应共同与具体施工单位分析产生的原因及对总工期目标的影响，制定必要的整改措施，修订原进度计划，确保总工期目标的实现。

（3）成本控制方面

项目成本控制就是在项目成本的形成过程中，对生产经营所消耗的人力资源、物质资源和费用开支进行指导、监督、调节和限制，把各项生产费用控制在计划成本范围之内，保证成本目标的实现。项目成本的控制，不仅是专业成本人员的责任，也是项目管理人员，特别是项目部经理的责任。

3.施工技术管理

水利水电工程施工技术水平是企业综合实力的重要体现，引进先进工程施工技术，能够有效提高工程项目的施工效率和质量，为施工项目节约建设成本，从而实现经济利益和社会利益的最大化。应重视新技术与专业人才，积极研究及引进先进技术，借鉴国内外先进经验，同时培养一批掌握新技术的专业队伍，为水利水电工程的高效、安全、可靠开展提供强有力保障。

近年来，水利工程建设大力发展，我国经济建设以可持续发展为理念进行社会基础建设，为了提高水利工程建设水平，对水利工程建设项目管理进行改进，加强项目管理力度，规范水利工程管理执行制度，完善工程管理体制，对水利工程质量进行严格管理，提高相关管理人才的储备、培训、引进，改进项目管理方式，优化传统工作人员管理模式，避免安全隐患的存在，保障水利工程质量安全，扩大水利工程建设规模，鼓励水利工程管理进行科学技术建设，推进我国水利工程的可持续发展。

第二节　水利工程建设项目管理

一、水利工程建设项目管理绩效考核

（一）工程项目管理的任务

工程项目管理的主要任务就是要在工程项目可行性研究、投资决策的基础上，对勘察设计、建设准备、施工及竣工验收等全过程的一系列活动，进行规划、协调、监督、控制和总结评价，并且通过合同管理、组织协调、目标控制、风险管理和信息管理等措施，来保证工程项目质量、进度和投资目标能够得到有效的控制。

（二）水利工程建设项目管理的要求

水利工程项目建设管理体制是项目建设管理的组织和运作制度，《水利工程建设项目管理暂行规定》要求：为了保证水利工程建设的工期、质量、安全和投资效益，水利工程建设项目管理要严格按照基本建设程序进行，实行全过程的管理、监督、服务。水利工程建设要推行项目法人责任制、招标投标制和建设监理制，积极推行项目管理。

（三）水利工程项目管理的类型

在水利工程项目的决策、设计和实施过程中，由于各阶段的任务和实施的主体不同，项目管理的类型也就不同。

在项目建设过程中，由项目法人负责从决策到实施、竣工验收等各个阶段的全过程管理。项目法人在自行进行项目管理时，由于在技术和管理经验等方面往往存在很大的局限性，因此，需要专业化、社会化的项目管理单位为其提供相应的项目管理服务。由项目法人委托监理单位开展的项目管理称之为建设监理。由设计单位进行的项目管理一般限于设计阶段，称之为设计项目管理。由施工单位进行的项目管理限于施工阶段，称之为施工项目管理。

（四）对水利工程建设项目管理开展绩效考核的思考

1.注重项目的寿命周期管理

在项目管理理念方面，不仅要注重项目建设实施过程中质量、进度和投资的三大目标，更要注重项目的寿命周期管理。水利工程项目的寿命周期从项目建议书到竣工验收的各个阶段，工作性质、作用和内容都不相同，相互之间是相互联系、相互制约的关系。实践证明：如果遵循项目建设的程序，整个项目的建设活动就顺利，效果就好;反之,违背了建设程序,往往欲速则不达,甚至造成很大的浪费。因此为了确保项目目标的实现,必须要更新项目管理理念,对项目的质量、进度、投资三大目标从项目决策、设计到实施各阶段,进行全过程的控制。

2.建立项目管理绩效考核机制

借鉴其他行业项目管理的一些做法,在水利行业建立项目管理绩效考核机制,制定绩效考核办法,按照分级管理的原则,对在建项目定期进行绩效考核,以此来督促工程各参建单位在优化设计,采用新工艺、新材料,提高质量,缩短工期,以及科学管理等方面,进行严格的控制,并且以控制成功的实例和业绩争取得到社会的公认,树立良好的声誉,赢得市场;反之,如果控制不好,出现工期拖延、质量目标没有达到、成本加大,超出既定的投资额而又没有充足的理由,项目的管理单位就要承担相应的经济责任。

各级水行政主管部门对辖区内的绩效考核工作进行监督、指导和检查,将管理较好和较差的项目及相关单位定期予以公布。

3.绩效考核的内容

绩效考核的内容建议可以围绕项目的三大目标,从综合管理、质量管理、进度管理、资金管理、安全管理等方面,对工程建设的参建各方进行如下内容的考核:

(1)项目法人单位考核内容

基本建设程序及三项制度、国家相关法律法规的执行情况,招标投标工作、工程质量管理、进度管理、资金管理、安全文明施工、资料管理、廉政建设等。

(2)勘察、设计单位考核内容

单位资质及从业范围、合同履行、设计方案及质量、设计服务、设计变更和廉政建设等。

(3)监理单位考核内容。

企业资质及从业范围、现场监理机构与人员、平行检测、质量控制、进度控制、计量与支付、监理资料管理和廉政建设等。

(4)施工单位考核内容

企业资质及从业范围、合同履行、施工质量、施工进度,试验检测、安全文明施工,施工资料整理和廉政建设等。

二、灌区水利工程项目建设管理

(一)完成灌区建设与管理的体制改革

促进灌区管理体制的升级应围绕以下三方面开展:①创新建设单位内部人事制度,结合政策实现"定编定岗";②创新水费收缴制度。当前灌区归集体所有,因水费过低导致长期的保本或亏本经营,对灌区工程除险加固、维护维修工作产生限制,需要科学调整当前水费,改革收缴制度,提升水价,转变收费方式,以满足灌区"以水养水"的目标；③加大产权制度改革力度，将经营权与所有权分离，例如小型基础水利工程可以借助拍卖、承包、租赁、股份等方式完成改革，吸收民间资本，保证水利工程建设资金渠道的多样化，克服工程建设或维护的资金不足问题，促进农业可持续发展与产业的良性循环。

（二）参与灌区制度管理

①落实法人责任制度。推行项目法人责任制度是完成工程制度建设的基础，以法人项目组建角度分析，当前工程投资体系与建设项目多元化，并需要进行分类分组，最晚应在项目建议书阶段确立法人，同时加强其资质审查工作，不满足要求的不予审批。另外，法人项目责任追究过程中，应依据情节轻重与破坏程度给予处罚。②构建项目管理的目标责任制。工程建设中关于设计、规划、施工、验收等工作需要结合国家相关技术标准与规程进行。灌区通过组建节水改造工程机构作为项目法人，下设招标组、办公室、技术组、财务组、设代组、监理组、物质组等系列职能部门，制定施工合同制度与监理制度，将责任分层落实。③落实招投标承包责任制度。在工程建设完成前，施工项目中各个环节均需要工程认证程序。同时构建全面包干责任制度，结合商定工程质量、建设期限、责任划分签订合同，实现"一同承担经济责任"的工程项目管理制度。④构建罚劣奖优的制度，对于新工艺、新材料、优质工程给予奖励，并对质量不满足国家规程、技术规范的项目不予验收，责令其重建或限期补建，同时追究工程负责人的责任。⑤落实管理和项目建设交接手续。管理设施与竣工项目需要及时办理资产交接手续，划定工程管护区域，积极落实管理责任制。

（三）项目施工管理

项目工程建设中施工管理属于重点，因此，灌区水利工程建设需要具有经验和资质的专业队伍完成。专业建设队伍具备的丰富经验可以从容应对现场意外情况，其拥有的资质能够保证建设过程的可控性。招投标承包责任制不仅能够审查投标单位的资质，同时可以利用择优原则对承包权限进行发包。因此，承包方应结合实际情况，按照项目制定切实可行的建设计划，同时上报到发包单位，依据工程进度调整施工环节。如果在建设中需要修改施工设计，应及时与设计人员沟通，经过监理单位与设计单位同意后由发包单位完成设计修改，注意调整内容不可与原设计理念和内容相差过大。此外，借助监理质量责任制与具有施工经验的监理企业构建三方委托的质量保证体系，能够把控工程建设质量与工期。

（四）工程计量支付与基础设施建设费用

1.计量支付管理

工程计量支付制度是跨行业支付的管理理念，当前，灌区水利工程建设中一般采取计量支付制度。此方法可以在确保项目工程质量的同时结合建设进度与具体的工作量以工程款支付为依据，通过计算工程量确定工程款项的总额。在实际施工中，建设单位可以通过建立专用的账户实现专款专用，并在工程结束后，立即完成财务决算，同时结合财务制度立账备查。

2.基础设施使用费用管理

水利工程运行与维护的来源是水费，是确保工程基础设施正常运行的基础。在水费收缴中，需要明确灌溉土地面积，进而确定收缴税费。因此，水利工程的水费收缴需要降低管理与征收的中间步骤，克服用水矛盾，将收缴的水费结余部分用于水利设施建设与更新工作。

（五）加强灌区信息化管理

1.构建灌区水利信息数据库

数据库构建是灌区水利的信息化建设的核心，项目信息化建设在数据传输、处理、应用中具有较大的优势，通过建立水利数据库对信息进行处理和存储是完成水利管理现代化的主要方法。因此，在构建水利信息库时，需要注意以下两方面：①在分析数据库结构时，应充分了解灌区详情，科学分类水利信息，将数据库理论作为依据，设计出满足应用需求的物理数据库与逻辑数据库；②在填充数据库内容时，应结合区域实际情况，通过数据库管理系统中的录入功能将水利资料输入其中，以此构建数据仓库，满足水利管理决策与工作需求。

2.灌区水利信息数据库分类

灌区数据库大部分按照灌溉水资源的调配过程进行分类，此方法方便规划、十分专业。将灌区的属性信息存入基础数据库中，可以依据其物理属性构建多种类型的数据库，并分成若干数据表，用于存放各种数据，实现数据的分层应用与管理。一般灌区数据库需构建六大模块，包含输水数据库、取水数据库、分水数据库、测控数据库、用水数据库、管理数据库等。其中分水数据库与输水数据库负责排水与供水模块；取水数据库负责管理存储水源的水资源和灌区建设信息；测控数据库管理与存储反馈控制点、信息采集点与监测信息；管理数据库负责管理、存储项目建设行政办公信息。

3.实现基础资料数字化

目前我国许多灌区建设资料未完成数字化，大部分以照片、纸张等形式完成存储，信息化建设水平较低。由于灌区信息化建设属于系统工程，因此应保证信息采集、数据库建立、数据存储与应用的自动化过程。例如某市通过建设数字水利中心，存储抗旱防汛的灌区水利工程建设数据存储、视频监控、分析演示、精准管理、视频会商等资料，进一步提升了区域水利建设的信息化管理工作。

4.建设数据采集系统

灌区的水利信息采集系统主要是对区域气象情况、渠道水情、作物的生长情况等数据进行收集。灌区水利信息包含三种：实时数据、动态数据、静态数据。其中，静态数据是基本固定不变的资料，包含灌区工程建设资料、行政规划、管理机构；动态数据变化是随时更新的资料，如灌区的作物结构与种植面积，通过实时信息进行不定期或定期采集，并将其存入灌区水利数据库中；在灌区水利建设中经常会遇到灌水水位增长、降雨、雨情资料等实时内容的更新，此类数据更新时间较短，因此通过人工采集方式无法实现数据库的信息化建设，需要结合计算机技术与自动化技术，实时、自动采集数据，构建灌区水利的信息采集系统。此外，建立灌区水利的通信系统至关重要，能够保证项目管理部门的相互交流协调，因此可结合管理需要，构建短波通信系统、电话拨号系统、集群短信系统、数字网络系统、光纤通信系统、卫星通信、蜂窝电话系统等结构，从而实现灌区水利项目管理的现代化与自动化。

灌区水利工程项目是工程管理的主要内容，在实际工作中构建权利与责任一致的管理体系极为关键。因此需要管理目标责任制、招投标承包责任制、奖惩制度的构建与推行突出农业发展的积极作用，同时应结合区域优势实现灌区网络化管理，加强信息化建设，借助先进管理方式突出灌区水利工程建设的高效性。

三、基层水利工程基本建设项目财务管理

（一）水利基建财务管理体系的概念

基本建设项目财务管理的主要内容包括：建立健全水利基本建设内部财务管理体制，明确单位负责人在财务管理中的权责；做好内部财务管理工作的基础，明确编制财务预算管理的要求及财务风险；加强资金管理，明确资金拨付、工程价款结算。在成本管理方面明确成本构成及开支项目，做好费用的控制。加强资产管理，做好竣工结余资金管理，反映水利基本建设项目的财务报告及财务分析；单位还应建立内部财务监督与检查制度。

（二）完善水利基本建设财务管理的建议

1.建设完善的单位管理体系

建设单位应设置适应工程建设需要的组织机构，如设置综合、计划财务、工程技术、质量安全等部门，并建立完善的工程质量、安全、进度、合同、档案、信息管理等方面的规章制度。加强资产管理制定、财务报告与财务评价制定、内部财务监督检查制定。做到财务管理有章可依、管理规范、运行有序；加强对水利基本建设项目投资及概算执行情况管理、水利基本建设项目建设支出监管、水利基本建设项目交付使用资产情况管理、水利基本建设项目未完工程及所需资金管理、水利基本建设项目结余资金管理、水利基本建设项目工程和物资招投标执行情况管理，按照不相容岗位相互分离的原则，建立健全内部控制制度。

2.财务人员在会计核算中对工程财务决算编制的重要性

鉴于水利基建项目工程内容复杂、多样的特征，加强基层水利建设单位财务管理中财务会计人员队伍建设，提高财务人员核算及管理能力，是顺利完成各项水利基本建设项目的重要保证。决定了财务管理人员必须拥有过硬的基本建设财务管理与会计

核算知识。建设管理单位也要为基本建设项目的财务人员提供必要的学习条件，进行一定的人、财、物的投入，让水利基本建设项目财务核算管理具有真实性、准确性及完整性。所以必须加强基层水利建设单位财务管理对工程资金按基本建设财务规则核算，但由于财务人员业务水平不足，会计核算不细，在建工程相关的会计科目只设到三级，竣工财务决算概算执行清理时发现，会计核算的深度达不到反映概算执行情况的深度。会计核算不准确，将部分临时工程没有记入待摊投资科目，而是计入建筑安装工程投资，导致竣工财务决算交付使用资产清理不准确，核算时不能全面反映工程投资成本。不能为领导决策提供真实、有效的财务信息，造成决策的随意性和盲目性，增加了财务风险。

3.加强水利基本建设单位资金管理

加强水利基本建设货币资金管理，依照财经法规的规定，建立最大财务事项的集体决策制度，依法筹集、拨付、使用水利基本建设资金，保证工程项目建设的顺利进行；加强水利基本建设资金的预算、决算、监督和考核分析工作；加强工程概预（结）算、决算管理，努力降低工程造价，提高投资效益。严格遵守工程价款结算纪律和建设资金管理的有关规定，建设单位财务部门支付水利基本建设资金时，必须符合规定的程序，单位经办人对支付凭证的合法性、手续的完备性和金额的真实性进行审查。实行工程监理制的项目须监理工程师签字；在经办人审查没有问题后，送建设单位有关业务部门和财务部门负责人审核，对不符合合同条款规定的；不符合批准的水利基本建设内容的；结算手续不完备支付审批程序不规范；不合理的负担和摊派财务部门不予支付。加强水利基本建设资金管理监督，避免财务风险。

4.加强水利工程价款结算的管理

加强水利基本建设项目工程价款结算的监督，重点审查工程招投标文件、工程量及各项费用的计提、合同协议、概算调整、估算增加的费用及设计变更签证等，以最后一次工程进度款的结算作为工程完工结算，检查工程预付款是否扣完，并对施工合同执行过程中的遗留问题达成一致。按照水利基本建设项目财务管理的有关规定，在水利工程建设项目完工后，项目建设管理单位应及时办理工程价款结算和清理水利工程项目结余资金，财务部门在工程管理部门等相关业务部门的配合下及时编制水利基本建设项目竣工财务决算，由财政投资审核中心和审计部门对完工的水利工程项目进行决算审核和审计。建设管理单位拿有关部门出具的水利基本建设项目竣工财务决算审核报告，报财政部门批复后，建设管理单位应及时把水利基本建设项目工程的结余资金上缴财政。并对水利建设项目全部完成并满足运行条件的完工工程及时组织竣工验收，在办理验收手续前，财务人员会同工程管理人员，逐项清点实物，实地查验建设工地，建设单位编制"交付使用资产明细表"，同时应当及时办理工程建设项目的资产和档案等的移交工作，办理验收和交接手续，工程管理单位根据项目竣工财务决算所反映的资产价值，登记入账。

　　总之，为保证国家政策和制度的贯彻落实，提高水利资金安全、效用程度，建设管理单位应高度重视财务管理。水利基本建设单位财务管理的形式和内容的繁简程度，应依据项目的规模、管理模式、管理要求的不同而有所区别，只有建设单位充分认识财务管理在水利基本建设发展中的重要性，努力完善各项水利工程基本建设管理制度，以确保财务管理体系的全面、完整，才能使水利基本建设项目财务管理越来越规范。

第五章 现代水利工程项目进度管理

第一节 水利工程项目进度计划编制

工程项目进度管理，是指在项目实施过程中，对各阶段的进展程度和项目最终完成的期限所进行的管理。其目的是保证项目能在满足其时间约束条件前提下实现其总体目标。它与项目投资管理、项目质量管理等同为项目管理的重要组成部分，它们之间有着相互依赖和相互制约的关系。工程管理人员在实际工作中要对这三项工作全面、系统、综合地加以考虑，正确处理好进度、质量和投资的关系，提高工程建设的综合效益。

一、工程项目进度计划的编制依据

（1）工程项目承包合同及招标投标书。

（2）工程项目全部设计施工图纸及变更洽商。

（3）工程项目所在地区位置的自然条件和技术经济条件。

（4）工程项目预算资料、劳动定额及机械台班定额等。

（5）工程项目拟采用的主要施工方案及措施、施工顺序、流水段划分等。

（6）工程项目需要的主要资源。主要包括劳动力状况、机具设备能力、物资供应来源条件等。

（7）建设方、总承包方及政府主管部门对施工的要求。

（8）现行规范、规程和技术经济指标等有关技术规定。

二、工程项目进度计划的编制步骤

（1）确定进度计划的目标、性质和任务。

（2）进行工作分解，确定各项作业持续时间。

（3）收集编制证据。

（4）确定工作的起止时间及里程碑。

（5）处理各工作之间的逻辑关系。

（6）编制进度表。

（7）编制进度说明书。

（8）编制资源需要量及供应平衡表。

（9）报有关部门批准。

三、工程项目进度计划按表示方法的分类

（一）横道图表示工程项目进度计划

横道图又称甘特图，是被广泛应用的进度计划表达方式，横道图通常在左侧垂直向下依次排列工程任务的各项工作名称，而在右边与之紧邻的时间进度表中则对应各项工作逐一绘制横道线，使每项工作的起止时间均可由横道线的两个端点来表示。

如某拦河闸工程有3个孔闸，每孔净宽5 m。闸身为钢筋混凝土结构，平底板，闸墩高5m，上部有公路桥、工作桥和工作便桥。岸墙采用重力式混凝土结构，上、下游两侧为重力式浆砌块石翼墙。总工期为8个月，采取明渠导流。进度要求：第一年汛后4月开始施工准备工作，第二年1月底完成闸塘土方开挖，2月起建筑物施工，汛前5月底完工。

进度计划安排要点如下：应以混凝土工程、吊装工程为骨干，再安排砌石工程和土方回填。导流工程要保证1月的闸塘开挖。准备工作要保证2月的混凝土浇筑。混凝土工程应以底板、墩墙、工作桥排架、启闭机安装为主线，吊装前1个月完成预制任务（也可提前预制）。砌石工程以翼墙墙身为主，护坦、护坡为辅。

横道图直观易懂，编制较为容易，它不仅能单一表达进度安排情况，而且还可以形成进度计划与资源，或资金供应与使用计划的各种组合，故使用非常方便，受到普遍欢迎。但横道图也存在不能明确地表达工作之间的逻辑关系，无法直接进行计划的各种时间参数计算，不能表明什么是影响计划工期的关键因素，不便于进行计划的优化与调整等明显缺点。横道图法适用于中小型水利工程进度计划的编制。

（二）网络图表示工程项目进度计划

网络图是利用由箭线和节点所组成的网状图形来表示总体工程任务各项工作的系统安排的一种进度计划表达方式。例如，将土坝坝面划分为三个施工段，分三道工序组织流水作业，用网络图表示。

此外，表示进度计划的方法还有文字说明、形象进度表、工程进度线、里程碑时间图等。对同种性质的工程适用工程进度线表示进度计划和分析进度偏差，对线性工程如隧洞开挖衬砌，高坝施工可以采用形象进度图表示施工进度。施工进度计划常采用网络计划方法或横道图表示。在此重点介绍双代号和单代号网络图、时间坐标双代

号网络图。

四、双代号网络进度计划

网络计划技术的基本原理是：应用网络图形来表示一项计划中各项工作的开展顺序及其相互之间的关系；通过网络图进行时间参数的计算，找出计划中的关键工作和关键线路，能够不断改进网络计划，寻求最优方案，以最小的消耗取得最大的经济效果。在工程领域，网络计划技术的应用尤为广泛，被称为工程网络计划技术。

（一）双代号网络进度计划的表示方法

双代号网络图是由若干表示工作或工序（或施工过程）的箭线和节点组成的，每一个工作或工序（或施工过程）都由一根箭线和两个节点表示，根据施工顺序和相互关系，将一项计划用上述符号从左向右绘制而成的网状图形，称为双代号网络图。

1.箭线

（1）在双代号网络图中，一根箭线表示一项工作（或工序、施工过程、活动等），如支立模板、绑扎钢筋等。所包括的工作内容可大可小，既可以表示一项分部工程，又可以表示某一建筑物的全部施工过程（一个单位工程或一个工程项目），也可以表示某一分项工程等。

（2）每一项工作都要消耗一定的时间和资源。只要消耗一定时间的施工过程都可作为一项工作。各施工过程用实箭线表示。

（3）在双代号网络图中，为了正确表达施工过程的逻辑关系，有时必须使用一种虚箭线。这种虚箭线没有工作名称，不占用时间，不消耗资源，只解决工作之间的连接问题，称之为虚工作。虚工作在双代号网络计划中起施工过程之间逻辑连接或逻辑间断的作用。

（4）箭线的长短不按比例绘制，即其长短不表示工作持续时间的长短。箭线的方向在原则上是任意的，但为使图形整齐、醒目，一般应画成水平直线或垂直折线。

（5）双代号网络图中，就某一工作而言，紧靠其前面的工作称为紧前工作，紧靠其后面的工作称为紧后工作，该工作本身则称为本工作，与之平行的工作称为平行工作。

2.节点

（1）网络图中表示工作或工序开始、结束或连接关系的圆圈称为节点。节点表示前道工序的结束和后道工序的开始。一项计划的网络图中的节点有开始节点、中间节点、结束节点三类。网络图的第一个节点为开始节点，表示一项计划的开始；网络图的最后一个节点称为结束节点，表示一项计划的结束；其余都称为中间节点，任何一个中间节点既是其紧前工作的结束节点，又是其紧后工作的开始节点。

（2）节点只是一个"瞬间"，它既不消耗时间，也不消耗资源。

（3）网络图中的每个节点都要编号。编号方法是：从开始点开始，从小到大，自左向右，从上到下，用阿拉伯数字表示。编号原则是：每一个箭尾节点的号码i必须小于箭头节点的号码j（i<j），编号可连续，也可隔号不连续，但所有节点的编号不能重复。

3.线路

从网络图的开始节点到结束节点，沿着箭线的指向所构成的若干条"通道"即为线路。在一项施工进度计划中有时会出现几条关键线路。关键线路在一定条件下会发生变化，关键线路可能会转化为非关键线路，而非关键线路也可能转化为关键线路。

（二）双代号网络进度计划的绘制原则

网络计划必须通过网络图来反映，网络图的绘制是网络计划技术的基础。要正确绘制网络图，就必须正确地反映网络图的逻辑关系，遵守绘图的基本规则。

（1）双代号网络图必须正确表达已定的逻辑关系。

网络图的逻辑关系是指工作中客观存在的一种先后顺序关系和施工组织要求的相互制约、相互依赖的关系。逻辑关系包括工艺关系和组织关系。

工艺关系是由施工工艺决定的顺序关系，这种关系是确定的、不能随意更改的。如坝面作业的工艺顺序为铺土、平土和压实，这是在施工工艺上必须遵循的逻辑关系，不能违反。

组织关系是在施工组织安排中，综合考虑各种因素，在各施工过程中主观安排的先后顺序关系。这种关系不受施工工艺的限制，不由工程性质本身决定，在保证施工质量、安全和工期等前提下，可以人为安排。

（2）双代号网络图应只有一个开始节点和一个结束节点。

（3）双代号网络图中，严禁出现编号相同的箭线。

（4）双代号网络图中，严禁出现循环回路。

（5）双代号网络图中，严禁出现双向箭头和无箭头的连线。

（6）双代号网络图中，严禁出现没有箭尾节点或箭头节点的箭线。

（7）当网络图中不可避免地出现箭线交叉时，应采用过桥法或断线法来表示。

（8）当网络图的开始节点有多条外向箭线或结束节点有多条内向箭线时，为使图形简洁，可用母线法表示。

五、双代号时标网络计划

双代号时标网络计划（简称时标网络计划）是以时间为坐标尺度绘制的网络计划。

时标的时间单位应根据需要在编制网络计划之前确定，可为小时、天、周、旬、月或季等。

时标网络计划以实箭线表示工作，以虚箭线表示虚工作，以波形线表示工作与其紧后工作之间的时间间隔。时标网络计划中的箭线宜用水平箭线或由水平段和垂直段组成的箭线，不宜用斜箭线。虚工作也宜如此，但虚工作的水平段应绘成波形线。

时标网络计划宜按各个工作的最早开始时间编制，即在绘制时应使节点、工作和虚工作尽量向左（网络计划开始节点的方向）靠，直至不出现逆向箭线和逆向虚箭线为止。

（一）间接绘制法

间接绘制法是先绘制出非时标网络计划，确定出关键线路，再绘制时标网络计划。绘制时，先绘制关键线路，再绘制非关键工作，某些工作箭线长度不足以达到该工作的完成节点时，用波形线补足，箭头画在波形与节点连接处。

（二）直接绘制法

直接绘制法是不需绘出非时标网络计划而直接绘制时标网络计划的。绘制步骤如下：

（1）将开始节点定位在时标表的起始刻度线上。

（2）按工作持续时间在时标表上绘制以网络计划开始节点为开始节点的工作的箭线。

（3）其他工作的开始节点必须在该工作的全部紧前工作都绘出后，定位在这些紧前工作最晚完成的时间刻度上。

某些工作的箭线长度不足以达到该节点时，用波形线补足，箭头画在波形线与节点连接处。

（4）用上述方法自左至右依次确定其他节点位置，直至网络计划结束节点定位绘完，网络计划的结束节点是在无紧后工作的工作全部绘出后，定位在最晚完成的时间刻度上。

时标网络计划的关键线路可由结束节点逆箭线方向朝开始节点逐次进行判定，自终至始都不出现波形线的线路即为关键线路。

六、单代号网络计划

（一）单代号网络图的表示方法

单代号网络图是网络计划的另一种表示方法。单代号网络图的一个节点代表一项工作（节点代号、工作名称、作业时间都标注在节点圆圈或方框内），而箭线仅表示各项工作之间的逻辑关系。因此，箭线既不占用时间，也不消耗资源。箭线仅用来表示工作之间的顺序关系。用这种表示方法把一项计划中所有工作按先后顺序和其相互之间的逻辑关系，从左至右绘制而成的图形，称为单代号网络图。用这种网络图表示的计划叫作单代号网络计划。

（二）单代号网络图的绘制

单代号网络图和双代号网络图所表达的计划内容是一致的，两者的区别仅在于绘图的符号不同。单代号网络图的箭线的含义是表示顺序关系，节点表示一项工作；而双代号网络图的箭线表示的是一项工作，节点表示联系。在双代号网络图中出现较多的虚工作，而单代号网络图中没有虚工作。

1.单代号网络图的绘图规则

（1）网络图必须按照已定的逻辑关系绘制。

（2）严禁在网络图中出现没有箭尾节点的箭线和没有箭头节点的箭线。

（3）绘制网络图时，宜避免箭线交叉。当交叉不可避免时，可采用过桥法、断线法表示。

（4）网络图中有多项开始工作或多项结束工作时，就大网络图的两端分别设置一项虚拟的工作，作为该网络图的开始节点及结束节点。

2.绘制单代号网络图的方法和步骤

绘制单代号网络图的方法和步骤如下：

（1）根据已知的紧前工作确定出其紧后工作。

（2）确定出各工作的节点位置号。可令无紧前工作的工作节点位置号为零，其他工作的节点位置号等于其紧前工作的节点位置号的最大值加1。

（3）根据节点位置号和逻辑关系绘出网络图。

第二节　网络计划时间参数的计算

网络计划时间参数计算的目的是：确定工期；确定关键线路、关键工作和非关键工作；确定非关键工作的机动时间。

一、双代号网络计划时间参数的概念及符号

（一）图上计算法计算双代号网络计划时间参数的方法和步骤

1.节点最早时间（TE）

节点时间是指某个瞬时或时点，最早时间的含义是该节点前面工作全部完成后其工作最早此时才可能开始。其计算规则是从网络图的开始节点开始，沿箭头方向逐点向后计算，直至结束节点。方法是"顺着箭头方向相加，逢箭头相碰的节点取最大值"。

计算公式是：

（1）起始节点的最早时间 $TE_i=0$；

（2）中间节点的最早时间 $TE_j = \max\left[TE_i + D_{i-j}\right]$。

2.节点最迟时间（TL）

节点最迟时间的含义是其前各工序最迟此时必须完成。其计算规则是从网络图结束节点开始，逆箭头方向逐点向前计算直至开始节点。方法是"逆着箭线方向相减，

逢箭尾相碰的节点取最小值"。

计算公式是：

（1）结束节点的最迟时间：$TL_n = TE_n$（或规定工期）；

（2）中间节点的最迟时间：$TL_i = \min\left[TL_j + D_{i-j} \right]$。

3.工作最早开始时间（ES）

工作最早开始时间的含义是该工作最早此时才能开始。它受该工作开始节点最早时间控制，即等于该工作开始节点最早时间。

计算公式为：

$$ES_{i-j} = TE_i$$

4.工作最早完成时间（EF）

工作最早完成时间的含义是该工作最早此时才能结束，它受该工作开始节点最早时间控制，即等于该工作开始最早时间加上该项工作的持续时间。

计算公式为：

$$EF_{i-j} = TE_i + D_{i-j} = ES_{i-j} + D_{i-j}$$

5.工作最迟完成时间（LF）

工作最迟完成时间的含义是该工作此时必须完成。它受工作结束节点最迟时间控制，即等于该项工作结束节点的最迟时间。

计算公式为：

$$LF_{i-j} = TL_j$$

6.工作最迟开始时间（LS）

工作最迟开始时间的含义是该工作最迟此时必须开始。它受该工作结束节点最迟时间控制，即等于该工作结束节点的最迟时间减去该工作持续时间。

计算公式为：

$$LS_{i-j} = TL_i - D_{i-j} = LF_{i-j} - D_{i-j}$$

7.工作总时差（TF）

工作总时差的含义是该工作可能利用的最大机动时间。在这个时间范围内若延长或推迟本工作时间，不会影响总工期。求出节点或工作的开始和完成时间参数后，即可计算该工作总时差。其数值等于该工作结束节点的最迟时间减去该工作开始节点的最早时间，再减去该工作的持续时间。

计算公式为：

$$TF_{i-j} = TL_i - TE_i - D_{i-j} = LF_{i-j} - EF_{i-j} = LS_{i-j} - ES_{i-j}$$

工作总时差主要用于控制计划总工期和判断关键工作。凡是总时差为最小的工作就是关键工作，其余工作就是非关键工作。

8.工作自由时差（FF）

工作自由时差的含义是在不影响后续工作按最早可能开始时间开始的前提下，该工作能够自由支配的机动时间。其数值等于该工作结束节点的最早时间减去该工作开始节点的最早时间再减去该工作的持续时间。

计算公式为：

$$FF_{i \cdot j} = TE_j - TE_i - D_{i \cdot j} = ES_{j \cdot k} - ES_{i \cdot j} - D_{i \cdot j} = ES_{j \cdot k} - EF_{i \cdot j}$$

（二）确定关键线路

1.根据总时差确定关键线路

方法是：根据计算的总时差来确定关键工作，总时差最小的工作是关键工作，将关键工作依次连接起来组成的线路即为关键线路。关键工作一般用双箭线或粗黑箭线表示。

2.用标号法确定关键线路

（1）设网络计划开始节点的标号值为零：

$$b_1 = 0$$

（2）其他节点的标号值等于以该节点为完成节点的各个工作的开始节点标号值加其持续时间之和的最大值，即

$$b_j = \max \left[b_i + D_{i \cdot j} \right]$$

从网络计划的开始节点顺着箭线方向按节点编号从小到大的顺序逐次算出标号值，并标注在节点上方。宜用双标号法进行标注，即用源节点（得出标号值的节点）作为第一标号，用标号值作为第二标号。

（3）将节点都标号后，从网络计划结束节点开始，从右向左按源节点寻求出关键线路。网络计划结束节点的标号值即为计算工期。

二、时标网络计划时间参数的确定

关键线路：从结束节点向开始节点逆箭杆观察，自始至终没有波浪线的通路即为关键线路。

最早开始时间：工作箭线左端节点中心所对应的时标值为该工作的最早开始时间。

最早完成时间：如箭线右段无波纹线，则该箭线右端节点中心所对应的时标值为该工作的最早完成时间。

自由时差：时标网络计划上波纹线的长度即为自由时差。

总时差：从结束节点向开始节点推算，紧后工作的总时差的最小值与本工作的自由时差之和，即为本工作的总时差。

三、单代号网络图时间参数的计算

（一）计算最早开始时间和最早完成时间

网络计划中各项工作的最早开始时间和最早完成时间的计算应从网络计划的开始

节点开始，顺着箭线方向依次逐项计算。网络计划的开始节点的最早开始时间为0。如开始节点的编号为1，则：

$$ES_i = 0 \, (i = 1)$$

工作最早完成时间等于该工作最早开始时间加上其持续时间，即

$$EF_i = ES_i + D_i$$

工作最早开始时间等于该工作的各个紧前工作的最早完成时间的最大值。

（二）网络计划的计算工期

网络计划的计算工期等于网络计划的结束节点 n 的最早完成时间 EF，即

$$T_c = EF_n$$

（三）相邻两项工作之间的时间间隔

相邻两项工作 i 和 j 之间的时间间隔 LAG_{i-j} 等于紧后工作 j 的最早开始时间 ES_j 和本工作的最早完成时间 EF_i 之差，即

$$LAG_{i-j} = ES_j - EF_i$$

（四）工作总时差

工作 i 的总时差 TF_i 应从网络计划的结束节点开始，逆着箭线方向依次逐项计算。网络计划结束节点的总时差等于计划工期减去计算工期。

其他工作 i 的总时差 TF_i 等于该工作的各个紧后工作 j 的总时差 TF_j 加该工作与其紧后工作之间的时间间隔 LAG_{i-j} 之和的最小值，即

$$TF_i = \min\{TF_j + LAG_{i-j}\}$$

（五）工作自由时差

若工作 i 无紧后工作，其自由时差 FF_j 等于计划工期 T_p 减该工作的最早完成时间 EF_n，即

$$FF_j = T_p - EF_n$$

（六）工作的最迟开始时间和最迟完成时间

网络计划结束节点所代表的工作的最迟完成时间应等于计划工期，即 $LF = T$；其他工作最迟完成时间等于该工作的紧后工作的最迟开始时间的最小值，即

$$LF_i = \min LS_j = \min\left[LF_j - D_j\right] (i < j)$$

工作的最迟开始时间等于最迟完成时间减去该工作的持续时间。

（七）关键工作和关键线路的确定

关键工作：总时差最小的工作是关键工作。

关键线路的确定按以下规定：从开始节点开始到结束节点均为关键工作，且所有工作的时间间隔为零的线路为关键线路。

第三节　网络计划优化

根据工作之间的逻辑关系，可以绘制出网络图，计算时间参数，得到关键工作和关键线路。但这只是一个初始网络计划，还需要根据不同要求进行优化，从而得到一个满足工程要求、成本低、效益好的网络实施计划。

网络计划优化，就是在满足既定的约束条件下，按某一目标，通过不断调整，寻找最优网络计划方案的过程。如计算工期大于要求工期，就要压缩关键工作持续时间以缩短工期，称为工期优化；如某种资源供应有一定的限制，就要调整工作安排以经济有效地利用资源，称为资源优化；如要降低工程成本，就要重新调整计划以满足最低成本要求，称为费用优化。在工程施工中，工期目标、资源目标和费用目标是相互影响的，必须综合考虑各方面的要求，力求获得最好的效果，得到最优的网络计划。

网络计划优化的原理主要有两个：一是压缩关键工作持续时间，以优化工期目标、费用目标；二是调整非关键工作的安排，以优化资源目标。

一、工期优化

网络工期优化是指当计算工期不能满足要求工期时，通过压缩关键工作的持续时间满足工期要求的过程。

（一）压缩关键工作的原则

工期优化通常通过压缩关键工作的持续时间来实现。在这一过程中，要注意以下两个原则：

（1）不能将关键工作压缩为非关键工作。

（2）当出现多条关键线路时，要将各条关键线路作相同程度的压缩；否则，不能有效缩短工期。

（二）压缩关键工作的选择

在对关键工作的持续时间进行压缩时，要注意到其对工程质量、施工安全、施工成本和施工资源供应的影响。一般按下列因素择优选择关键工作进行压缩：

（1）缩短持续时间后对工程质量、安全影响不大的关键工作。

（2）备用资源充足的关键工作。

（3）缩短持续时间后所增加的费用最少的关键工作。

（三）工期优化的步骤

（1）计算并找出初始网络计划的计算工期、关键线路及关键工作。

（2）按要求工期确定应压缩的时间 ΔT，即

$$\Delta T = T_c - T_r$$

式中 T_c——计算工期;

T_r——要求工期。

（3）确定各关键工作可能的压缩时间。

（4）按优先顺序选择将要压缩的关键工作，调整其持续时间，并重新计算网络计划的计算工期。

（5）当计算工期仍大于要求工期时，则重复上述步骤，直到满足工期要求或工期不能再压缩为止。

（6）当所有关键活动的持续时间均压缩到极限，仍不能满足工期要求时，应对计划的原技术、组织方案进行调整，或对要求工期进行重新审定。

二、资源优化

所谓资源，是指完成工程项目所需的人力、材料、机械设备和资金等的统称。在一定的时期内，某个工程项目所需的资源量基本上是不变的，一般情况下，受各种条件的制约，这些资源也是有一定限量的。因此，在编制网络计划时，必须对资源进行统筹安排，保证资源需要量在其限量之内且尽量均衡。资源优化就是通过调整工作之间的安排，使资源按时间的分布符合优化的目标。

资源优化可分为资源有限、工期最短和工期固定、资源均衡两类问题。

（一）资源有限、工期最短的优化

资源有限、工期最短的优化是指在资源有限的条件下，保证各工作的单位时间的资源需要量不变，寻求工期最短的施工计划过程。

（1）根据工程情况，确定资源在一个时间单位的最大限量 R_a。

（2）按最早时间参数绘制双代号时标网络图，根据各个工作在单位时间的资源需要量，统计出每个时间单位内的资源需要量 R_t。

（3）从左向右逐个时间单位进行检查。当 $R_t \leq R_a$ 时，资源符合要求，不需调整工作安排；当 $R_t > R_a$ 时，资源不符合要求，按工期最短的原则调整工作安排，即选择一项工作向右移到另一项工作的后面，使 $R_t \leq R_a$，同时使工期延长的时间 ΔD 最小。

若将 i - j 工作移到 m - n 之后，则使工期延长的时间 ΔD 为

$$\Delta D_{m-n,\,i-j} = EF_{m-n} + D_{i-j} - LF_{i-j} = EF_{m-n} - LS_{i-j}$$

（4）绘制出调整后的时标网络计划图。

（5）重复上述（2）～（4）步骤，直至所有时间单位内的资源需要量都不超过资源最大限量，资源优化即告完成。

（二）工期固定、资源均衡的优化

工期固定、资源均衡的优化是指在工期保持不变的条件下，使资源需要量尽可能分布均衡的过程。也就是在资源需要量曲线上尽可能不出现短期高峰或长期低谷情况，力求使每天资源需要量接近于平均值。

工期固定、资源均衡的优化方法有多种，如方差值最小法、极差值最小法、削峰法等。以下仅介绍削峰法，即利用非关键工作的机动时间，在工期固定的条件下，使得资源峰值尽可能减小。

（1）按最早时间参数绘制双代号时标网络图，根据各个工作在每个时间单位的资源需要量，统计出每个时间单位内的资源需要量 R_t。

（2）找出资源高峰时段的最后时刻 T_h，计算非关键工作如果向右移到 T_h 处，还剩下的机动时间 $\Delta T_{i\text{-}j}$，即

$$\Delta T_{i\text{-}j} = TF_{i\text{-}j} - \left(T_h - ES_{i\text{-}j}\right)$$

当 $\Delta T_{i\text{-}j} \geq 0$ 时，则说明该工作可以向右移出高峰时段，使得峰值减小，并且不影响工期。当有多个工作 $\Delta T_{i\text{-}j} \geq 0$，应选择 $\Delta T_{i\text{-}j}$ 值最大的工作向右移出高峰时段。

（3）绘制出调整后的时标网络计划图。

（4）重复上述（2）～（3）步骤，直至高峰时段的峰值不能再减少，资源优化即告完成。

三、费用优化

费用优化又称为工期成本优化，即通过分析工期与工程成本（费用）的相互关系，寻求最低工程总成本（总费用）。

（一）工期和费用的关系

工程费用包括直接费用和间接费用两部分，直接费是直接投入到工程中的成本，即在施工过程中耗费的人工费、材料费、机械设备费等构成工程实体相关的各项费用；而间接费是间接投入到工程中的成本，主要由公司管理费、财务费用和工期变化带来的其他损益（如效益增量和资金的时间价值）等构成。一般情况下，直接费用随工期的缩短而增加，与工期成反比；间接费用随工期的缩短而减少，与工期成正比。

（二）费用优化的步骤

寻求最低费用和最优工期的基本思路是从网络计划的各活动持续时间和费用的关系中，依次找出能使计划工期缩短，又能使直接费用增加最少的活动，不断地缩短其持续时间，同时考虑其间接费用叠加，即可求出工程费用最低时的最优工期和工期确定时相应的最低费用。

（1）绘出网络图，按工作的正常持续时间确定计算工期和关键线路。

（2）计算间接费用率 $\Delta C'$ 和各项工作的直接费用率 $\Delta C_{i\text{-}j}$。

（3）当只有一条关键线路时，应找出直接费用率 $\Delta C_{i\text{-}j}$ 最小的一项关键工作，作为缩短持续时间的对象；当有多条关键线路时，应找出组合直接费用率 $\sum \Delta C_{i\text{-}j}$ 最小的一组关键工作，作为缩短持续时间的对象。

（4）对选定的压缩对象缩短其持续时间，缩短值 ΔT 必须符合两个原则：一是不

能压缩成非关键工作；二是缩短后其持续时间不小于最短持续时间。

（5）计算压缩对象缩短后总费用的变化 C_i：

$$C_i = \sum \left(\Delta C_{i\text{-}j} \times \Delta T \right) - \Delta C' \times \Delta T$$

（6）当 $C_i \leq 0$，重复上述（3）～（5）步骤，一直计算到 $C_i > 0$，即总费用不能降低为止，费用优化即告完成。

第四节 水利工程施工进度控制

一、施工进度计划执行过程中偏差分析的方法

（一）横道图比较法

横道图比较法是指将项目实施过程中检查实际进度收集到的数据，经加工整理后直接用横道线平行绘于原计划的横道线处，进行实际进度与计划进度的比较方法。采用横道图比较法，可以形象、直观地反映实际进度与计划进度的比较情况。

根据各项工作的进度偏差，进度控制者可以采取相应的纠偏措施对进度计划进行调整，以确保该工程按期完成。

（二）S形曲线比较法

以横坐标表示进度时间，以纵坐标表示累计完成工作任务量而绘制出来的曲线将是一条S形曲线，S形曲线比较法就是将进度计划确定的计划累计完成工作任务量和实际累计完成工作量分别绘制成S形曲线，并通过两者的比较借以判断实际进度与计划进度相比是超前还是滞后。

通过比较实际进度S形曲线和计划进度S形曲线，可以获得如下信息：

1. 工程项目实际进展状况

如果工程实际进展点落在计划进度S形曲线左侧，表明此时实际进度比计划进度超前；如果工程实际进展点落在计划进度S形曲线右侧，表明此时实际进度拖后；如果工程实际进展点正好落在计划进度S形曲线上，则表示此时实际进度与计划进度一致。

2. 工程项目实际进度超前或拖后的时间

在S形曲线比较图中可以直接读出实际进度比计划进度超前或拖后的时间。

3. 工程项目实际超额或拖欠的任务量

在S形曲线比较图中，也可以直接读出实际进度比计划进度超额或拖欠的任务量。

4. 后期工程进度预测

如果后期工程按原计划速度进行，则可作出后期工程计划S形曲线。

（三）香蕉形曲线比较法

香蕉形曲线比较法借助于两条S形曲线概括表示：其一是按工作的最早可以开始时间安排计划进度而绘制的S形曲线，称为ES曲线；其二是按工作的最迟必须开始时间安排计划进度而绘制的S形曲线，称为LS曲线。由于两条曲线除在开始点和结束点相互重合以外，ES曲线上的其余各点均落在LS曲线的左侧，从而使得两条曲线围合成一个形如香蕉的闭合曲线圈，故将其称为香蕉形曲线。

（四）前锋线比较法

前锋线比较法是适用于时标网络计划的实际进度与计划进度的比较方法。前锋线是指从计划执行情况检查时刻的时标位置出发，经依次连接时标网络图上每一工作箭线的实际进度点，再最终结束于检查时刻的时标位置而形成的对应于检查时刻各项工作实际进度前锋点位置的折线（一般用点画线标出），故前锋线也可称为实际进度前锋线。简而言之，前锋线比较法就是借助于实际进度前锋线比较工程实际进度与计划进度偏差的方法。

二、施工进度调整方法

（一）施工进度计划的调整原则

1.进度偏差体现为某项工作的实际进度超前

当计划进度执行过程中产生的进度偏差体现为某项工作的实际进度超前时，若超前幅度不大，此时计划不必调整；若超前幅度过大，则此时计划必须调整。

2.进度偏差体现为某项工作的实际进度滞后

①若出现进度偏差的工作为关键工作，则由于工作进度滞后，必然会引起后续工作最早开工时间的延误和整个计划工期的相应延长，因此必须对原定进度计划采取相应调整措施。

②若出现进度偏差的工作为非关键工作，且工作进度滞后天数已超出其总时差，则由于工作进度延误同样会引起后续工作最早开工时间的延误和整个计划工期的相应延长，因此必须对原定进度计划采取相应调整措施。

③若出现进度偏差的工作为非关键工作，且工作进度滞后天数已超出其自由时差而未超出其总时差，则由于工作进度延误只引起后续工作最早开工时间的延误而对整个计划工期并无影响，因此此时只有在后续工作最早开工时间不宜推后的情况下才考虑对原定计划采取相应调整措施。

④若出现进度偏差的工作为非关键工作，且工作进度滞后天数未超出其自由时差，则由于工作进度延误对后续工作的最早开工时间和整个计划工期均无影响，因此不必对原定计划采取任何调整措施。

（二）施工进度计划的调整方法

1.改变某些后续工作之间的逻辑关系

若进度偏差已影响计划工期，并且有关后续工作之间的逻辑关系允许改变，此时可变更位于关键线路或位于非关键线路但延误时间已超出其总时差的有关工作之间的逻辑关系，从而达到缩短工期的目的。例如，可将按原计划安排依次进行的工作关系改为平行进行、搭接进行或分段流水进行的工作关系。通过变更工作逻辑关系缩短工期，往往简便易行且效果显著。

例如，某土方开挖基础工程包括挖基槽、做垫层、砌基础、回填土4个施工过程，各施工过程的持续时间分别为21天、15天、18天和9天，如果采取顺序依次作业方式进行施工，则其总工期为63天。为缩短该基础工程总工期，如果在工作面及资源供应允许的条件下，将基础工程划分为工程量大致相等的3个施工段组织流水作业。通过组织流水作业，使得该基础工程工期由63天缩短为35天。

2.缩短某些后续工作的持续时间

当进度偏差已影响计划工期，进度计划调整的另一方法是不改变工作之间的逻辑关系，而是压缩某些后续工作的持续时间，以借此加快后期工程进度，从而使原计划工期仍然能够得以实现。应用本方法需注意被压缩持续时间的工作应是位于因工作实际进度拖延而引起计划工期延长的关键线路或某些非关键线路上的工作，且这些工作应切实具有压缩持续时间的余地。可压缩对质量、安全影响不大、费率增加较小，资源充足，工作面充裕的工作。

该方法通常是在网络图中借助图上分析计算直接进行，其基本思路是：通过计算到计划执行过程中某一检查时刻剩余网络时间参数的计算结果确定工作进度偏差对计划工期的实际影响程度，再以此为依据反过来推算有关工作持续时间的压缩幅度，其具体计算分析步骤一般为：

（1）删去截止计划执行情况检查时刻业已完成的工作，将检查计划时的当前日期作为剩余网络的开始日期形成剩余网络；

（2）将正处于进行过程中的工作的剩余持续时间标注于剩余网络图中；

（3）计算剩余网络的各项时间参数；

（4）据剩余网络时间参数的计算结果推算有关工作持续时间的压缩幅度。

第六章 现代水利工程施工成本管理

第一节 水利工程施工成本分析

一、施工成本的分析

施工成本的分析是在施工成本核算的基础上，对成本的形成过程和影响成本升降的因素进行分析，以寻求进一步降低成本的途径，包括有利偏差的挖掘和不利偏差的纠正。施工成本分析贯穿于施工成本管理的全过程，其是在成本的形成过程中，主要利用施工项目的成本核算资料（成本信息），与目标成本、预算成本以及类似的施工项目的实际成本等进行比较，了解成本的变动情况，同时也要分析主要技术经济指标对成本的影响，系统地研究成本变动的因素，检查成本计划的合理性，并通过成本分析，深入揭示成本变动的规律，寻找降低施工项目成本的途径，以便有效地进行成本控制。成本偏差的控制，分析是关键，纠偏是核心，要针对分析得出的偏差发生原因，采取切实措施，加以纠正。

技术经济指标完成得好坏，最终会直接或间接地影响工程成本。下面就主要工程技术经济指标变动对工程成本的影响作简要分析。

（一）产量变动对工程成本的影响

工程成本一般可分为变动成本和固定成本两部分。由于固定成本不随产量变化，因此随着产量的提高，各单位工程所分摊的固定成本将相应减少，单位工程成本也就会随着产量的增加而有所减少，即

$$D_Q = R_0 C$$

式中：D_Q——因产量变动而使工程成本降低的数额，简称成本降低额；

C——原工程总成本；

R_0——成本降低率，即 D_Q/C。

（二）劳动生产率变动对工程成本的影响

提高劳动生产率，是增加产量、降低成本的重要途径。在分析劳动生产率的影响时，还须考虑人工平均工资增长的影响。其计算公式为

$$R_L = \left(1 - \frac{1 + \Delta W}{1 + \Delta L}\right) W_\omega$$

式中：R_L——由于劳动生产率（含工资增长）变动而使成本降低的成本降低率；

ΔW——平均工资增长率；

ΔL——劳动生产率增长率；

W_ω——人工费占总成本的比重。

（三）资源、能源利用程度对工程成本的影响

影响资源、能源费用的因素主要是用量和价格两个方面。就企业角度而言，降低耗用量（当然包含损耗量）是降低成本的主要方面。其计算公式为

$$R_m = \Delta m W_m$$

式中：R_m——因降低资源、能源耗用量而引起的成本降低率；

Δm——资源、能源耗用量降低率；

W_m——资源、能源费用在工程成本中的比重。

如用利用率表示，则计算公式为

$$R_m = \left(1 - \frac{m_0}{m_n}\right) W_n$$

式中：m_0、m_n——资源、能源原来和变动后的利用率；

其他符号含义同前。

（四）机械利用率变动对工程成本的影响

机械利用率变动对工程成本的影响可直接利用下面两式分析。为便于随时测定，亦可用下式计算：

$$R_T = \left(1 - \frac{1}{P_T}\right) \cdot W_d$$

$$R_p = \frac{P_p - 1}{P_T \cdot P_p} \cdot W_d$$

式中：R_T、R_p——机械作业时间和生产能力变动引起的单位成本降低率；

P_T、P_p——机械作业时间的计划完成率和生产能力计划完成率；

W_d——固定成本占总成本比重。

（五）施工管理费变动对工程成本的影响

施工管理费在工程成本中占有较大的比重，如能注意精简机构，提高管理工作质量和效率，节省开支，对降低工程成本也具有很大的作用。其成本降低率为

$$R_g = W_g \Delta G$$

式中：R_g——节约管理费引起的成本降低率；

ΔG——管理费节约百分率；

W_g——管理费占工程成本的比重。

二、工程成本综合分析

工程成本综合分析就是从总体上对企业成本计划执行的情况进行较为全面、概括的分析。

在经济活动分析中，一般把工程成本分为三种，即预算成本、计划成本和实际成本。

预算成本一般为施工图预算所确定的工程成本。在实行招标承包的工程中，预算成本一般为工程承包合同价款减去法定利润后的成本，因此又称为承包成本。

计划成本是在预算成本的基础上，根据成本降低目标，结合本企业的技术组织措施计划和施工条件等所确定的成本。计划成本是企业降低生产消耗费用的奋斗目标，也是企业成本控制的基础。

实际成本是指企业在完成建筑安装工程施工中实际发生费用的总和。它是反映企业经济活动效果的综合性指标。

计划成本与预算成本之差即为计划成本降低额，实际成本与预算成本之差即为实际成本降低额，将实际成本降低额与计划成本降低额比较，可以考察出企业降低成本的执行情况。

工程成本的综合分析，一般可分为以下三种情况：（1）实际成本与计划成本进行比较，以检查完成降低成本计划情况和各成本项目降低和超支情况。（2）对企业间各单位之间进行比较，从而找出差距。（3）将本期与前期进行比较，以便分析成本管理的发展情况。

在进行成本分析时，既要看成本降低额，又要看成本降低率。成本降低率是相对数，便于进行比较，看出成本降低水平。

成本分析的方法可以单独使用，也可以结合使用。尤其是在进行成本综合分析时，必须使用基本方法。为了更好地说明成本升降的具体原因，必须依据定量分析的结果进行定性分析。

成本偏差分为局部成本偏差和累计成本偏差。局部成本偏差包括项目的月度（或周、天等）核算成本偏差、专业核算成本偏差以及分部分项作业成本偏差等；累计成本偏差是指已完工程在某一时间点上实际总成本与相应的计划总成本的差异。对成本偏差的原因分析，应采取定量和定性相结合的方法。

第二节 水利工程施工成本计划编制

一、施工成本计划的类型

对于一个施工项目而言，其成本计划的编制是一个不断深化的过程。在这一过程的不同阶段形成深度和作用不同的成本计划，按其作用可分为以下三类。

（一）竞争性成本计划

竞争性成本计划即工程项目投标及签订合同阶段的估算成本计划。这类成本计划是以招标文件中的合同条件、投标者须知、技术规程、设计图纸或工程量清单等为依据，以有关价格条件说明为基础，结合调研和现场考察获得的情况，根据本企业的工料消耗标准、水平、价格资料和费用指标，对本企业完成招标工程所需要支出的全部费用的估算。在投标报价过程中，虽也着力考虑降低成本的途径和措施，但总体上较为粗略。

（二）指导性成本计划

指导性成本计划即选派项目经理阶段的预算成本计划，是项目经理的责任成本目标。它是以合同标书为依据，按照企业的预算定额标准制订的预算成本计划。

（三）实施性成本计划

实施性成本计划即项目施工准备阶段的施工预算成本计划，它是以项目实施方案为依据，以落实项目经理责任目标为出发点，采用企业的施工定额通过施工预算的编制而形成的实施性施工成本计划。

以上三类成本计划互相衔接和不断深化，构成了整个工程施工成本的计划过程。其中，竞争性成本计划带有成本战略的性质，是项目投标阶段商务标书的基础，而有竞争力的商务标书又是以其先进合理的技术标书为支撑的。因此，它奠定了施工成本的基本框架和水平。指导性成本计划和实施性成本计划，都是竞争性成本计划的进一步展开和深化，是对竞争性成本计划的战术安排。此外，根据项目管理的需要，实施性成本计划又可按施工成本组成、按子项目组成、按工程进度分别编制施工成本计划。

二、施工成本计划的编制依据

施工成本计划是施工项目成本控制的一个重要环节，是实现降低施工成本任务的指导性文件。如果针对施工项目所编制的成本计划达不到目标成本要求，就必须组织施工项目管理班子的有关人员重新研究寻找降低成本的途径，重新进行编制。同时，编制成本计划的过程也是动员全体施工项目管理人员的过程，是挖掘降低成本潜力的过程，是检验施工技术质量管理、工期管理、物资消耗和劳动力消耗管理等是否落实的过程。

编制施工成本计划，需要广泛收集相关资料并进行整理，以作为施工成本计划编制的依据。在此基础上，根据有关设计文件、工程承包合同、施工组织设计、施工成本预测资料等，按照施工项目应投入的生产要素，结合各种因素的变化和拟采取的各种措施，估算施工项目生产费用支出的总水平，进而提出施工项目的成本计划控制指标，确定目标成本。目标成本确定后，应将总目标分解落实到各个机构、班组、便于进行控制的子项目或工序。最后，通过综合平衡，编制完成施工成本计划。

施工成本计划的编制依据具体包括以下内容：（1）投标报价文件；（2）企业定额、施工预算；（3）施工组织设计或施工方案；（4）人工、材料、机械台班的市场价；（5）企业颁布的材料指导价、企业内部机械台班价格、劳动力内部挂牌价格；（6）周转设备内部租赁价格、摊销损耗标准；（7）已签订的工程合同、分包合同（或估价书）；（8）结构件外加工计划和合同；（9）有关财务成本核算制度和财务历史资料；（10）施工成本预测资料；（11）拟采取的降低施工成本的措施；（12）其他相关资料。

三、施工成本计划的编制方法

施工成本计划的编制方式有以下 3 种：按施工成本组成编制施工成本计划；按项目组成编制施工成本计划；按工程进度编制施工成本计划

（一）按施工成本组成编制施工成本计划的方法

1.施工成本费用构成

（1）直接成本（直接费）

直接成本是指建筑安装工程施工过程中直接消耗在工程项目上的活劳动和物化劳动，由直接费、其他直接费、现场经费组成。

1）直接费

直接费包括人工费、材料费、施工机械使用费。

2）其他直接费

其他直接费包括冬雨期施工增加费、夜间施工增加费、特殊地区施工增加费和其他。其他直接费根据区域不同，建筑工程一般取直接费的 2%～5.5%。

①冬雨期施工增加费

冬雨期施工增加费是指在冬雨期施工期间为保证工程质量和安全生产所需增加的费用。

②夜间施工增加费

夜间施工增加费是指施工场地和公用施工道路的照明费用。照明线路工程费用包括在临时设施费中；施工附属企业系统，加工厂、车间的照明，列入相应的产品中，均不包括在本项费用之内。

③特殊地区施工增加费

特殊地区施工增加费是指在高海拔和原始森林等特殊地区施工而增加的费用。

④其他

其他包括施工工具用具使用费、检验试验费、工程定位复测、工程点交、竣工场地清理、工程项目及设备仪表移交生产前的维护观察费。

3）现场经费

现场经费包括临时设施费和现场管理费。枢纽工程现场经费费率：土方工程取直接费的9%，混凝土工程取直接费的8%；引水工程及河道工程现场经费费率：土方工程取直接费的4%，混凝土工程取直接费的6%，疏浚工程取直接费的5%。

①临时设施费

临时设施费是指施工企业为进行建筑安装工程施工所必需的但又未被划入施工临时工程的临时建筑物、构筑物和各种临时设施的建设、维修、拆除、摊销等费用。如供风、供水（支线）、场内供电、夜间照明、供热系统及通信支线，土石料场，简易砂石料加工系统，小型混凝土拌和浇筑系统，木工、钢筋、机修等辅助加工厂，混凝土预制构件厂，场内施工排水，场地平整、道路养护及其他小型临时设施。

②现场管理费

现场管理费主要包括：现场管理人员的基本工资、辅助工资、工资附加费和劳动保护费，办公费，差旅交通费，固定资产使用费，工具用具使用费以及保险费。

（2）间接成本（间接费）

间接成本是指施工企业为建筑安装工程施工而进行组织与经营管理所发生的各项费用。它构成产品成本，由企业管理费、财务费用和其他费用组成。枢纽工程间接费费率：土方工程取直接工程费的9%，混凝土工程取直接工程费的5%；引水工程和河道工程间接费费率：土方工程取直接工程费的4%，混凝土工程取直接工程费的4%。

1）企业管理费

指施工企业为组织施工生产经营活动所发生的费用。

2）财务费用

指施工企业为筹集资金而发生的各项费用，包括企业经营期间发生的短期融资利息净支出、汇兑净损失、金融机构手续费，企业筹集资金发生的其他财务费用，以及投标和承包工程发生的保函手续费等。

3）其他费用

指企业定额测定费及施工企业进退场补贴费。

2.施工成本基础单价

施工成本基础单价是计算建筑、安装工程单价的基础，包括人工预算单价、材料预算价格、施工机械台时费、砂石料单价及混凝土材料单价等。

（1）人工预算单价

人工预算单价是指生产工人在单位时间（工时）的费用。根据工程性质的不同，人工预算单价有枢纽工程、引水及河道工程两种计算方法和标准。每种计算方法将人工均划分为工长、高级工、中级工、初级工四个档次。

（2）材料预算价格

材料预算价格是指购买地运到工地分仓库（或堆放场地）的出库价格。材料预算价格一般包括材料原价、运杂费、运输保险费、采购及保管费四项，个别材料若规定另计包装费的另行计算。

（3）施工机械台时费

施工机械台时费是指一台施工机械正常工作1小时所支出和分摊的各项费用之和。施工机械台时费是计算建筑安装工程单价中机械使用费的基础价格。机械使用费中的机械台时量可由定额查到，机械台时费应根据《水利工程施工机械台时费定额》及有关规定计算。现行部颁的施工机械台时费由第一、第二类费用组成。

（4）砂石料单价

如果自购按材料预算价格计算，自己开采加工按工序单价计算。

（5）混凝土材料单价

混凝土配合比的各项材料用量已考虑了材料的场内运输及操作损耗（至拌和楼进料仓止），混凝土拌制后的熟料运输及操作损耗已反映在不同浇筑部位定额的混凝土材料量中。混凝土配合比的各项材料用量应根据工程试验提供的资料计算；若无试验资料，也可按有关定额规定计算。

3.工程单价分析

工程单价是指以价格形式表示的完成单位工程量所耗用的全部费用，包括直接工程费、间接费、企业利润和税金四部分内容。水利工程概（估）算单价分为建筑和安装工程单价两类，它是编制水利工程投资的基础。建筑安装工程单价由"量、价、费"三要素组成。

量：指完成单位工程量所需的人工、材料和施工机械台时数量。须根据设计图纸及施工组织设计等资料，正确选用定额相应子目的规定量。

价：指人工预算单价、材料预算价格和施工机械台时费等基础单价。

费：指按规定计入工程单价的其他直接费、现场经费、间接费、企业利润和税金。

（二）按项目组成编制施工成本计划的方法

（1）按项目组成编制施工成本计划的方法较适合于大中型工程项目。大中型工程项目通常是由若干单项工程构成的，而每个单项工程包括多个单位工程，每个单位工程又是由若干个分部分项工程所构成的。因此，首先要把项目总施工成本分解到单项工程和单位工程中，再进一步分解为分部工程和分项工程。（2）在完成施工项目成本目标分解之后，接下来就要编制分项工程的成本支出计划，从而得到详细的成本计划表。在编制成本支出计划时，要在项目方面考虑总的预备费，也要在主要的分项工程中安排适当的不可预见费，避免在具体编制成本计划时，可能发现个别单位工程或工程量表中某项内容的工程量计算有较大出入。

（三）按工程进度编制施工成本计划的方法

按工程进度编制施工成本计划的表现形式是通过对施工成本目标按时间进行分解，在网络计划的基础上，获得项目进度计划的横道图，并在此基础上编制成本计划。网络计划在编制时，既要考虑进度控制对项目划分的要求，又要考虑确定施工成本支出计划对项目划分的要求，做到两者兼顾。

其表示方式有两种：一种是在时标网络图上按月编制成本计划；另一种是利用时间-成本累计曲线表示。

时间-成本累计曲线的绘制步骤如下：（1）确定工程项目进度计划，编制进度计划的横道图。（2）根据每单位时间内完成的实物工程量或投入的人力、物力和财力，计算单位时间（月或旬）的成本，在时标网络图上按时间编制成本支出计划。（3）计算规定时间计划累计支出的成本额，其计算方法为：各单位时间计划完成的成本额累加求和。

工作中常常编制月度项目施工成本计划，根据施工进度计划所编制的项目施工成本收入、支出计划，及时与月度项目施工进度计划相对比，及时发现问题并进行纠偏。有时采用现场控制性计划，它是根据施工进度计划而做出的各种资源消耗量计划、各项现场管理费收入及支出计划，是项目经理部继续进行各项成本控制工作的依据。

编制施工成本计划的方式并不是相互独立的。在应用时，往往是将这几种方式结合起来，取得扬长避短的效果。例如：可将按子项目分解总施工成本计划与按时间分解总施工成本计划结合起来，一般纵向按项目分解，横向按时间分解。

第三节　水利工程施工成本控制

一、施工成本控制的依据

1.工程承包合同

施工成本控制要以工程承包合同为依据，围绕降低工程成本这个目标，从预算收入和实际成本两方面，努力挖掘增收节支潜力，以求获得最大的经济效益。

2.施工成本计划

施工成本计划是根据施工项目的具体情况制订的施工成本控制方案，既包括预定的具体成本控制目标，又包括实现控制目标的措施和规划，是施工成本控制的指导文件。

3.进度报告

进度报告提供了每一时刻工程实际完成量、工程施工成本实际支付情况等重要信息。施工成本控制工作正是通过实际情况与施工成本计划相比较，找出二者之间的差别，分析偏差产生的原因，从而采取措施改进以后的工作。此外，进度报告还有助于管理者及时发现工程实施中存在的问题，并在事态还未造成重大损失之前采取有效措施，尽量避免损失。

4.工程变更

在项目的实施过程中，由于各方面的原因，工程变更是很难避免的。工程变更一般包括设计变更、进度计划变更、施工条件变更、技术规范与标准变更、施工次序变更、工程数量变更等。一旦出现变更，工程量、工期、成本都必将发生变化，从而使得施工成本控制工作变得更加复杂和困难。因此，施工成本管理人员就应当通过对变更要求当中各类数据的计算、分析，随时掌握变更情况，包括已发生工程量、将要发生工程量、工期是否拖延、支付情况等重要信息，判断变更以及变更可能带来的索赔额度等。

除上述几种施工成本控制工作的主要依据外，有关施工组织设计、分包合同等也都是施工成本控制的依据。

二、施工成本控制的步骤

在确定了施工成本计划之后，必须定期地进行施工成本计划值与实际值的比较，当实际值偏离计划值时，分析产生偏差的原因，采取适当的纠偏措施，以确保施工成本控制目标的实现。其步骤如下。

1.比较

按照某种确定的方式将施工成本实际值与计划值逐项进行比较，以发现施工成本是否已超支。

2.分析

在比较的基础上，对比较的结果进行分析，以确定偏差的严重性及偏差产生的原因。这一步是施工成本控制工作的核心，其主要目的在于找出产生偏差的原因，从而采取有针对性的措施，减少或避免相同原因的再次发生或减少由此造成的损失。

3.预测

按照完成情况估计完成项目所需的总费用。

4.纠偏

当工程项目的实际施工成本出现了偏差，应当根据工程的具体情况、偏差分析和预测的结果，采取适当的措施，以期达到使施工成本偏差尽可能小的目的。纠偏是施工成本控制中最具实质性的一步。只有通过纠偏，才能最终达到有效控制施工成本的目的。

对偏差原因进行分析的目的是采取有针对性的纠偏措施，从而实现成本的动态控制和主动控制。纠偏首先要确定纠偏的主要对象，偏差原因有些是无法避免和控制的，如客观原因，只能对其中少数原因做到防患于未然，力求减少该原因所产生的经济损失。在确定了纠偏的主要对象之后，就需要采取有针对性的纠偏措施。纠偏可采用组织措施、经济措施、技术措施和合同措施等。

5.检查

对工程的进展进行跟踪检查，以及时了解工程进展状况以及纠偏措施的执行情况和效果，为今后的工作积累经验。

三、施工成本控制的方法

（一）过程控制的方法

施工阶段是控制建设工程项目成本发生的主要阶段，它通过确定成本目标并按计划成本进行施工资源配置，对施工现场发生的各种成本费用进行有效控制，其具体的控制方法如下。

1.人工费的控制

人工费的控制按照"量价分离"的原则，将作业用工及零星用工按定额工日的一定比例综合确定用工数量与单价，通过劳务合同进行控制。

2.材料费的控制

材料费的控制同样按照"量价分离"的原则，控制材料用量和材料价格。

（1）材料用量的控制

在保证符合设计要求和质量标准的前提下，合理使用材料，通过定额管理、计量管理等手段有效控制材料物资的消耗，具体方法如下。

1）定额控制

对于有消耗定额的材料，以消耗定额为依据，实行限额发料制度。在规定限额内分期分批领用，超过限额领用的材料，必须先查明原因，经过一定审批手续方可领料。

2）指标控制

对于没有消耗定额的材料，则实行计划管理和按指标控制的办法。根据以往项目的实际耗用情况，结合具体施工项目的内容和要求，制定领用材料指标，据以控制发料。超过指标的材料，必须经过一定的审批手续方可领用。

3）计量控制

准确进行工程量计量核查，按照《水利工程工程量清单计价规范》计量控制，施工企业主要是内部控制每个工程项目的投入物和投入料及人工投入。

4）包干控制

在材料使用过程中，对部分小型及零星材料（如钢钉、钢丝等）根据工程量计算出所需材料量，将其折算成费用，由作业者包干控制。

（2）材料价格的控制

材料价格主要由材料采购部门控制。由于材料价格是由买价、运杂费、运输中的合理损耗等组成的，因此控制材料价格，主要是通过掌握市场信息，应用招标和询价等方式控制材料的采购价格。

施工项目的材料物资，包括构成工程实体的主要材料和结构件，以及有助于工程实体形成的周转使用材料和低值易耗品。从价值角度看，材料物资的价值，占建筑安装工程造价的60%～70%，其重要程度自然是不言而喻的。由于材料物资的供应渠道和管理方式各不相同，所以控制的内容和所采取的控制方法也将有所不同。

3.施工机械使用费的控制

合理选择、使用施工机械设备对成本控制具有十分重要的意义，尤其是高层建筑施工。据某些工程实例统计，高层建筑地面以上部分的总费用中，垂直运输机械费用占6%～10%。由于不同的起重运输机械各有不同的用途和特点，因此在选择起重运输机械时，首先应根据工程特点和施工条件确定采取何种不同起重运输机械的组合方式。在确定组合方式时，应满足施工需要，同时还要考虑到费用的高低和综合经济效益。

施工机械使用费主要由台班数量和台班单价两方面决定，为有效控制施工机械使用费支出，主要从以下几个方面进行控制：（1）合理安排施工生产，加强设备租赁计划管理，减少因安排不当引起的设备闲置；（2）加强机械设备的调度工作，尽量避免窝工，提高现场设备利用率；（3）加强现场设备的维修保养，避免因不正当使用造成机械设备的停置；（4）做好机上人员与辅助生产人员的协调与配合，提高施工机械台班产量。

4.施工分包费用的控制

分包工程价格的高低，必然对项目经理部的施工项目成本产生一定的影响。因此，施工项目成本控制的重要工作之一是对分包价格的控制。项目经理部应在确定施工方案的初期就确定需要分包的工程范围。决定分包范围的因素主要是施工项目的专业性和项目规模。对分包费用的控制，主要是要做好分包工程的询价、订立平等互利的分包合同、建立稳定的分包关系网络、加强施工验收和做好分包结算等工作。

（二）赢得值法

赢得值法（简称EVM）作为一项先进的项目管理技术。到目前为止，国际上先进的工程公司已普遍采用赢得值法进行工程项目的费用、进度综合分析控制。用赢得值法进行费用、进度综合分析控制，基本参数有三个，即已完工作预算费用、计划工作预算费用和已完工作实际费用。赢得值法又称为挣值法或偏差分析法，是在工程项目实施中使用比较多的一种方法。赢得值法是对项目的进度和费用进行控制的一种有效的方法。

赢得值法的价值在于将项目的进度和费用进行综合度量，从而能准确地描述项目的进展状态。优点是可以预测项目可能发生的工期滞后量和费用超支量，从而及时采取纠正措施，为项目管理和控制提供了有效的手段。

1.赢得值法的三个基本参数

（1）已完工作预算费用

已完工作预算费用（简称BCWP），是指在某一时间已经完成的工作（或部分工作），以批准认可的预算为标准所需要的资金总额。由于业主正是根据这个值为承包人完成的工作量支付相应的费用，也就是承包人获得（挣得）的金额，故称赢得值或挣值。

已完工作预算费用计算公式为

已完工作预算费用（BCWP）=已完成工作量×预算单价

（2）计划工作预算费用

计划工作预算费用（Budgeted Cost for Work Scheduled，简称BCWS），是指根据进度计划，在某一时刻应当完成的工作（或部分工作），以预算为标准所需要的资金总额。一般来说，除非合同有变更，BCWS在工程实施过程中应保持不变。

计划工作预算费用计算公式为

计划工作预算费用（BCWS）=计划工作量×预算单价

（3）已完工作实际费用

已完工作实际费用（简称ACWP），是指到某一时刻为止，已完成的工作（或部分工作）实际花费的总金额。

已完工作实际费用计算公式为

已完工作实际费用（ACWP）=已完成工作量×实际单价

2.赢得值法的四个评价指标

在以工三个基本参数的基础上，可以确定赢得值法的四个评价指标，它们也都是时间的函数。

（1）费用偏差C_v

费用偏差计算公式为

费用偏差（C_v）=已完工作预算费用（BCWP）-已完工作实际费用（ACWP）

当费用偏差（C_v）为负值时，即表示项目运行超出预算费用；当费用偏差（C_v）为正值时，表示项目运行节支，实际费用没有超出预算费用。

（2）进度偏差S_v（Schedule Variance）

进度偏差计算公式为

进度偏差（S_v）=已完工作预算费用（BCWP）-计划工作预算费用（BCWS）

当进度偏差（S_v）为负值时，表示进度延误，即实际进度落后于计划进度；当进度偏差（S_v）为正值时，表示进度提前，即实际进度快于计划进度。

（3）费用绩效指数（CPI）

费用绩效指数计算公式为

费用绩效指数（CPI）=已完工作预算费用（BCWP）/已完工作实际费用（AC-WP）

当费用绩效指数CPI<1时，表示超支，即实际费用高于预算费用；当费用绩效指数CPI>1时，表示节支，即实际费用低于预算费用。

（4）进度绩效指数（SPI）

进度绩效指数计算公式为

进度绩效指数（SPI）=已完工作预算费用（BCWP）/计划工作预算费用（BC-WS）

当进度绩效指数SPI<1时，表示进度延误，即实际进度比计划进度拖后；当进度绩效指数SPI>1时，表示进度提前，即实际进度比计划进度快。

费用、进度偏差反映的是绝对偏差，结果很直观，有助于费用管理人员了解项目费用出现偏差的绝对数额，并依此采取一定措施，制订或调整费用支出计划和资金筹措计划。但是，也应注意绝对偏差有其不容忽视的局限性。

运用赢得值法对项目的实施情况作出客观评估，可及时发现原有问题和执行中的问题，有利于查找问题的根源，并能判断这些问题对进度和费用产生影响的程度，以便采取必要的措施去解决这些问题。

3.偏差分析的方法

偏差分析可采用不同的方法，常用的有横道图法、表格法和曲线法。

（1）横道图法

用横道图法进行费用偏差分析，是用不同的横道标志已完工作预算费用（BCWP）、计划工作预算费用（BCWS）和已完工作实际费用（ACWP），横道的长度与其金额成正比。

横道图法具有形象、直观、一目了然等优点，它能够准确表达出费用的绝对偏差，而且能一眼感受到偏差的严重性但这种方法反映的信息量少，一般在项目的较高管理层应用。

（2）表格法

表格法是进行偏差分析最常用的一种方法。它将项目编号、名称、各费用参数以及费用偏差数综合归纳入一张表格中，并且直接在表格中进行比较。由于各偏差参数都在表中列出，费用管理人员能够综合了解并处理这些数据。

用表格法进行偏差分析具有如下优点：（1）灵活、适用性强可根据实际需要设计表格，进行增减项。（2）信息量大。可以反映偏差分析所需的资料，从而有利于费用管理人员及时采取有针对性的措施，加强控制。（3）表格处理可借助于计算机，从而节约大量数据处理所需的人力，并大大提高速度。

（3）曲线法

在项目实施过程中，赢得值法的三个基本参数可以形成三条曲线，即计划工作预算费用（BCWS）、已完工作预算费用（BCWP）、已完工作实际费用（ACWP）曲线。

4.偏差原因分析与纠偏措施

偏差原因分析：偏差分析的一个重要目的就是要找出引起偏差的原因，从而采取有针对性的措施，减少或避免相同原因的再次发生。

纠偏措施：（1）寻找新的、更好的、更省的、效率更高的设计方案；（2）购买部分产品，而不是采用完全由自己生产的产品；（3）重新选择供应商，但会产生供应风险，选择需要时间；（4）改变实施过程；（5）变更工程范围；（6）索赔，例如向业主、承（分）包商、供应商索赔以弥补费用超支。

第四节 降低施工成本途径

降低施工项目成本应该从加强施工管理、技术管理、劳动工资管理、机械设备管理、材料管理、费用管理以及正确划分成本中心，使用先进的成本管理方法和考核手段入手，制定既开源又节流，或者说既增收又节支方针，从这两方面来降低施工项目成本。如果只开源不节流，或者只节流不开源，都不太可能达到降低成本的目的，至少是不会有理想的降低成本效果。

一、认真会审图纸，积极提出修改意见

在项目建设过程中，施工单位必须按图施工。但是，图纸是由设计单位按照用户要求和项目所在地的自然地理条件（如水文地质情况等）设计的，施工单位应该在满足用户要求和保证工程质量的前提下，联系项目施工的主客观条件，对设计图纸进行认真的会审，并积极提出修改意见，在取得用户和设计单位的同意后，修改设计图纸，同时办理增减账。

在会审图纸的时候，对于结构复杂、施工难度高的项目，更要加倍认真，并且要从既方便施工、有利于加快工程进度和保证工程质量，又能降低资源消耗、增加工程收入等方面综合考虑，提出有科学根据的合理化建议，争取业主、监理单位、设计单位的认同。

二、加强合同管理，增创工程预算收入

1.深入研究招标文件、合同内容，正确编制报价

在编制施工图预算的时候，要充分考虑可能发生的成本费用，将其全部列入施工图预算，然后通过工程款结算向发包人取得补偿。

2.发挥技术优势增加预算收入

一般来说，按照设计图纸和预算定额编制的施工图预算，必然受预算定额的制约，很少有灵活伸缩的余地；而"开口"项目的取费则有比较大的潜力，是项目增收的关键。

比如合同规定，待图纸出齐后，由合同双方共同制定加快工程进度、保证工程质量的技术措施，费用按实际结算。按照这一规定，项目经理和工程技术人员应该结合工程特点，充分利用自己的技术优势，采用先进的新技术、新工艺和新材料，经发包人签证后实施。这些措施应符合以下要求：既能为施工提供方便，有利于加快施工进度，又能提高工程质量，还能增加预算收入另外还有，如合同规定，预算定额缺项的项目，可由承包人参照相近定额，经监理工程师复核后报发包人认可。这种情况在编制施工图预算时是常见的，需要项目造价员参照相近定额进行换算。在定额换算的过程中，造价员就可根据设计要求，充分发挥自己的业务技能，提出合理的换算依据，以此来摆脱原有定额偏低的约束。

3.根据工程变更资料，及时办理增减账。

由于设计、承包人和发包人使用要求等种种原因，工程变更是项目施工过程中经常发生的事情，是不以人们的意志为转移的。工程的变更，必然会带来工程内容的增减和施工工序的改变，从而也必然会影响成本费用的变更。因此，承包方应就工程变更对既定施工方法、机械设备使用、材料供应、劳动力调配和工期目标等的影响程度，以及为实施变更内容所需要的各种资源进行合理估价，及时办理增减账手续，并通过工程款结算从发包人取得补偿。

三、制订先进的、经济合理的施工方案

施工方案主要包括四项内容：施工方法的确定、施工机具的选择、施工顺序的安排和流水施工的组织。施工方案不同，工期就会不同，所需机具也不同，因而发生的费用也会不同。因此，正确选择施工方案是降低成本的关键所在。

制订施工方案要以合同工期和项目要求为依据，联系项目的规模、性质、复杂程度、现场条件、装备情况、人员素质等因素综合考虑。可以同时制订几个施工方案，倾听现场施工人员的意见，以便从中优选最合理、最经济的一个。

必须强调，施工项目的施工方案，应该同时具有先进性和可行性。如果只先进而不可行，不能在施工中发挥有效的指导作用，那就不是最佳施工方案。

四、落实技术组织措施

落实技术组织措施，走技术与经济相结合的道路，以技术优势来取得经济效益，是降低项目成本的又一个关键。一般情况下，项目应在开工以前根据工程情况制订技术组织措施计划，作为降低成本计划的内容之一列入施工组织设计。在编制月度施工

作业计划的同时，也可按照作业计划的内容编制月度技术组织措施计划。

为了保证技术组织措施计划的落实，并取得预期的效果，应在项目经理的领导下明确分工：由工程技术人员制定措施，材料人员供应材料，现场管理人员和生产班组负责执行，财务成本员结算节约效果，最后由项目经理根据措施执行情况和节约效果对有关人员进行奖励，形成落实技术组织措施的一条龙。

必须强调，在结算技术组织措施执行效果时，除要按照定额数据等进行理论计算外，还要做好节约实物的验收，防止"理论上节约、实际上超用"情况的发生。

五、组织均衡施工，加快施工进度

凡是按时间计算的成本费用，如项目管理人员的工资和办公费，现场临时设施费和水电费，以及施工机械和周转设备的租赁费等，在加快施工进度、缩短施工周期的情况下，都会有明显成本的节约效果。除此之外，还可从业主那里得到一笔相当可观的提前竣工奖。因此，加快施工进度也是降低项目成本的有效途径之一。

加快施工进度，将会增加一定的成本支出。例如，在组织两班制施工的时候，需要增加夜间施工的照明费、夜点费和工效损失费。同时，还将增加模板的使用量和租赁费。

因此，在签订合同时，应根据用户和赶工要求，将赶工费列入施工图预算。如果事先并未明确，而由用户在施工中临时提出的赶工要求，则应请用户签证，费用按实结算。

第七章 现代水利工程项目质量监督管理

第一节 水利工程质量监督管理

一、工程质量监督管理的内涵

工程质量管理，在采取各种质量措施的保障下，通过一定的手段，把勘察设计、原材料供应、构配件加工、施工工艺、施工设备、机械及检验仪表、机具等可能的质量影响因素、环节和部门，予以组织、控制和协调。这样的组织、控制和协调工作，就是工程（产品）质量管理工作。

质量监督是一种政府行为，通过政府委托的具有可信性的质量监督机构，在质量法律法规和强制性技术标准的有力支撑下，对提供的服务质量、产品质量、工程质量及企业承诺质量实施监督的行为。

质量监督管理是对质量监督活动的计划、组织、指挥、调节和监督的总称，是全面、全过程、全员参与的质量管理。全面管理是对业主、监理单位、勘察单位、设计单位、施工单位、供货商等工程项目参与各方的全面质量管理；全过程管理是从项目产生开始，从项目策划与决策的过程开始，至工程回访维修服务过程等为止的项目全寿命周期的管理；全员参与质量管理是在组织内部每个部门每个岗位都明确相应的质量职能和质量责任，将质量总目标逐级分解，形成自下而上的质量目标保证体系。

质量监督就是对在具体工作获得的大量数据进行整理分析，形成质量监督检查结果通知书、质量监督检查报告、质量等级评定报告等材料，反馈给相关决策部门，以便对发现的质量缺陷或者质量事故进行及时处理。根据法律赋予的职责权限，对违法行为对象给予行政或经济处罚，严重者送交司法部门处理。监督是工作过程，是保证工程质量水平的有效途径，监督的直接目的是查找质量影响因素，最终目的是实现工程项目的质量目标。

二、工程质量监督管理体制构成

工程质量监督体系是指建设工程中各参加主体和管理主体对工程质量的监督控制的组织实施方式。体系可以分为三个层次，政府质量监督在这个体系的最上层，业主及代表业主进行项目管理的监理或其他项目管理咨询公司的质量管理体系属于第二层次；其他工程建设参与方包括施工、设计、材料设备供应商等自身的质量监督控制体系属于第三层次。工程质量政府监督的内容包含对其他两个层次的监督，是最重要的质量监督层次。

我国实行的是政府总体监督，社会第三方监理，企业内部自控三者结合的工程质量监督体系。工程质量监督管理体系的有效运转是工程项目质量不断提高的重要保证。

根据我国《建筑法》《建设工程质量管理条例》《水利工程质量监督管理规定》等，政府对工程质量实行强制性监督。国务院建设行政主管部门对全国的建设工程质量实施统一监督管理。国务院铁路、交通、水利等有关部门按照国务院规定的职责分工，负责对全国的有关专业工程质量的监督管理。

县级以上地方人民政府建设行政主管部门对本行政区域内的工程质量实施监督管理。县级以上地方人民政府交通、水利等有关部门在各自的职责范围内，负责对本行政区域内的专业建设工程质量的监督管理。

三、我国建设工程质量监督管理沿革

新中国成立以来，工程项目质量监管工作随着我国经济社会的改革发展，不断转变监督机构职能，调整监督内容、监督手段等，强化自身建设，完成了从无到有，从单一到多元，不断探索、逐步完善的发展历程。

（一）施工企业内部自我管理的阶段

从新中国成立，到20世纪50年代，即我国第一个五年计划时期。当时我国正处于高度的计划经济时期，实行的是单一的施工单位内部质量检查管理制度。实行的是政府指令式运行模式，政府发出建设指令并拨付资金，下属单位接受施工任务指令进行施工。预算造价制度尚未建立，工程资金建设材料都按照实际情况拨付。工程项目参建各方是行政指令的执行者，只具有执行命令的义务，当时的工程建设属于政府行政管理的模式，各部门各自为政并没有形成统一的质量标准。新中国成立初期的工程技术水平有限，专业意识不高，建设单位绝大部分是非专业部门，主要领导负责人也是非建设专业人员，工程质量取决于施工单位自身的质量控制，政府对工程项目参与各方实行单项行政管理。此时，国家虽然已经具有初步的质量意识，但统一规范的工程质量评定标准尚未形成，仍然延续着施工企业集施工与质量检查于一身的模式，进度仍然超越质量是政府与施工单位最重视的方面，使工程质量检查工作不能有效地展开。

（二）双方相互制约的阶段

我国第二个五年计划期间，随着工程项目逐渐增多，施工企业内部的管理机制不能有效约束工程质量，当工期与质量相矛盾时，多强调工期而放弃对质量的要求。20世纪60年代颁发了《建筑安装工程监督工作条例》，明确要求企业实行内部质量自检制度。同时，我国逐渐形成建设单位负责隐蔽工程等重点部位，施工企业负责一般部位质量检查的联手控制质量又相互约束的质量监督管理局面，标志着我国进入第二份建设单位质量检查验收制度，即建设单位检查验收制度的阶段。

（三）建设工程质量监督制度形成

20世纪80年代以来，我国进入改革开放的新时期，经济体制逐渐转轨，工程建设的商品属性强化了建设参与者之间的经济关系，建设领域的工程建设活动发生了一系列重大变化，投资开始有偿使用，投资主体开始出现多元化；建设项目实行招标承包制；施工单位摆脱了行政附属地位，向相对独立的商品生产者转变；工程建设者之间的经济关系得到强化，追求自身利益的矛盾日益突出。这种格局的出现，使得原有的工程建设管理体制由于各方建设主体经济利益的冲突越来越不适应发展的要求，已经无法保证基本建设新高潮的质量控制需要。工程建设单位缺乏强有力的监督机制，工程质量隐患严重，单一的施工单位内部质量检查制度与建设单位质量验收制度，无法保证基本建设新高潮的质量控制需要。

《关于试行〈建设工程质量管理条例〉的通知》和《关于改革建筑业和基本建设管理体制若干问题的暂行规定》两个文件的颁布实施，标志着我国正在为适应商品经济对建设工程质量管理的需要，改变我国工程质量监督管理体制存在的严重缺陷，决定改革工程质量监督办法，我国建设工程质量管理开始进入政府第三方监督阶段。

我国建立了政府第三方监督制度，完成了向专业技术质量监督的转变，使我国的工程项目质量监督又提升了一个新的台阶。

（四）社会监督制度加入阶段

在建设工程上，由建设单位委托具有专业技术专家的监理公司按国际合同惯例委派监理工程师，代表建方进行现场综合监督管理，对工程建设的设计与施工方的质量行为及其效果进行监控、督导和评价；并采取相应的强制管理措施，21世纪初，《建设工程质量管理条例》明确了在市场经济条件下，政府对建设工程质量监督管理的基本原则，确定了施工许可证、设计施工图审查和竣工验收备案制；中华人民共和国住房和城乡建设部、国家市场监督管理总局联合发布《建设工程监理合同示范文本（征求意见稿）》，进一步使政府监督实现了从微观监督到宏观监督、从直接监督到间接监督、从实体监督到行为监督、从质量核验制到备案制的四个转变。

第二节　水利工程项目质量监督管理

一、水利工程项目特点分析

水利工程是具有很强综合性的系统工程。水利工程，因水而生，是为开发利用水资源、消除防治水灾害而修建的工程。为达到有效控制水流，防止洪涝灾害，有效调节分配水资源，满足人民生产生活对水资源需求的目的，水利工程项目通常是由同一流域内或者同一行政区域内多个不同类型单项水利工程有机组合而形成的系统工程，单项工程同时需承担多个功能，涉及坝、堤、溢洪道、水闸、进水口等多种水工建筑物类型。例如，为缓解中国北方地区尤其是黄淮海地区水资源严重短缺，通过跨流域调度水资源的南水北调战略工程。

水利工程一般投资数额巨大，工期长，工程效益对国民经济影响深远，往往是国家政策、战略思想的体现，多由中央政府直接出资或者由中央出资，省、市、县分级配套。

工作条件复杂，自然因素影响大。水利工程的建设受气象、水文、地质等自然环境因素影响巨大，如汛期对工程进度的影响。我国北方地区通常每年8～9月为汛期，6～8月为主汛期。施工工期跨越汛期的工程，需要制定安全度汛专项方案，以便合理安排工期进度，若遇到丰水年，汛期提前到来，为完成汛前工程节点，需抢工确保工程进度。

按照功能和作用的不同，水利工程建设项目可划分为公益性、准公益性和经营性三类。本文主要研究的是具有防洪、排涝、抗旱、水土保持和水资源管理等功能的公益性水利工程。

水利工程实行分级管理。水利部：部署重点工程的组织协调建设，指导参与省属重点大中型工程、中央参与投资的地方大中型工程建设的项目管理；流域管理机构：负责组织建设和管理以水利部投资为主的水利工程建设项目，除少数由水利部直接管理外的特别重大项目其余项目；省（直辖市、自治区）水行政主管部门：负责本地区以地方投资为主的大中型水利工程建设项目的组织建设和管理。

二、水利工程质量监督管理现状

（一）水利工程质量监督管理机构设置

原水利电力部成立了水利电力工程质量监督总站，标志着水利工程质量监督机构的成立。之后，水利部进一步明确了水利工程质量监督机构的性质和任务，将水利工程质量监督工作扩大到各类水利工程项目。根据水利部《水利工程质量监督管理规定》《水利工程质量管理规定》，水利工程质量监督机构按总站、中心站、站三级设置。

水利水电规划设计管理局设置水利工程设计质量监督分站，各流域机构设置流域水利工程质量监督分站作为总站的派出机构。

水利部负责全国水利工程质量管理工作。各流域机构受水利部的委托负责本流域由流域机构管辖的水利工程的质量管理工作，指导地方水行政主管部门的质量管理工作。各省（自治区、直辖市）水行政主管部门负责本行政区域内水利工程质量管理工作。水利工程按照分级管理的原则由相应水行政主管部门授权的质量监督机构实施质量监督。

专业站的设置。专业站成立的初期，是为满足实际工作需要，由水利工程质量监督中心站以下设立专业站，以便对在一定时期内本行政区域内集中开展的特定水利工程项目进行统一集中质量监督管理。工程建设结束后，专业站即撤销。专业站可由水利工程质量监督中心站设置，也可由中心站与监督站联合设置。

国家倡导成立项目站，除国家规定必须设立质量监督项目站的大型水利工程外，其他水利工程项目也应成立水利工程建设质量与安全项目站。近几年，水利工程建设项目数量繁多，建设任务繁重，现有的质量监督机构已经无法应对质量监督管理工作，国家开始倡导在有需要的县（市、区）建立质量监督管理机构。为贯彻落实国务院《关于加快水利改革发展的决定》文件精神，水利部制定了《关于贯彻落实中央水利工作会议精神进一步加强水利建设与管理工作的指导意见》，提出县级水行政主管部门可设立水利工程质量监督机构。水利工程质量监督四级框架初步形成。

（二）水利工程质量监督管理体系

目前，我国实行的是项目法人负责、监理单位控制、勘察设计和施工单位保证、政府部门监督相结合的质量管理体系。

各级水利工程质量监督机构作为水利行政主管部门的委托单位，是对水利工程质量监督管理的专职单位，对水利工程项目实行强制性监督管理，对项目法人、监理、施工、设计等责任主体的质量行为开展质量监督管理工作，对工程实体质量的监督则通过第三方检测数据作为依据。

项目法人（或建设方）和代表其进行现场项目管理的监理单位是对工程项目建设全过程进行质量监督管理。项目法人对项目的质量负总责，监理单位代表项目法人依据委托合同在工程项目建设现场对工程质量等进行全过程控制。项目法人对监理、设计、施工、检测等单位的质量管理体系建立运行情况进行监督检查。施工、设计、材料和设备供应商按照"谁设计谁负责；谁施工谁负责"的质量责任原则建立内部质量控制管理体系，保证工程质量。检测单位按照委托合同对工程实体、材料、设备等进行检测，形成检测结论报告，作为工程项目质量监督管理的依据。检测单位对检测报告的质量负责。

（三）水利工程质量监督管理相关制度

改革开放以来，经过多年的补充完善，我国在水利工程项目建设中实行项目法人责任制、招标投标制度、建设监理制度、市场准入制度、企业经营资质管理制度、执业资格注册制度持证上岗制度，推进信用体系建设，用完善有效的制度体系，增强监督管理能力，规范质量行为，提高质量监督管理工作的效能，保证监督工作顺利进行。

（四）水利工程质量监督管理依据

经过不断的修改完善，目前水利工程质量监督管理的法律法规体系正在不断完善。大体可分为三个层次：

1.法律法规及部门规章

《建筑法》《水法》《水土保持法》《招标投标法》《防洪法》《建设工程质量管理办法》《建筑工程质量管理条例》《建筑工程质量监督条例》《实施工程建设强制性标准监督规定》《建设工程质量保修条例》《施工企业质量管理规范》《施工现场工程质量管理制度》《水利工程质量管理规定》《水利工程质量监督管理规定》《水利工程质量检测管理规定》等。

2.水利行业规范、质量标准

《水利水电工程施工质量检验与评定规程》《水利水电建设工程验收规程》《工程建设标准强制性条文》（水利工程部分）、《水工混凝土施工规范》《水闸施工规范》《水工混凝土外加剂技术规程》等。

此外，经过水行政主管部门批准的可行性研究报告、初步设计方案、地质勘察报告、施工图设计等；项目法人与监理、设计、施工、材料和设备供应商、检测单位签订的合同（或协议）文件等也是进行水利工程项目质量监督管理的依据。

三、水利工程项目不同阶段质量监督管理

国务院印发《关于取消和下放一批行政审批项目等事项的决定》取消了水利工程开工的行政许可审批。为保障水利工程建设质量，水利部印发《关于水利工程开工审批取消后加强后续监管工作的通知》，将原有的水利工程开工审批，改为开工备案制度，规定水利工程项目具备开工条件后，项目法人即可决定工程开工时间，但需在开工之日起15个工作日内，以书面形式将开工情况向项目主管单位及上级主管单位进行备案。办理质量监督手续，签订《水利工程质量监督书》是水利工程项目开工必须具备的条件。

（一）施工前的质量监督管理

办理工程项目有关质量监督手续时，项目法人应提交详细完备的有关材料，经过质检人员的审查核准后，方可办理。包括：①工程项目建设审批文件；②项目法人与

监理、设计、施工等单位签订的合同（或协议）副本；③建设、监理、设计、施工等单位的概况和各单位工程质量管理组织情况等材料。质监人员对相关材料进行审核，准确无误后，方可办理质量监督手续，签订《水利工程质量监督书》。工程项目质量监督手续办理及质量监督书的签订代表着水利工程项目质量监督期的开始。质量监督机构根据工程规模可设立质量监督项目站，常驻建设现场，代表水利工程质量监督机构对工程项目质量进行监督管理，开展相关工作。项目站人员的数量和专业构成，由受监项目的工作量和专业需要进行配备。一般不少于3人。项目站站长对项目站的工作全面负责，监督员对站长负责。项目站组成人员应持有"水利工程质量监督员证"，并符合岗位对职称、工作经历等方面的要求。对不设项目站的工程项目，指定专职质监员，负责该工程项目的质量监督管理工作。项目站与项目法人签订《水利工程质量监督书》以后，即进驻施工现场开展工作。对一般性工作以抽查、巡查为主要工作方式，对重要隐蔽工程、工程的关键部位等进行重点监督；对发现的质量缺陷、质量问题等，及时通知项目法人、监理单位，限期进行整改，并要求反馈整改情况；对发现的违反技术规范和标准的不当行为，应及时通知项目法人和监理单位，限期纠正，并反馈纠正落实情况；对发现的重大质量问题，除通知项目法人和监理单位外，还应根据质量事故的严重级别，及时上报。项目站以监督检查结果通知书、质量监督报告、质量监督简报的形式，将工作成果向有关单位通报上报。

项目站成立后，按照上级监督站（中心站）的有关要求，制定本站的有关规章制度，形成书面文件报请上级主管单位审核备案。主要包括：质量监督管理制度、质检人员岗位责任制度、质量监督检查工作制度、会议制度、办公规章制度、档案管理制度等。

为规范质监行为，有针对性地开展工作，项目站根据已签订的质量监督书，制定质量监督实施细则，广泛征求各参建单位意见后报送上级监督站审核。获得批准后，向各参建单位印发，方便监督工作开展。

《质量监督计划》和《质量监督实施细则》是质量监督项目站在建站初期编制的两个重要文件。《质量监督计划》是对整个监督期的工作进行科学安排，明确了时间节点，增强了工作的针对性和主动性，避免监督工作的盲目性和随意性，强调了工作目标，大大提高了工作效率。《质量监督实施细则》是《质量监督计划》在具体实施工程中的行为准则，也是项目站开展工作的纲领性文件，对质量监督检查的任务、程序、责任，对工程项目的质量评定与组织管理、验收与质量奖惩等作出明确规定。《质量监督计划》和《质量监督实施细则》在以文件形式印发各参建方以前，需要向各单位广泛征求意见，修改完善后报上级监督站审核批准。《质量监督计划》在实施过程中，根据工程进展和影响因素及时调整，并通报各有关单位。

除制定质监工作的规章制度和两个重要文件以外，项目站的另一项重要工作就是对施工、监理、设计、检测等企业的资质文件进行复核，检查是否与项目法人在鉴定监督书时提供的文件一致，是否符合国家规定；检查各质量责任主体的质量管理体系是否已经建立，制度机构是否健全；还需检查项目法人是否已经认真开展质量监督工作。

在取消开工审批，实行开工备案制度后，监督项目法人按规定进行开工备案，也是项目站的一项重要工作。项目施工前，项目站的主要工作内容包括对各参建企业资质的复核，对包括项目法人在内的各单位的质量管理组织、体系的检查，对项目法人质量责任履行情况的监督检查等。

（二）施工阶段的质量监督管理

工程开工后到主体工程施工前，质量监督管理的主要工作内容是对项目法人申报的工程项目划分进行审核确认。工程项目划分又称质量评定项目划分，是由项目法人组织设计、施工单位共同研究制定的项目划分方案，将工程项目划分单位工程、分部工程，并确定单元工程的划分原则。项目站依据《水利水电工程施工质量检验与评定规程》中的有关规定进行审核确认，报送上级监督站批复，方案审核通过后，项目法人以正式文件将划分方案通报各参建单位。项目划分在项目质量监督管理中占有重要地位，其结果不仅是组织进行法人验收和政府验收的依据，也是对工程项目质量进行评定的基本依据。

主体工程施工初期，质量监督管理的工作重点对项目法人申报的建筑物外观质量评定标准进行审核确认。项目站审核的依据包括《水利水电工程施工质量评定表》中"单位工程外观质量评定表"、设计文件、技术规范标准及其他文件要求，结合本项目特点和使用要求，并参考其他已验收类似项目的评定做法。建筑物外观质量评定标准是验收阶段进行工程施工质量等级评定的依据。

在主体工程施工过程中，主要监督项目法人质量管理体系、监理单位质量控制体系、施工单位质量保证体系、设计单位现场服务体系及其他责任主体的质量管控体系的运行落实情况。着重监督检查项目法人对监理、施工、设计等单位质量行为的监督检查情况，同时，对工程实物质量和质量评定工作不定期进行抽查，详细对监督检查的结果进行记录登记，形成监督检查结果通知书，以书面形式通知各单位；项目站还要定期汇总监督检查结果并向派出机构汇报；对发现的质量问题，除以书面形式通知有关单位以外，还应向工程建设管理部门通报，督促问题解决。

工程实体质量的监督抽查，尤其是隐蔽工程、工程关键部位、原材料、中间产品质量检测情况的监督抽查，作为项目质量监督管理的重中之重，贯穿整个施工阶段。对已完工程施工质量的等级评定既是对已完工程实体质量的评定，也是对参建各方已完成工作水平的评定。工程质量评定的监督工作是阶段性的总结，能够及时发现施工过程中的各种不利影响因素，便于及时采取措施，对质量缺陷和违规行为进行纠正整改，能够使工程质量长期保持平稳。

（三）验收阶段的质量监督管理

验收是对工程质量是否符合技术标准达到设计文件要求的最终确认，是工程产品能否交付使用的重要程序。依据《水利工程建设项目验收管理规定》，水利工程建设项目验收按验收主持单位性质不同分为法人验收和政府验收。在项目建设过程中，由项目法人组织进行的验收称为法人验收，法人验收是政府验收的基础。法人验收包括分部工程验收、单位工程验收。政府验收是由人民政府、水行政主管部门或其他有关部门组织进行的验收，包括专项验收、阶段验收和竣工验收。根据水利工程分级管理原则，各级水行政主管部门负责职责范围内的水利工程建设项目验收的监督管理工作。法人验收监督管理机关对项目的法人验收工作实施监督管理。监督管理机关根据项目法人的组建单位确定。

在工程项目验收时，工程质量按照施工单位自评、监理单位复核、监督单位核定的程序进行最终评定。按照工程项目的划分，单元工程、分部工程、单位工程、阶段工程验收，每一环节都是下一步骤的充要条件，至少经过三次检查才能核定质量评定结果，层层检查，层层监督，检测单位作为独立机构提供检测报告作为最后质量评定结果的有力佐证。施工、监理、工程项目监督站，分别代表不同利益群体的质量评定程序，是对工程质量最公平有效的保障。

在工程验收工作中，通过对工程项目质量等级（分部工程验收、单位工程验收）、工程外观质量评定结论（单位工程验收）、验收质量结论（分部工程验收、单位工程验收）的核备，向验收工作委员提交工程质量评价意见（阶段验收），工程质量监督报告（竣工验收）的形式，对工程质量各责任主体的质量行为进行监督管理，掌握工程实体质量情况，确保工程项目满足设计文件要求达到规定水平。

四、水利工程项目质量监管影响因素

（一）人的因素

1.领导人员的因素

领导者是具有决策权力的人，其整体素质是提高工作质量和工程质量的关键。地方政府领导人对当地政府发展重点的倾斜，会造成当地政策的倾斜，干预当地财政、编制等部门对设立质量监督机构、落实质量监督费的决定方向，直接影响质量监督管理工作的有效开展。水行政主管部门领导人的因素。水行政主管部门是水利工程项目的建设管理部门，也是水利工程项目法人的组建单位。水行政主管部门领导人对工程项目管理起决定性作用。决定工程项目的法人组成，干预甚至控制项目法人决策，影响项目法人管理制度、质量管理体系的正常运行，以及对监理、施工、设计、检测等单位的管理活动的正常开展。

2.项目法人组成人员的因素

水利工程项目按照分级管理原则，由相应级别的地方政府或者水行政主管部门负责组建项目法人。在项目法人组建过程中，项目主管部门为了凸显对项目的重视程度，往往任命一些部门负责人担任项目法人组成人员，虽然在级别重视上很充分，但在项目法人组织的运行过程中，部门领导身兼多职，或者同时负责多个项目，无法做到专职负责。另外，项目法人组成人员在政府机关任职，不可避免会受到其上级领导的行政干预，使得项目法人的决策受到项目建设管理部门或者地方政府的干扰，无法正确行使项目法人职权，甚至被上级部门所"俘获"，完全听命于部门指令，违背了组建项目法人的初衷。

3.作业人员的因素

质监人员的因素。没有独立的质量监督机构，没有固定充足的质量监督经费，就不能建立起一支高素质的质监队伍。质监人员的专业素质、职业素质得不到保证，在职继续教育培训缺少组织单位，教育培训制度得不到贯彻落实，质监活动的开展得不到有效约束。再完善的质量监督管理体系，缺失有力的执行者，也只能是纸上谈兵。由于政府、水行政主管部门、质量监督机构负责人、项目法人等领导人的质量管理意识的缺乏，质量责任得不到落实，质量责任体系不能正常运行，质量监督管理工作无法有效开展。另外，监理人员、施工人员、设计人员、检测人员的因素也不可忽视。

（二）技术因素

1.设计文件水平

项目决策和设计阶段缺乏有效的质量监控措施，项目水平、设计水平得不到保证。施工技术水平与建筑工程相比还存在一定差距。由于中小型水利工程施工难度不大，水工建筑物结构比较简单，大多数中小型水利工程对施工技术水平的要求并不高。水利工程施工队伍的技术水平参差不齐，特级、一级施工企业的施工质量基本能够得到保证，其他企业的施工质量还有待提高。

2.质量监督机构的技术力量

质量监督费的落实问题，限制了质量监督机构的硬件建设，日常办公设备，进行现场检查的交通工具、收集整理信息资料的技术措施要求无法满足。

3.检测单位的技术力量

水利工程检测行业还在逐步发展中，落后于建筑检测水平。我国水利行业隶属农业体系，属于弱势部门，虽然近几年国家在政策上较为重视，但在各省、市的财政支持力度并没有较大改善，水利行业整体发育不良，管理水平、技术水平与我国的经济能力水平存在较大差距。

（三）管理因素

国家法律规定水利工程实行分级管理制度，但在具体实施过程中，除已有规定外，投资规模也成为划分水利工程项目管理归属的一项重要指标。造成工程项目管理混乱，属地管理与流域管理互相矛盾，争夺权利，推诿责任，不利于水利工程项目的管理实施。

项目法人责任制落实不到位。根据水利工程类别，项目法人由相应地方人民政府或其委托的水行政主管部门负责组建，任命法定代表人。项目法人是项目建设的责任主体，对项目建设的工程质量负总责，并对项目主管部门负责。项目法人组建不规范，人员结构不合理，组织不健全，制度不完善等问题，不仅影响自身质量行为的水平，以及与监理单位的合同履行情况，对其他责任主体履行质量责任也会产生不良影响。

（四）社会因素

我国现行的《水利工程质量监督管理规定》《水利工程质量管理规定》等有关法律法规仍是20世纪90年代起开始实行的，与今天的市场秩序、技术水平、工程项目管理体制、工程规模等方面已经不相匹配。

法律体系较为混乱。近几年新颁布的一些部门规章，如《关于加强水利工程质量监督和验收管理工作的通知》《关于水利工程开工审批取消后加强后续监管工作的通知》等对原有法律法规中的一些条文进行修订或废纸，但并没有对法律法规进行一次全面完善的修订。

五、国际工程质量监督管理模式及启示

（一）国际工程质量监督管理模式

由于建设工程质量的重要性，无论是在发达国家还是在发展中国家，均强调政府、社会、业主及相关的企业、事业单位对建设工程质量的监督和管理。有些国家市场经济发展起步较早，在积累了大量经验的同时，形成了与之有关的法律、法规、监督管理体系，即"三大体系"。"三大体系"与现行的市场经济比较适应，结合本国国情实际加之有效的管理机制，有效地维护了国家利益。住宅、城市、交通、环境建设和建筑等行业的质量管理法规的制定和执行监督被大多数政府的建设主管部门确定为主要任务，国家和省市投资的项目和大型的建设项目被作为重点监督的对象。

1.政府不直接参与工程项目质量监管——以法国为代表

法国政府主要运用法律和经济手段，而不是通过直接检查来促使建筑企业提高产品的质量。通过实行强制性工程保险制度以保证工程项目质量水平。为此，法国建立了全面完整的建筑工程质量技术标准法规为开展质量监督检查提供有力依据。建筑法规《建筑职责与保险》规定：工程建设项目各参与方，包括业主、材料设备供应商、设计、施工、质检等单位，都必须向保险公司投保。为保证实施过程中的工程质量，保险公司要求每个建设工程项目都必须委托一个质量检查公司进行质量检查，同时承诺给予投保单位一定的经济优惠（一般收取工程总造价的1%～1.5%），因此，法国式的质量检查又包含一定的鼓励性。

在法国，对政府出资建设的公共工程而言，"NF"（法国标准）和"DTU"（法国规范）都是强制性技术标准；对非政府出资的不涉及公共安全的工程，政府并未作出

要求，反而强制性标准的要求是由保险公司提出的。保险公司要求，参与建设活动的所有单位对其投保工程必须遵守"NF"和"DTU"的规定，所以无论投资方是何种性质，"NF"（法国标准）和"DTU"（法国规范）都是强制性标准。根据技术手段、结构形式、材料类型的更新情况"NF"和"DTU"以每2到3年一次的频率进行修订。

法国为了其建筑工程产品质量得到保障，各建筑施工企业都建立健全了自己的质量自检体系，许多质量检测机构不但检查产品直接质量，而且企业的质量保证体系也是重点检查的项目之一。大公司均内设质检部门，配备检验设备，质量检查记录也细致到每道工序、每个工艺。

法国的工程质量监督机构以独立的非政府组织——质量检查公司的形式存在，具体执行工程质量检查活动。在从事质量检查活动前，政府有关部门组成的专门委员会将对公司的营业申请进行审批，公司必须在获得专门委员会颁布的认可证书后方可开展质量检查活动。许可证书每2到3年进行复审。

法律规定质量检查公司在国内不得参与除质检活动以外的其他任何商业行为，以确保其可以客观公正地位对工程质量进行微观监督，独立于政府外的第三方身份，保证了其质量检查结论能够客观公正。

在工程的招标投标阶段，公司在工程的各阶段对影响工程质量的因素进行检查，一是在设计前期充分掌握工程建设目标和标准，并将应当注意事项适时地给予业主提示；二是在设计阶段，公司在全面检查设计资料后，将检查出的问题报业主，业主再会同设计单位研究解决；三是施工阶段，质量检查公司的监督任务是：一方面根据业主和设计单位对工程的要求及工程的特点，制订工程质量检查计划，并送交给业主和承包商，指出检查重点部位和重点工序，明确质量责任；另一方面到施工现场对建筑材料、构配件的质量进行检查检测。正是因为采用了拉网式排查及重点部位、关键部位及时预检的措施，才将采用事后检查造成的不必要损失降到最低。法国的质量检查公司为了保障质量检查数据的精确度，配备了齐全的仪器设备。工程竣工后，检测人员出具工程质量评价意见并形成报告送参建各方。

2.政府直接参与工程项目质量监督——以美国为代表

美国政府建设主管部门直接参与微观层次工程建设项目质量监督和检查。在政府部门中设置建设工程质量监督部，负责审查工程的规划设计；审批业主递交的建造申请并征求相关部门意见，同时对项目建设提出改进建议；对工程质量形成的全过程进行监督，此外，该部门还负责对使用中的建筑进行常规性的巡回质量检查。从事工程项目质量监督检查的人员一部分是政府相关部门的工作人员；另一部分则是根据质量监督检查的需要，由政府临时聘请或者要求业主聘请的，具有政府认可从业资质的专业人员。每道重要工序和每个分部分项工程的检查验收只有经这部分专业人员具体参与并认定合格后，方可进行下一道工序。对工程材料、制品质量的检验都由相对独立的法定检测机构检测。

质量监督检查一般分为随时随地和分阶段监督检查方法。在建筑工程取得准许建造证后，现场监督员即开始到施工现场查看现场状况和施工准备情况；施工过程中，现场监督员则经常到现场监督检查。当一个部位工程（相当于我国的某些分项工程或一个分部工程）完成后，通知质量监督检查部门，请他们到现场对该部位工程质量进行监督检查。如该部位工程质量符合统一标准规定的，即予以确认并准许其进行下一工序的施工。

根据工程的性质和重要程度，分别采取不同的监督方式。对一般性工程，现场监督员是以巡回监督的方式检查；如是重要或复杂的工程，派驻专职现场监督员，全天进行监督检查。对一些特殊的工程项目，需请专家进行监督检查，并在专家检查后签名以表示负责。在监督检查的深度上，也因工程性质及重要的程度而有所不同。如涉及钢结构焊接、高强螺栓的连接，防火涂层和防水涂膜的厚度等安全部位时，即要增大监督检查的深度。通过严格的检查和层层严格的把关，从而保证建设工程的质量安全。

美国的工程保险和担保制度规定，未购买保险或者获得保证担保的工程项目参与方是不具备投标资格，没有可能取得工程合同。在工程保险业务中，保险公司通过对建设工程情况、投保人信用和业绩情况等因素进行综合分析以确定保费的费率。承保后，保险公司（或委托咨询公司等其他代理人）参与工程项目风险的管理与控制，帮助投保人指出潜在的风险及改进措施，把工程风险降到最低。

3.委托专业第三方开展工程项目质量监督管理——以德国为代表

德国政府对建筑产品的监督管理，是以间接管理为主，直接管理为辅。间接管理方面：通过完善建筑立法，制定行业技术标准等宏观调控手段来规范建筑产品的施工标准和施工过程，引导建筑业健康发展；通过州政府建设主管部门授权委托质量监督审查公司的手段，由国家认可的质监工程师组建的质量审查监督公司（质监公司）对所有新建和改建的工程项目的设计、结构施工中涉及公众人身安全、防火、环保等内容实施强制性监督审查。

直接管理方面：对建筑产品的施工许可证和使用许可证进行行政审批。《建筑产品法》是对建筑产品的施工标准和施工过程的有关规定的法律，它是检测机构、监督机构、发证机构进行监督管理的依据；规定了检测机构、监督机构、发证机构的组成、职能及操作程序。

德国的质量监督审查公司是由国家认可的质监工程师组成，属于民营企业，代表政府而不是业主，对工程建设全过程的质量进行监督检查，保证了监督工作的权威性、公正性。质监公司在施工前要对设计图进行审查，并报政府建设主管部门备案，还要对施工过程进行监督抽查，主要针对结构部位，隐蔽工程，并出具检验报告，最后对工程进行竣工验收，并对整个检查结果负责。除此之外，质监人员还要到混凝土制品厂、构件厂等单位对建筑材料和构配件的质量进行抽查。

德国的质监公司是对微观层次的工程质量进行监督，其职能相当于我国的监理和质监机构的组合体，政府只对质监工程师的资质和行为进行监督管理，不对具体工程项目进行监督检查，有利于加强政府对工作质量的宏观控制。质监人员若在监督工作过程中徇私舞弊、收受贿赂或失职将会终生吊销执业执照。

自然人、法人、机构、专业团体或者是政府部门经过政府的同意，并取得相应的资质资格证书后，可以开展质量监督活动，称为"监督机构"。主要的监督活动是对施工单位生产控制的首次检查以及监督、评判和评估，并承担对施工单位的建筑产品质量控制系统进行初检，或对整个生产控制体系进行全过程的监督与评价。

（二）国际工程质量监督管理模式特点

1.质量监督管理认识方面

强调政府对工程质量的监督管理，把大型公共项目和投资项目作为监督管理的重点，以许可制度和准入制度为主要手段，在项目策划阶段就对建设项目进行筛选，去劣存优，保障了建设者（投资方）的经济效益，也保证了使用者的合法权益。

重视质量观念的建立，强调质量责任思想，突出建设工程项目质量管理的全过程全面控制管理的思想，建立健全工程质量管理的三大体系。

发达国家健全完善的法律法规体系，行之有效的市场机制，有效地规范了工程项目参建各方的质量行为，使参建各方自觉主动地进行质量管理；通过加大对可研立项阶段和设计阶段的质量控制和质量规划监督管理的力度，尽可能从根本上杜绝质量事故的发生，从而引导和规范各建设主体的质量行为和工程活动，提高各方主体的质量意识。

2.质量监督管理体制方面

把健全完善的重点放在建设工程领域的法律法规和保证运行体系建设，规范统一、公开透明的市场秩序建设，市场准入标准和技术规范标准建设上，达到促进工程项目建设活动安全健康发展，规范市场行为，推进行业全面发展，实现政府对建设市场的宏观调控。突出对工程项目建设单位的专业资质、从业人员职业资格和注册、工程项目管理的许可制度建设，实现政府对建筑行业服务质量的控制和管理。

政府建设主管部门的管理方式，以依法管理为主，以政策引导、市场调节、行业自律及专业组织管理为辅，以经济手段和法律手段为首选方式。依法对建筑市场各主体从事的建筑产品的生产、经营和管理活动进行监督管理。充分发挥各类专家组织和行业协会的积极性和能动性，依靠专业人士具有的工程建设所需要的技术、经济、管理方面的专业知识、技能和经验，实现对建筑产品生产过程的直接管理。以专业人士为核心的工程咨询业对建筑市场机制的有效运行以政府充分及项目建设的成败起着非常重要的作用。为政府工程质量的控制、监督和管理提供保障。

3.质量监督管理对象方面

重点是对业主质量行为的监督管理，因为业主是项目的发起人、组织者、决策者、使用者和受益者，在工程项目建设质量管理过程中起主导作用，对建设项目全过程负有较大的责任。监督管理的对象还包括工程咨询方、承包商和供应商等所有参与工程项目建设有关的其他市场主体，以及质量保证体系和质量行为。政府的干预较少，只限于维护社会生活秩序和保障人民公共利益。

重视工程项目可行性研究和工程项目的设计，把投资前期与设计阶段作为质量控制的重点。可行性研究阶段主要是控制建设规模、规划布局监管和投资效益评审。西方国家分析认为，由于设计失误而造成的工程项目质量事故占有很大比例。一个项目可行性研究工作一般要用1~2年完成，花费总投资额的3%~5%，排除了盲目性，减少了风险，保护了资金，争取了时间，达到少失而多得的目的。在设计开始前制定设计纲要，业主代表在设计全过程中进行检查。对设计进行评议，包括管理评议及项目队伍外部评议，全面发挥设计公司强有力的整体作用。

加大实行施工过程中（包含企业自检、质量保证和业主与政府的质量监督检查三个方面）的监督、检查力度。建材和设备全部要与FIDIC条款中相应品质等级及咨询工程师的要求相吻合。对质量符合技术标准的产品，由第三方认证机构颁发证书，保证材料质量。工程建设用材料、设备的质量好，给建筑工程质量奠定了基础。

（三）先进工程质量监督管理经验与启示

在政府是否直接参与微观层次工程质量监督上，根据各国政体和国情的不同，发达国家采取的工程质量监督管理模式不尽相同，但是在质量监管的法律法规体系建设，对工程项目的全过程监督，质量保证体系建设方面均存在着为我国可借鉴之处。

1.法律法规体系

建立健全工程质量管理法规体系是政府实施工程质量监督管理的主要工作和主要依据，是建筑市场机制有序运行的基本保证。大部分建设工程质量水平较好的国家一直重视建设行业的法制规范建设，对政府建设主管部门的行政行为、各主体的建设行为和对建筑产品生产的组织、管理、技术、经济、质量和安全都作出了详细、全面且具有可操作性的规定，从建设项目工程质量形成的全过程出发，探求质量监督管理的规律，基本上都已经形成了成熟完善的质量监管和保障执行的法律法规体系，为高效的质量监管提供了有力依据。

发达国家的建设法律法规体系大体上分为法律、条例和实施细则、技术规范和标准三个层次。法律在法律法规体系中位于最顶层，主要是对政府、建设方、质监公司等行为主体的职能划分、责任明确和权利义务的框架规定，以及对建设工程实施过程中的程序和管理行为的规定，是宏观上的规定。其次是条例和实施细则，是对法律规定的明确和细化，是对具体行为的详细要求。最后是各种技术规范和标准，是对工程技术、管理行为的程序和行为成果的详细要求。一般分为强制性、非强制性和可选择采用三类。既有宏观规定，又有具体行为指导，既有对实体质量的标准要求，也有对质量行为和程序的条例规范，还有执行监督管理行为实施的法律保障，构成了全面完整的法律法规体系，将工程建设各个环节、项目建设参与各方的建设行为都纳入管理规定的范围。

发达国家的建设法律法规体系呈现国际化趋势，在法律法规的制定过程中积极同国际接轨，或者遵循国际惯例，促进国内企业的发展，同时也为国内企业参与国际竞争提供服务。

2.普遍实行的工程担保或保险制度

完备的工程担保和保险制度是保障建设工程质量的经济手段。工程建设项目建设期一般以年为单位，时间跨度大，投资数额高，影响因素多，从项目策划到保修期结束存在各种不确定因素和风险。对建设工程项目的投资方而言，有可能会遭遇设计失误，施工工期拖延，质量不合格，咨询（监理）监督不到位等风险；对承包商（施工方）来说，有可能面临投标报价失误、工程管理不到位、分包履约问题及自身员工行为不当等风险。勘察设计、咨询（监理）方则承担的是职业责任风险。这些都是影响工程质量的风险因素。工程保险和担保制度对于分散或减小工程风险和保证工程质量起到了非常大的作用。

各参建单位必须进行投保，而且带有强制性。从立项到质保期结束，按照合同约定由责任负责方承担担保与保险责任，为工程寿命期提供经济保证。

由于担保与保险费率是保证、保险公司根据承包商的以往建设工程完成情况、业绩、信用情况，以及此次工程建设项目的风险程度等综合考虑确定的，所以浮动担保与保险费率有利于提高质量意识，改善质量管理。一旦失信，保证金及反担保费将被用于赔偿，信用记录也会出现污点，造成再次投保或者担保的费率提高，没有保险担保公司承保，相当于被建设工程市场驱逐。守信受益，失信受制，通过利益驱动，在信用体系上建立社会保证、利益制约、相互规范的监督制衡机制，强化了自我约束与自我监督的力度，有效地保证参与工程各方的正当权益，同时对于规范从业者的商业行为，健全和完善一个开放的、具有竞争力的工程市场，使招标投标体系得以健康、平衡运行，可以起到积极的促进作用。

3.严格建设工程市场准入制度

在市场经济模式下，国际上建设管理比较成功的国家都是按照市场运作规律进行调整，在工程建设市场投入大量的精力，制定严格的专业人员注册许可制度和企业资质等级管理制度，在有效约束从业组织和从业个人正当从事专业活动方面发挥着极其重要的作用。

注册许可制度对专业人员的教育经历、参加相关专业活动的从业经历等条件具有严格的要求。只有符合条件要求，通过考试评审，同时具有良好的职业道德操守的人员，才能够获得职业资格，获得注册许可后，专业人员仍需严格遵守职业行为规范等规定，定期完成对职业资格的复审。一旦出现失职或违法等行为将被记录在案，甚至被取消资格。严格的准入制度保证了专业人员的专业水准和职业活动的行为质量实现政府对行业服务质量的管理。

4.工程质量监督模式变化

国际上建设水平较发达的国家普遍采用委托第三方——"审查工程师""质量检查公司"或者质量检查部门对工程实体进行质量监督控制，监督费用由政府承担，避免了第三方同被检查对象因存在经济关系而发生利益关系的可能，使得检查结果更加客观公正，有利于工程质量水平的提高。

例如，德国的审查工程师就代表政府实施工程质量监督检查，但是审查工程师需通过国家的认证与考核，而众多的审查工程师为了获得更多的业务，必然会在工程质量监督检查过程中客观公正地执法，全面提高自身的监督管理水平，否则会因此通不过认证或者考核；还有法国的质量检查公司也是独立于其他参建主体之外的第三方检查公司，一般均受工程保险公司的委托进行质量检查，也完全脱离了政府的授权或委托关系，当然，质量检查公司的资质认证和考核肯定要受政府的制约和控制。在这样的质量管理机制下，对促进施工企业的管理水平，对保障工程质量水平取得了实效，值得我们学习借鉴。

5.规范工程专业化服务和行业协会的作用

建设工程质量监督管理体系较完善的国家，一般都有相当发达的专业人士组织和行业协会，通过对专业人员和专业组织实行严格的资格认证和资质管理，为工程项目的质量管理提供有效的服务。

政府以对专业人员资格认可和专业组织资质的审核许可为管理手段，以法律法规为专业人员和专业组织的行为规范，保证了专业组织的能力水平和从业行为质量。专业组织作为获政府委托授权的第三方机构，对建设工程项目的质量进行直接监督管理，充分发挥专业水平，成为政府对工程质量监督管理的有力助手。职业资格和资质的等级设置，激励了专业人员、专业组织不断提升自身专业水平、服务水平，主动规范行业行为，以获取更高级别的资格和资质，在带动行业整体水平发展的同时，有效高质的咨询服务也推动了建设工程项目质量水平的不断进步，为工程项目质量监督管理水平的提升起到了重要作用。

在行业积极向上发展的良好趋势下，要求其自身不断加强行业自律，主动约束行业从业人员的素质、专业水平、从业行为。以专业人士为核心的工程咨询方对市场机制的有效运行及项目建设的成败起着非常重要的作用。有利于提高行业从业人员的素质和从业组织市场竞争能力，对于提高工程质量起到了积极作用。

第三节　水利工程项目质量监督管理政策与建议

一、水利工程质量监督管理的发展方向

（一）健全水利工程质量监管法规体系

我国对水利工程质量实行强制性监督，建立健全的法律体系是开展质量监督管理活动的有力武器，是建筑市场机制有序运行的基本保证。

完善质量管理法律体系，制定配套实施条例。统一工程质量管理依据，改变建设、水利、交通等多头管理，各自为政，将水利工程明确纳入建设工程范畴。制定出台建设工程质量管理法律，将质量管理上升到法律层面。修订完善《水利工程质量管理条例》中陈旧条款，加入适应新形势下质量管理要求的新条款，作为建设工程质量法的实施细则，具体指导质量管理。增加中小型水利工程适用的质量监督管理法规标准，规范对其的质量监督管理工作，保证工程项目质量。

尽快更新现行法律法规体系。随着政府职能调整，行政审批许可的规范，原有法律法规体系对质量监督费征收、开工许可审批、初步设计审批权限等行政审批事项已被废止，虽然水利部及时发文对相关事项进行补充说明，但并未对相关法规进行修订，造成法规体系的混乱，干扰了市场的正常秩序。我国现行水利质量监督管理的相关规定已实行了几十年，相比较法国每2～3年修订一次的频率，我国的法律法规体系的更新速度明显落后于欧美发达国家。

加大对保障法律执行的有关制度建设，细化罚则要求。为促使各责任主体积极主动地执行质量管理规定，应制定相应的奖惩机制，制定保障执法行为的有关制度。在法治社会，失去强有力的质量法律法规体系的支撑，质量监督管理就会显得有气无力，对违法违规行为不能作出有力的处罚，不能有效地震慑违法行为主体。执行保障法律体系一旦缺失，质量监督管理就会沦为纸上谈兵。制定度量明确的处罚准则，树立质量法律威信，才能真正做到有法可依，有法必依，执法必严。对信用体系建设中出现的失信行为，也应从法律角度加大处罚力度，强化对有关法律法规的自觉遵守意识。

注重国际接轨。我国在制定本国质量监督管理有关法律规定时，应充分考虑国际通用法规条例，国际体系认证的标准规则，提升与国际接轨程度，有利于提高我国建设工程质量水平，也为增强我国建设市场企业的国际竞争力提供有利条件。

（二）完善水利工程质量监督机构

转变政府职能，将政府从繁重的工程实体质量监督任务中解脱出来。政府负责制定工程质量监督管理的法律依据，建立质量监督管理体系，确定工程建设市场发展方向，在宏观上对水利工程质量进行监督。工程质量监督机构是受政府委托从事质量监

督管理工作，属于政府的延伸职能，属于行政执法，这就决定了工程质量监督机构的性质只能是行政机关。在我国事业单位不具有行政执法主体资格，所以需要通过完善法律，给予水利工程质量监督机构正式明确独立的地位。质量监督机构确立为行政机关后，经费由国家税收提供，不再面临因经费短缺造成质量监督工作难以开展的局面。工程质量监督机构负责对工程质量进行监督管理，水行政主管部门对工程建设项目进行管理，监督与管理分离，职能不再交叉，有利于政府政令畅通，效能提升。工程质量监督机构接受政府的委托，以市场准入制度、企业经营资质管理制度、执业资格注册制度、持证上岗制度为手段，规范责任主体质量行为，维护建设市场的正常秩序，消除水利工程质量人和技术的不确定因素，达到保证水利工程质量水平的目的。工程质量监督机构还应加强自身质量责任体系建设，落实质量责任，明确岗位职责，确保机构正常运转。

（三）强化对监督机构的考核，严格上岗制度

质量监督机构以年度为单位，制定年度工作任务目标，并报送政府审核备案。在年度考核中，以该年度任务目标作为质量监督机构职责履行、目标完成情况年终考核依据。制定考核激励奖惩机制，促进质量监督机构职责履行水平、质量监督工作开展水平不断提高。质量监督机构的质监人员严格按照公务员考录制度，通过公开考录的形式加入质监人员队伍，质监人员的专业素质，可以在公务员招考时加试专业知识考试，保证新招录人员的专业水平。新进人员上岗前，除参加公务员新录用人员初任资格培训外，还应通过质监岗位培训考试，获得质监员证书后才能上岗。若在一年试用期内，新进人员无法获得质监岗位证书，可视为该人员不具有公务员初任资格，不予以公务员注册。公务员公开、透明的招考方式，是引进高素质人才的有效方式。质监员可采用分级设置，定期培训，定期复核的制度。根据业务工作需要，组织质监人员学习建设工程质量监督管理有关的法律、法规、规程、规范、标准等，并分批、分层次对其进行业务培训。质监人员是否有效地实施质量执法监督，是否可以科学统筹发挥质监人员的作用，是建设工程质量政府监督市场能否高效运行的关键。分级设置质监员对质监员本身既起到激励作用，又对质量责任意识起到强化作用。

二、水利工程项目质量监督的建议与措施

（一）工程项目全过程的质量监督管理

强调项目前期监管工作，严格立项审批。水利工程项目应突出可研报告审查，制定相关审查制度，确保工程立项科学合理，符合当地水利工程区域规划。水利工程项目的质量监督工作应从项目决策阶段开始。分级建立水利工程项目储备制度，各级水行政主管部门在国家政策导向作用下，根据本地水利特点，地方政府财政能力和水利工程规划，上报一定数量的储备项目。储备项目除了规模、投资等方面符合储备项目要求外，可研报告必须已经通过上级主管部门审批。水利部或省级水行政主管部门定

期会同有关部门对项目储备库中的项目进行筛选评审。将通过评审的项目作为政策支持内容，未通过储备项目评审的项目发回工程项目建设管理单位，对可研报告进行完善补充。做好可行性研究为项目决策提供全面的依据，减少决策的盲目性，是保证工程投资效益的重要环节。

全过程对质量责任主体行为的监督。项目质监人员在开展工作时，往往会进入对制度体系检查的误区。在完成对参建企业资质经营范围、人员执业资格注册情况及各主体质量管理体系制度的建立情况后，就误以为此项检查已经完成，得出存在即满分的结论。在施工阶段，质监人员把注意力完全放在了对实体质量的关注上，忽视了对上述因素的监控。全过程质量监督，不仅是对项目实体质量形成过程的全过程监督，也是对形成过程责任主体行为的全过程监督，在施工前完成相应制度体系的建立检查，企业资质、人员执业资格是否符合一致检查后，在施工阶段应着重对各责任主体质量管理、质量控制、质量服务等体系制度的运行情况、运行结果进行监督评价，对企业、人员的具体工作能力与所具有的资质资格文件进行衡量，通过监督责任主体行为水准，保证工程项目的质量水平。

（二）加大项目管理咨询公司培育力度

水利工程建设项目实行项目法人责任制，是工程建设项目管理的需要，也是保证工程建设项目质量水平的前提条件。在我国，水利工程的建设方是各级人民政府和水行政主管部门，由行政部门组建项目法人充当市场角色，阻碍了市场机制的有效发挥，对建设市场的健康发展，水利工程质量的监督管理都起到不利作用。水利部多项规章制度对项目法人的组建、法人代表的标准要求、项目法人机构的设置等都进行了明确的规定。但在工程项目建设中，由于政府的行政特性，项目法人并不能对工程项目质量负全责。

政府（建设方）应通过招标投标的方式，选择符合要求的专业项目管理咨询公司。授权委托项目管理咨询公司组建项目法人，代替建设方履行项目法人职责，对监理、设计、施工等责任主体进行质量监督。由专业项目咨询公司组建项目法人，按照委托合同履行规定的职责义务，与施工、设计单位不存在隶属关系，能更好地发挥项目法人的职责，发挥项目法人质量全面管理的作用。

工程项目管理咨询公司是按照委托合同，代表业主方提供项目管理服务的；监理单位与工程项目管理咨询公司在本质上都属于代替业主提供项目管理服务的社会第三方机构。但是监理只提供工程质量方面的项目管理服务，工程项目管理咨询公司是可以完全代替业主行使项目法人权利的专业咨询公司。市场机制调控，公司本身的专业性，对项目法人的管理水平都有极大的促进。

国家应该对监理公司、项目咨询管理公司等提供管理咨询服务的企业进行政策扶持，可以通过制定鼓励性政策，鼓励水利工程项目法人必须同项目管理咨询公司签订协议，由专业项目管理咨询公司提供管理服务，并给予政策或经济鼓励，在评选优质工程时，也可作为一项优先条件。

（三）加大推进第三方检测力度

第三方检测是指实施质量检测活动的机构与建设、监理、施工、勘察设计等单位不存在从属关系。检测单位应具有水利部或省级水行政主管部门认可的检测资质。检测资质共有5个类别，分别是：岩土工程、混凝土工程、金属结构、机械电气和量测。现行水利工程质量检测制度是在验收阶段进行的质量检测活动，是在施工方自检、监理方抽检基础上进行的，虽然也属于第三方检测范畴，但是检测的对象是已完工的工程项目，是对工程质量等级的评定而不能起到监督作用，具有局限性。在施工过程中，施工单位的自检、监理单位的抽检通常都由其内部的质量检测部门完成。检测单位和委托单位具有隶属关系，结果的准确性、可信度得不到保障，检测结果获得其他单位认同程度较低。第三方检测是受项目法人（或项目管理公司）的委托，依据委托合同和质量规范标准对工程质量进行独立、公正检测的，只对委托人负责，检测结果准确性、可信程度更高。对工程原材料、半成品的检测，由第三方检测机构依据施工进度计划或施工方告知的时间到施工现场进行取样，制作试验模块，减少了中间环节，改变了以往施工单位提供样本，检测单位只负责检测的模式，检测单位的结论也相应地由"对来样负责"改为对整个工程项目质量负责，强化了检测机构的质量责任意识。质量检测结果更加准确、公正，时效性更强。在目前检测企业实力有限的形势下，检测结果的质量可信性和权威性有待提高。可以允许交叉检测，施工质量检测和验收质量检测由不同的检测机构进行交叉检测，分别形成检测结果，以确保检测结果真实可靠。推行第三方检测模式，遵循公正、公开、公平的原则，维护质量检测数据的科学性和真实性，确保工程质量。

（四）建立完善社会信用体系

水利工程建设领域标志着水利工程建立全国统一的、全面的信用体系，制定信用等级评定标准，强化法律对失信行为的监督和制裁效力，有利于维护建设市场政策秩序，规范责任各方质量行为。不良行为的记录应该包括责任主体的不良行为和工程项目质量的不良记录。通过的工程质量和工作质量的记录在案并公开。通过对监理、设计、施工、检测等企业在工程质量形成过程中的行为记录，与工程质量监督过程记录或者工程项目质量检查通知书联系起来，对企业的不良行为进行记录，并通过信用体系平台，在一定范围内进行公开。制定维护信用的法规。守信受益，失信受制，通过利益驱动，在信用体系上建立的社会保证、利益制约、相互规范的监督制衡机制，强化了自我约束与自我监督的力度，有效地保证了参与工程各方的正当权益。

（五）修订开工备案制度

取消开工审批，实行开工备案制度，是国家为精简行政审批事项作出的决定，强化了项目法人的自主选择权。在备案过程中，如果发现工程项目不符合开工要求的，将予以相应处罚。属于事后纠正的措施，在开工已经实施的情况下，介入监督，发现违规情况，再采取纠正措施。若工程项目符合规定，则工程项目可以正常实施；若工程项目不符合相关规定，属于项目法人强行开工，则质量安全隐患已经形成，质量事故随时都有可能发生，不利于工程项目质量的管理监督。可以将"自项目开工15日内"，修订为"项目开工前15日内"办理开工备案手续，对备案手续办理时限进行明确，如"接到开工备案申请后的5个工作日内办理完成"，项目法人的自主决定权可以得到保障，同时对工程项目的质量管理监督也是一种加强，尽早发现隐患，确保工程项目顺利实施。

（六）严格从业组织资质和从业个人资格管理

对从业组织资质和从业个人执业资格的管理，是对工程项目质量技术保障的一种强化。严格的等级管理制度，限制了组织和个人只能在对应的范围内开展经营活动和执业活动，对工作成果和工作行为的质量是一种保障，也有效约束了企业的经营行为和个人的执业活动。对企业和个人也是一种激励，只有获得更高等级的资质和资格，经营范围和执业范围才会更广泛，有竞争更大型工程的条件，才有可能获得更大利益。制定严格的等级管理制度，对从业以来无不良记录的企业和个人给予证明，在竞争活动中比其他具有同等资质的竞争对手具有优势；同时，对违反规定，发生越级、在规定范围外承接业务的行为、挂靠企业资质和个人执业资格的行为进行行政和经济两方面的处罚。等级不但可以晋升也可以降级。

加大对企业年审和执业资格注册复审的力度。改变以往只在晋级或者初始注册时严审，开始经营活动和执业活动后管理松懈的状况。按照企业发展趋势，个人执业能力水平提升趋势，制定有效的年审和复审制度标准，对达不到年审标准和复审标准的企业与个人予以降级或暂缓晋级的处罚。改变以往的定期审核制度，将静态审核改为动态管理，全面管理企业和个人的执业行为。加大审核力度不能只依赖对企业或个人提供资料的审核力度，应结合信用体系记录，企业业绩、个人成绩的综合审核，综合评价。强化责任意识，利用行政、经济两种有效手段进行管理，促进企业、个人的自觉遵守意识，促进市场秩序的建立和市场作用的有效发挥。

三、应对方法

（一）进一步深化和完善农村水利改革

首先要对如今的小规模水利项目的产权体系革新活动中存在的新问题，积极分析探讨，尽快制定一个规范化的指导意见，以推动小型农田水利工程产权制度改革健康深入发展。其次要以构建和完善农民用水户协会内部管理机制为重点，以行政区域或水利工程为单元，通过对基层水利队伍的改组、改造、改革和完善，推动农民用水户协会的不断建立和发展，加快大中小型灌区管理体制改革步伐。最后要不断深化农村水利改革。当前，农村出现了劳动力大量外出打工、水利工程占地农民要求补偿、群众要求水利政务公开等一系列新情况、新问题，迫切需要我们加强政策研究和制度建设，通过不断深化农村水利改革，培养典型，示范带动，逐步解决农村水利发展过程中出现的热点难点问题。

（二）强化投入力度

导致项目得不到有效的维护，效益降低的关键原因是投入太少。农村的基建活动和城市的基建工作都应该被同等对待。开展不合理的话不但会干扰农村建设工作的步伐，还会干扰和谐社会的创建工作。通过分析当前的具体状态，我们得知，政府在城市基建项目中开展的投入，还是超过了对农村的投入，存在非常显著的过分关注城市忽略农村的问题。各级政府必须把包括小型农田水利工程在内的农村基础设施纳入国民经济与社会发展规划，加大投入。对农村水利基础设施来讲，当务之急是在稳定提高大中型灌区续建配套与节水改造及人饮安全资金的同时，尽快扩大中央小型农田水利工程建设专项资金规模，以引导和带动地方各级财政和受益农户的投入，加快小型农田水利设施建设步伐。

（三）加快农田水利立法，从根本上改变小型农田水利设施建设

管理薄弱问题。目前，涉水方面的法律法规不少，但针对农田水利工程建设管理的还没有。尽快制定出台一部关于农田水利方面的法规条例，通过健全法律制度，明确各级政府、社会组织、广大群众的责任，建立保障农田水利建设管理的投入机制，建立与社会主义市场经济要求相适应的管理体制和运行机制，依法建设、管理和使用农田水利工程设施，已成为当务之急。

（四）加强基层水利工程管理单位自身能力建设

基层水利工程管理单位自身能力建设是农村水利工作的重要内容。今后的农村水利建设要改变过去只注重工程建设而忽视自身建设的做法，工程建设与基层水管单位自身能力建设要同时审批、同时建设、同时验收。要进一步调整农村水利资金支出结构，允许部分资金用于包括管理手段、信息网络、办公条件等在内的管理单位自身能力建设，以不断提高基层水管单位服务经济、社会的能力和水平。

（五）建立完善的宣传发动机制

水利建设的任务重，涉及面较广，尤其是在当前的社会环境下，要把水利建设的气氛营造起来，那么首先要搞好会议的宣传工作，并可通过会议，让领导干部了解在农业税取消之后，乡镇干部的责任，工作的重点。尤其是让广大农民群众与村组干部明白与了解，在新形势下，水利建设仍然是自己的事。同时，可通过会议督导与调度，对乡镇加强领导、加强进度，以促进平衡发展。

（六）积极探索和谐自主的建设管理模式

农田水利工程的建设施工和管理方面包括很多内容，也直接关系老百姓的经济利

益。因此，我们要加强对农田水利工程施工和管理体系的建设，对水利工程进行统一管理，建立一个合理的、科学的施工程序和规范，并在施工工程中落实好，使得水利工程建设管理体系能够充分发挥作用。将水业合作组织模式应用于更为

广泛的农村公益型水利基础设施的建设和管理中，将原有集体资产与农民投工投劳为主形成的小型水利设施按照市场化手段来评估资产，明晰产权，将公益性水利设施资产定量化、股份化，并鼓励受益农户资本入股，参照股份制模式来管理和运作。实行自主管理的模式。村民通过民主方式组建互助合作的用水组织——农村水业合作社。主要职责是全面负责合作社辖区内水利工程的运行、管理和供水调度，同时负责向用水户供水并按时收取水费和提供咨询服务。农户是小规模的水利项目的直接受益人，同时还是相关的管控工作者，设置水利合作机构，通过股份的形式来开展建设工作，切实地激发出农户的热情。农村水业合作社为"自主经营、自负盈亏、具有独立法人"的股份合作制企业，按照股份合作制方式制定章程，由股东大会民主选举产生管理委员会，下设管理人员，每年改选一次。在股份设立上，将上级有关部门补助的作为集体股，社员按每户投入及投工折现作为社员股。

水利工程项目的质量关系到人民群众的生命财产安全，事关国计民生，并与社会稳定、国家安全紧密相关。水利工程项目质量监督管理的有序运行，一是实现水利工程项目质量目标、投资目标的重要前提。但现阶段的水利工程项目质量监管模式和体系还不完善，基层监管机构的合法地位尚未明确，因此，质量监督作用得不到充分发挥。为此，可采用文献研究、比较研究、问卷调查、理论分析和案例分析等方法，运用管理学、统计学有关理论，对水利工程项目，重点是公益性水利工程项目质量监督管理进行了深入系统研究，得出了一些有指导意义的研究结果和结论。从健全质量监督依据的角度出发，建议完善质量管理法律体系，制定保障有关质量法律执行的相关制度，更新现行的质量法律法规。修订完善《水利工程质量管理条例》，增加中小型水利工程适用的质量监督管理法规标准，规范对其的质量监督管理工作，保证工程项目质量。制定相应的奖惩机制，强化各责任主体的守法意识，加大处罚力度，制定度量明确的处罚准则，树立质量法律威信，才能真正做到有法可依，有法必依，执法必严。从完善质量监督管理体制的角度出发，提出了转变政府角色，将政府从繁重的工程实体质量监督任务中解脱出来，建立质量监督管理体系，建议给予水利系统质量监督管理机构合法地位，调整经费取得方式，明确人员编制，使质量监督机构名副其实。同时，加大对质量监督机构的考核力度，严格持证上岗制度，建立高素质的水利质监队伍，提高工作效能。从实行全面质量管理思想的角度出发，提出了应强调项目前期监管工作，分级建立水利工程项目储备制度，严格立项审批。将质量监督管理工作的重点由施工阶段扩展到从项目的决策阶段。另外，从落实项目法人制的角度，

提出了国家应加大对项目管理咨询公司等提供管理咨询服务企业的培育力度，消除现阶段水利工程项目法人具有的政府行政特性，更好地发挥项目法人的职责，发挥项目法人质量全面管理的作用。

第八章 现代水利工程建设环境保护管理

第一节 水利工程建设环境管理概述

水利工程在社会发展过程中起到的作用日益明显。在建设水利工程的时候，不仅要在开工前对其相关影响因素进行分析，更要考虑工程项目建设完成后对河流生态系统的影响，以保障周边环境资源的可持续发展。在进行工程建设时要遵守环保原则。根据当地的实情，在保障工程安全的基础上既要提高经济效益，还要注重环境保护的问题。

一、环境管理术语

（一）环境

环境是指组织运行活动的外部存在，包括空气、水、土地、自然资源、植物、动物、人，以及它们之间的相互关系。

环境是多种介质的组合，如水、空气、土地等。

环境还应包括受体，即当介质改变时受到影响的群体，如动物、植物、人。受体往往是被保护的对象，动物、植物自我保护能力有限，需人类的特别保护才能得以生存。自然资源是环境的重要组成部分，是人类生存、发展不可或缺的物质，如石油、煤、各类矿物、水、海鲜、生物资源等。

环境并不是以上几个方面的零散集合，而是一个有机整体，包括以上所有物质与形态的组合，即相互关系。它们共存于环境中，相互依赖、相互制约，并保持着一定的动态平衡。基于以上各个方面，"组织运行活动的外部存在"则可从组织的内部环境延伸到全球系统的大环境。

（二）环境因素

环境因素是指一个组织活动、产品或服务中能与环境发生相互作用的要素。重要环境因素是指具有或可能具有重大环境影响的环境因素。

环境因素能与环境发生相互作用，并产生正面或负面的环境影响；环境因素与组织的活动、产品或服务相联系，这些活动、产品或服务中的某些因素与环境发生作用，是造成环境影响的原因。

如汽车行驶有尾气的排放，造成了城市空气污染，那么汽车的使用是活动，尾气中各类污染物的排放是环境因素，空气污染并进一步影响人体的健康是环境影响。

环境因素是环境影响产生的原因，环境影响是环境因素作用于环境的结果，环境因素与环境影响互为因果。

环境因素的重要性应与其可能造成的环境影响的严重程度相一致。能产生重要环境影响的因素，是重要的环境因素。对环境因素重要性的评价应与环境影响的重要性联系起来。

（三）环境影响

环境影响是指全部或部分由组织的活动、产品或服务给环境造成的任何有益或有害的变化。

环境的组成要素或要素间的相互关系发生了改变，也就形成了环境影响。如河流水质的改变、空气成分变化、生物种群的减少、人体的病变等都是改变后的现象，是结果。这些变化可能是有害的，也可能是有益的。人们更关注的是有害的变化，即负面的环境影响。

组织的活动、产品或服务是造成环境影响的根源。活动可包括组织的生产、采购、后勤、经营等多方面活动，是人类有目的、有组织进行的活动。产品或服务是组织生产与经营的产出，所有这些活动、产品或服务都可能给环境带来正面或负面的影响。

（四）相关方

相关方是指关注组织的环境绩效或受环境绩效影响的个人或团体。相关方可以是团体，也可以是个人。他们的共同特点是关注组织的环境绩效，或受到组织环境绩效的影响。

受组织环境绩效影响的相关方与组织环境绩效的改善有较为密切的关系，可能造成其经济或福利的损失，这类相关方可以包括：与组织相邻的，如邻厂、周围的居民、下风向的企业、河流的下游等；与组织的经营生产活动相关的，如股东、供应方、客户、员工等；关注组织环境绩效的相关方可能包括：银行、政府部门（如规划部门、环境部门等）、环境保护组织等，这些相关方可能间接地受到组织环境绩效的影响。从这一意义上讲，组织的相关方可以是整个社会。

（五）环境绩效

环境绩效是指一个组织基于其环境方针、目标、指标，通过控制其环境因素所取得的可测量的环境管理结果。

这一术语也被译为：环境表现、环境行为等。

"绩效"能较好地表达其实际内涵，它是对环境因素控制及环境管理所取得的成绩与效果的综合评价，不仅表现在对具体环境因素的控制管理上，还表现在控制管理的结果上。

环境绩效是环境管理体系运行的结果与成效，是根据环境方针和目标、指标的要求，控制环境因素得到的。因此，环境绩效可用对环境方针、目标指标的实现程度来描述，并可具体体现在某一或某类环境因素的控制上。

环境绩效是可测量的，因而也是可比较的，可用于组织自身及组织与其他组织间的比较。

（六）持续改进

持续改进是指强化环境管理体系的过程，目的是根据组织的环境方针，改进环境绩效。持续改进是强化环境管理体系过程，是整体环境绩效的改进与提高。环境绩效的持续改进有赖于环境管理体系的强化与完善。

持续改进不必发生在活动的所有方面。组织的环境绩效是多方面的，表现在对各种活动不同环境因素的控制和不同目标指标的实现与完成上。

（七）污染预防

污染预防是指采用防止、减少或控制污染的各种过程、惯例、材料或产品，可包括再循环、处理、过程更改、控制机制、资源的有效利用和材料替代过程等。

污染预防是为减少有害环境影响、提高资源利用率、降低成本而采取的各类方法与手段。污染预防的原则：不产生污染为最优选择；其次减少污染产出，最后才采取必要的末端治理，控制污染。

实现污染预防的手段是多种多样的，可包括管理手段，也可包括有效的技术措施，这里列举了几种被普遍采用的方法：再循环、处理、过程更改、控制机制、资源有效利用、材料替代等。

把环境绩效、持续改进、污染预防等概念联系起来：持续改进是建立与保持环境管理体系的目的；环境绩效用于衡量持续改进的实际效果；污染预防则是提高绩效的手段与方法，是实现持续改进的重要途径。

二、水环境问题

（一）水环境问题的由来

水环境问题是人类活动作用于人们周围的水环境所引起的环境质量变化，以及这种变化反过来对人类的生产、生活和健康产生影响的问题。人类生活在环境中，其生产和生活不可避免地对环境产生影响，使环境质量发生变化，这些影响有些是有利的，有些是不利的，反过来，变化了的环境也对人类产生正面的或负面的影响。一般来说，人类对环境产生有利的影响，那么环境也对人类产生正面的影响，人类对环境产生不利的影响，那么环境就对人类产生负面的影响；人类活动对环境的影响大部分是负面的。构成人类周围环境的因素有很多，水环境是其最主要、最重要的因素之一。

（二）水环境问题的分类

对水环境问题分类的方法有很多，按发生机制进行分类，主要有水环境破坏和水污染两种类型。

1.水环境破坏

主要是指人类的活动产生的有关环境效应，它们导致了环境结构与功能的变化，对人类的生存与发展产生了不利影响。主要是由于人类违背了自然生态规律，急功近利，盲目开发自然资源造成的。如地下水过度开发造成的地下水漏斗、地面下沉，水土流失，建设大型水利工程导致的环境改变、泥沙问题等。这一类环境问题不如工业污染那么显眼，在某些时候，不容易引起人们的关注，但是，对环境的影响（尤其是负面影响）是巨大的，后果是严重的。

2.水污染

是指由于人类活动或自然过程引起某些物质（主要为化学物质）进入水体中，导致其物理、化学及生物学特性的改变和水质的恶化，从而影响水的有效利用，危害人体健康的现象。水污染主要是在工业革命及大规模的城市化后出现的，在此之前，也有水污染，但对整个环境来说，影响很小。目前，各级环保部门对水污染的关注很多，国家也投入了大量的人力、物力及财力对水环境进行保护，但总的说来，水污染的形势依然严峻。

（三）水利工程建设带来的环境问题

人们兴建水利工程的根本目的是兴利除害，为人民谋福利。但是水利工程在发挥防洪、发电、灌溉、养殖、供水等巨大效益的同时，也带来许多负面的影响，如施工期植被的破坏造成大量水土流失；施工噪声、扬尘、废弃渣以及水体污染等对环境造成不利影响；修建建筑物侵占土地，从而使耕地减少，森林的减少使许多植物失去生存环境动物失去栖息地，甚至可能导致某些物种的灭绝；水库建成蓄水后，新增加的负荷打破了地层均衡的临界点，可能诱发地震、山体滑坡等；兴建建筑物后挡住了鱼类的上下游通道，破坏了他们产卵的环境，从而使水生动物的生存受到威胁；由于上游蓄水以后，入海流量减少使河口区生态受到影响，可能造成海水入侵，甚至可能造成海岸的海水侵蚀等。

三、环境管理

环境管理中各管理要素均以环境因素为核心展开，以环境因素为控制对象，以确保重要环境因素得到有效控制为最终目的。因此，全面识别组织的环境因素，准确评价重要环境因素是建立与保持环境管理体系的基础。

（一）初始环评

若组织尚未建立环境管理体系，可通过初始环境评审对组织本身的环境管理状况进行综合的调查与分析，评审的内容可包括：①适用的法律法规及其遵循情况；②活动、产品或服务中环境因素的识别，重要环境因素的评价；③现有的环境管理活动及程序的审查；④以往的事件调查及反馈意见等。

其中，对环境因素的识别与评价是进行初始环境评审的最核心内容，也是建立环境管理体系的基础性资料。

（二）识别环境因素

在识别环境因素时应注重：从组织的活动、产品和服务中识别环境因素。环境因素应包括组织自身可以控制的及希望对其施加影响的两大类型；也应重视那些具有或可能具有重大影响环境因素的识别，涉及不同的时态与状态。

（1）从组织的活动、产品和服务中识别环境因素。环境因素存在于组织的活动、产品或服务中。组织的生产、经营管理活动通过环境因素直接对环境产生影响，产品中的环境因素则会在流通和消费领域产生环境影响。

活动、产品或服务是组织环境因素的载体，在识别因素时应全面考察，在对环境因素进行管理时，也应从与环境因素相关的活动、产品或服务出发，对自身的活动进行控制，对产品进行改进，对服务进行管理。

（2）识别环境因素应包括可控制和希望施加影响的因素，体现生命周期思想，能控制的环境因素是指组织自身可以管理、改变、处理、处置的环境因素，可包括组织自行设计的产品、生产加工过程、设备维护、办公活动中的环境因素等。

可施加影响的环境因素指组织不能直接加以控制管理的，即不能通过行政管理或其他技术手段等改变的某些环境因素。这类环境因素由于多属于与组织关系较密切的相关方，往往可以通过某种利益关系对相关方施加影响，间接实现对环境因素的控制或管理。

识别环境因素时既要考虑现有的环境因素，也应注意到潜在环境因素的识别，从多个角度进行考察，以防缺漏。一般而言，识别环境因素应考虑：三种状态、三种时态和六个方面。

三种状态：正常、异常和紧急状态。

三种时态：即过去、现在和将来。

六个方面：水、气、声、淹、资源的利用和土壤污染。这六种方面并不能包含所有环境问题，对于特种行业的特殊环境问题在组织运行时也要进行专门的考虑，如放射性等。

（三）评价重要环境因素

评价环境因素是在识别环境因素的基础上，明确管理重点和改进要求的过程，确定出组织的重要环境因素。重要环境因素是具有或可能具有重大环境影响的因素，因此评价重要环境因素离不开对环境因素可能产生的环境影响的评价。

传统的环境影响评价方法中已有不少较为系统和成熟的各类环境影响的评价技术，如等标污染负荷、综合污染指数等，比较适合有具体的法规排放标准的污染因子的评价。对于资源消耗、废物的产生等环境因素的评价，则可根据外部要求的紧迫程度、技术的成熟度、组织目前的管理水平、对环境因素的控制能力进行评价，可采用类比法、多因子打分法、专家评估、物料平衡算法等方法。

对于潜在环境因素的评价需考虑环境因素带来的风险大小、发生的概率及产生后果的严重程度等，可采用风险评价等方法，多角度、多侧面、多层次地分析和评判。

无论采用什么样的方法，评价环境因素时都应从环境与社会的要求，和组织经营、技术及管理条件两个方面加以考虑，如从社会和环境方面考虑应注重法律、法规的要求、环境影响的规模、严重程度、发生的概率、环境影响的持续时间、对环境破坏的可恢复性等。如从组织生产、经营等方面可注意改变环境因素及其影响的程度、治理或改善所需的费用、这种改变对其他活动和过程的影响、相关方的关注程度、对组织公众形象的影响等。

值得说明的是：重要环境因素不是绝对的，评价重要环境因素的方法与标准也不是绝对的。对于某个具体的组织，在一定时期内，环境因素评价方法和标准相对稳定有利于对重要环境因素筛选的规范化，也便于对重要环境因素实施系统化管理。组织也应适时根据外部要求和内部管理的需要修订评价标准和方法，满足和实现持续改进的要求。

（四）制定环境管理方案

依据组织的环境方针和重要的环境因素制定环境目标和指标，并分解到各部门，以实现对环境污染的预防、治理和持续改进。

（1）制定和评审环境目标和指标的依据是：①环境方针；②环境因素和重要环境因素；③法律法规和其他要求；④技术的先进性和可行性；⑤环境评审结果；⑥相关方的期望和要求。

为贯彻实施环境方针，制订环境管理方案，以确保环境目标和指标的实现。

（2）环境管理方案应包括以下内容：①实现环境目标和指标的职责和资源；②实现环境目标和指标的方法和措施；③实现环境目标和指标的时间进度。

制订环境管理方案时应考虑：生产活动、产品和服务的性质；除正常运行外，应考虑异常或特殊的运行情况。

（五）运行控制

根据管理体系要求各部门对环境因素进行控制实施管理方案，对生产活动中可能出现的突发事件，制订应急预案。采取必要的监视测量手段对环境管理结果进行测量，根据测量结果采取纠正预防措施，以期达到持续改进的目的。建设项目环境管理体系。

四、施工过程的环境保护

环境保护是按照法律法规、各级主管部门和企业的要求，保护和改善作业现场的环境，控制现场的各种粉尘、废水、废气、固体废弃物、噪声、振动等对环境的污染和危害因素。环境保护也是文明施工的重要内容之一。

（一）现场环境保护的意义

保护和改善施工环境是保证人们身体健康和社会文明的需要。采取专项措施防止粉尘、噪声和水源污染，保护好作业现场及其周围的环境，是保证职工和相关人员身体健康、体现社会总体文明的一项利国利民的重要工作。保护和改善施工现场环境是消除外部干扰保证施工顺利进行的需要。随着人们的法制观念和自我保护意识的增强，施工扰民问题突出，应及时采取防治措施，减少对环境的污染和对市民的干扰，这也是施工生产顺利进行的基本条件。

保护和改善施工环境是现代化大生产的客观要求。现代化施工广泛应用新设备、新技术、新的生产工艺，对环境质量要求很高，如果粉尘、振动超标就可能损坏设备、影响功能发挥，使设备难以发挥作用。

节约能源、保护人类生存环境、保证社会和企业可持续发展的需要。人类社会即将面临环境污染和能源危机的挑战。为了保护子孙后代赖以生存的环境，每个公民和企业都有责任和义务来保护环境。良好的环境和生存条件，也是企业发展的基础和动力。

（二）大气污染的防治

1.大气污染物的分类

大气污染物的种类有数千种，已发现有危害作用的有100多种，其中大部分是有机物。大气污染物通常以气体状态和粒子状态存在于空气中。

（1）气体状态污染物

气体状态污染物具有运动速度较大，扩散较快，在周围大气中分布比较均匀的特点。气体状态污染物包括分子状态污染物和蒸气状态污染物。

分子状态污染物：指在常温常压下以气体分子形式分散于大气中的物质，如燃料燃烧过程中产生的二氧化硫（SO_2）、氮氧化物（NO_x）、一氧化碳（CO）等。

蒸气状态污染物：指在常温常压下易挥发的物质，以蒸气状态进入大气，如机动车尾气、沥青烟中含有的碳氢化合物、苯并芘等。

（2）粒子状态污染物

粒子状态污染物又称固体颗粒污染物，是分散在大气中的微小液滴和固体颗粒，粒径在 $0.01\sim100/\mu m$，是一个复杂的非均匀体。通常根据粒子状态污染物在重力作用下的沉降特性又可将其分为降尘和飘尘。

降尘：指在重力作用下能很快下降的固体颗粒，其粒径大于 $10\mu m$。

飘尘：指可长期飘浮于大气中的固体颗粒，其粒径小于 $10/\mu m$。飘尘具有胶体性质，故又称为气溶胶，它易随呼吸进入人体肺脏，危害人体健康，故称为可吸入颗粒。

施工工地的粒子状态污染物主要有锅炉、熔化炉、厨房烧煤产生的烟尘。还有建材破碎、筛分、碾磨、加料过程、装卸运输过程产生的粉尘等。

2.大气污染的防治措施

空气污染的防治措施主要针对上述粒子状态污染物和气体状态污染物，主要方法如下。

（1）除尘技术

在气体中除去或收集固态或液态粒子的设备称为除尘装置。主要种类有机械除尘装置、洗涤式除尘装置、过滤除尘装置和电除尘装置等。工地的烧煤茶炉、锅炉、炉灶等应选用装有上述除尘装置的设备。工地其他粉尘可用遮盖、淋水等措施防治。

（2）气态污染物治理技术

大气中气态污染物的治理技术主要有以下几种方法。

吸收法：选用合适的吸收剂，可吸收空气中的 SO_2、H_2S、HF 等。

吸附法：让气体混合物与多孔性固体接触，把混合物中的某个组分吸留在固体表面。

催化法：利用催化剂把气体中的有害物质转化为无害物质。

燃烧法：是通过热氧化作用，将废气中的可燃有害部分，转化为无害物质的方法。

冷凝法：是使处于气态的污染物冷凝，从气体中分离出来的方法。该法特别适合处理有较高浓度的有机废气。如对沥青气体的冷凝，回收油品。

生物法：利用微生物的代谢活动过程把废气中的气态污染物转化为少害甚至无害的物质。该法应用广泛，成本低廉，但只适用于低浓度污染物。

3.施工现场空气污染的防治措施

要及时将施工现场垃圾渣土清理出现场。

高大建筑物清理施工垃圾时，要使用封闭式的容器或者采取其他措施处理高空废弃物，严禁凌空随意抛撒。

施工现场道路应指定专人定期洒水清扫，形成制度，防止道路扬尘。对于细颗粒散体材料（如水泥、粉煤灰、白灰等）的运输、储存要注意遮盖、密封，防止和减少飞扬。

车辆开出工地要做到不带泥沙，基本做到不撒土、不扬尘，减少对周围环境污染。除设有符合规定的装置外，禁止在施工现场焚烧油毡、橡胶、塑料、皮革、树叶、枯草、各种包装物等废弃物品以及其他会产生有毒、有害烟尘和恶臭气体的物质。机动车都要安装减少尾气排放的装置，确保符合国家标准。工地茶炉应尽量采用电热水器。若只能使用烧煤茶炉和锅炉时，应选用消烟除尘型茶炉和锅炉，大灶应选用消烟节能回风炉灶，使烟尘降至允许排放范围为止。

搅拌站封闭严密，并在进料仓上方安装除尘装置。采用可靠措施控制工地粉尘污染。

拆除旧建筑物时，应适当洒水，防止扬尘。

（三）水污染的防治

1.水污染物主要来源

工业污染源：指各种工业废水向自然水体的排放。

生活污染源：主要有食物废渣、食油、粪便、合成洗涤剂、杀虫剂、病原微生物等。

农业污染源：主要有化肥、农药等。

施工现场废水和固体废物随水流流入水体部分，包括泥浆、水泥、油漆、各种油类，混凝土外加剂、重金属、酸碱盐、非金属无机毒物等。

2.废水处理技术

废水处理的目的是把废水中所含的有害物质清埋分离出来。废水处理可分为化学法、物理方法、物理化学方法和生物法。

物理法：利用筛滤、沉淀、气浮等方法。

化学法：利用化学反应来分离、分解污染物或使其转化为无害物质的处理方法。

物理化学方法：主要有吸附法、反渗透法、电渗析法。

生物法：生物处理法是利用微生物新陈代谢的功能，使废水中成溶解和胶体状态的有机污染物降解并转化为无害物质，使水得到净化。

3.施工过程水污染的防治措施

禁止将有毒有害废弃物作土方回填。

施工现场搅拌站废水，现制水磨石的污水，电石（碳化钙）的污水必须经沉淀池沉淀合格后再排放，最好将沉淀水用于工地洒水降尘或采取措施回收利用。现场存放油料，必须对库房地面进行防渗处理。如采用防渗混凝土地面、铺油毡等措施。使用时，要采取防止油料跑、冒、滴、漏的措施，以免污染水体。施工现场100人以上的临时食堂，可设置简易有效的隔油池进行污水排放，并定期清理，防止污染。

工地临时厕所，化粪池应采取防渗漏措施。中心城市施工现场的临时厕所可采用水冲式厕所，并有防蝇、灭蛆措施。防止污染水体和环境。化学用品，外加剂等要妥善保管，库内存放，防止污染环境。

（四）施工现场的噪声控制

1.噪声的概念

（1）声音与噪声

声音是由物体振动产生的，当频率在20～20000Hz时，作用于人的耳鼓膜而产生的感觉称之为声音。由声构成的环境称为"声环境"。当环境中的声音对人类、动物及自然物没有产生不良影响时，就是一种正常的物理现象。相反，对人的生活和工作造成不良影响的声音就称为噪声。

（2）噪声的分类

噪声按照振动性质可分为气体动力噪声、机械噪声、电磁性噪声。按噪声来源可分为交通噪声（如汽车、火车、飞机等）、工业噪声（如鼓风机、汽轮机、冲压设备等）、建筑施工噪声（如打桩机、推土机、混凝土搅拌机等发出的声音）、社会生活噪声（如高音喇叭、收音机等）。

（3）噪声的危害

噪声是影响与危害非常广泛的环境污染问题。噪声环境可以干扰人的睡眠与工作、影响人的心理状态与情绪，造成人的听力损伤，甚至引起许多疾病。此外噪声对人们的对话干扰也是相当大的。

2.施工现场噪声的控制措施

噪声控制可从声源、传播途径、接收者防护等方面来考虑。

（1）声源控制

从声源上降低噪声，这是防止噪声污染的最根本的措施。尽量采用低噪声设备和工艺代替高噪声设备与加工工艺，如低噪声振捣器、风机、电动空压机、电锯等。在声源处安装消声器消声，即在通风机、鼓风机、压缩机、燃气机、内燃机及各类排气放空装置等进出风管的适当位置设置消声器。

（2）传播途径的控制

在传播途径上控制噪声方法主要有以下几种：吸声：利用吸声材料（大多由多孔材料制成）或由吸声结构形成的共振结构（金属或木质薄板钻孔制成的空腔体）吸收声能，降低噪声。

隔声：应用隔声结构，阻碍噪声向空间传播，将接收者与噪声声源分隔。

隔声结构包括隔声室、隔声罩、隔声屏障、隔声墙等。

消声：利用消声器阻止噪声传播。允许气流通过的消声降噪是防治空气动力性噪声的主要装置。如对空气压缩机、内燃机产生的噪声等。

减振降噪：对振动引起的噪声，通过降低机械振动减小噪声，如将阻尼材料涂在振动源上，或改变振动源与其他刚性结构的连接方式等。

（3）接收者的防护

让处于噪声环境下的人员使用耳塞、耳罩等防护用品，减少相关人员在噪声环境中的暴露时间，以减轻噪声对人体的危害。

（4）严格控制人为噪声

进入施工现场不得高声喊叫、无故甩打模板、乱吹哨，限制高音喇叭的使用，最大限度地减少噪声扰民。

（5）控制强噪声作业的时间

凡在人口稠密区进行强噪声作业时，须严格控制作业时间，一般晚10点到次日早6点之间停止强噪声作业。确系特殊情况必须昼夜施工时，尽量采取降低噪声措施，并会同建设单位找当地居委会、村委会或当地居民协调，出安民告示，求得群众谅解。

（五）固体废物的处理

1.固体废物的分类

固体废物是生产、建设、日常生活和其他活动中产生的固态、半固态废弃物质。固体废物是一个极其复杂的废物体系。按照其化学组成可分为有机废物和无机废物；按照其对环境和人类健康的危害程度可以分为一般废物和危险废物。

2.施工工地上常见的固体废物

建筑渣土：包括砖瓦、碎石、渣土、混凝土碎块、废钢铁、碎玻璃、废屑、废弃装饰材料等。

废弃的散装建筑材料包括散装水泥、石灰等。

生活垃圾：包括炊厨废物、丢弃食品、废纸、生活用具、玻璃、陶瓷碎片、废电池、废旧日用品、废塑料制品、煤灰渣、废交通工具等。

设备、材料等的废弃包装材料。

3.固体废物对环境的危害

固体废物对环境的危害是全方位的。主要表现在以下几个方面。

侵占土地：由于固体废物的堆放，可直接破坏土地和植被。

污染土壤：固体废物的堆放中，有害成分易污染土壤，并在土壤中积累，给作物生长带来危害。部分有害物质还能杀死土壤中的微生物，使土壤丧失腐解能力。

污染水体：固体废物遇水浸泡、溶解后，其有害成分随地表径流或土壤渗流污染地下水和地表水；固体废物还会随风飘迁进入水体造成污染。

污染大气：以细颗粒状存在的废渣垃圾和建筑材料在堆放和运输过程中，会随风扩散，使大气中悬浮的灰尘废弃物数量提高；固体废物在焚烧等处理过程中，可能产生有害气体造成大气污染。

影响环境卫生：固体废物的大量堆放，会招致蚊蝇滋生，臭味四溢，严重影响工地以及周围环境卫生，对员工和工地附近居民的健康造成危害。

4.固体废物的处理和处置

固体废物处理的基本思想是采取资源化、减量化和无害化的处理，对固体废物产生的全过程进行控制。

固体废物的主要处理方法如下：

回收利用：回收利用是对固体废物进行资源化，减量化的重要手段之一。对建筑渣土可视其情况加以利用。废钢可按需要用作金属原材料。对废电池等废弃物应分散回收，集中处理。

减量化处理：减量化是对已经产生的固体废物进行分选、破碎、压实浓缩、脱水等过程后减少其最终处置量，降低处理成本，减少对环境的污染。在减量化处理的过程中，也包括和其他处理技术相关的工艺方法，如焚烧、热解、堆肥等。

焚烧技术：焚烧用于不适合再利用且不宜直接予以填埋处置的废物，尤其是对于受到病菌、病毒污染的物品，可以用焚烧进行无害化处理。焚烧处理应使用符合环境要求的处理装置，注意避免对大气的二次污染。

稳定和固化技术：利用水泥、沥青等胶结材料，将松散的废物包裹起来，减小废物的毒性和迁移性。

填埋：经过无害化、减量化处理后，将固体废弃物残渣集中到填埋场进行处理。填埋场应利用天然或人工隔离屏障，尽量使处置的固体废弃物与周围的生态环境隔离，并注意其稳定性和长期安定性。

第二节 水利工程建设项目环境保护要求

一、环境保护法律法规体系

我国目前建立了由法律、国务院行政法规、政府部门规章、地方性法规和地方政府规章、环境标准、环境保护国际条约组成的较完整的环境保护法律法规体系。

（一）法律

1.宪法

环境保护法律法规体系以《中华人民共和国宪法》中对环境保护的规定为基础，《中华人民共和国宪法》规定：国家保障资源的合理利用，保护珍贵的动物和植物。禁止任何组织或者个人用任何手段侵占或者破坏自然资源。第二十六条第一款规定：国家保护和改善生活环境和生态环境，防治污染和其他公害。《中华人民共和国宪法》中的这些规定是环境保护立法的依据和指导原则。

2.环境保护法律

包括环境保护综合法、环境保护单行法和环境保护相关法。环境保护综合法是指《中华人民共和国环境保护法》，该法共有六章四十七条，第一章"总则"规定了环境保护的任务、对象、适用领域、基本原则以及环境监督管理体制；第二章"环境监督管理"规定了环境标准制订的权限、程序和实施要求、环境监测的管理和状况公报的发布、环境保护规划的拟订及建设项目环境影响评价制度、现场检查制度及跨地区环境问题的解决原则；第三章"保护和改善环境"，对环境保护责任制、资源保护区、自然资源开发利用、农业环境保护、海洋环境保护做出规定；第四章"防治环境污染和其他公害"规定了排污单位防治污染的基本要求、"三同时"制度、排污申报制度、排污收费制度、限期治理制度以及禁止污染转嫁和环境应急的规定；第五章"法律责任"规定了违反本法有关规定的法律责任；第六章"附则"规定了国内法与国际法的关系。

环境保护单行法包括污染防治法：《中华人民共和国水污染防治法》《中华人民共和国大气污染防治法》《中华人民共和国固体废物污染环境防治法》《中华人民共和国环境噪声污染防治法》《中华人民共和国放射性污染防治法》等；生态保护法：《中华人民共和国水土保持法》《中华人民共和国野生动物保护法》《中华人民共和国防沙治沙法》等；《中华人民共和国海洋环境保护法》和《中华人民共和国环境影响评价法》。

环境保护相关法是指一些有关自然资源保护的其他有关部门法律，如《中华人民共和国森林法》《中华人民共和国草原法》《中华人民共和国渔业法》《中华人民共和国矿产资源法》《中华人民共和国水法》《中华人民共和国清洁生产促进法》和《中华人民共和国节约能源法》等。这些都涉及环境保护的有关要求，也是环境保护法律法规体系的一部分。

（二）环境保护行政法规

环境保护行政法规是由国务院制定并公布或经国务院批准有关主管部门公布的环境保护规范性文件。一是根据法律授权制定的环境保护法的实施细则或条例，如《中华人民共和国水污染防治法实施细则》；二是针对环境保护的某个领域而制定的条例、规定和办法，如《建设项目环境保护管理条例》等。

（三）政府部门规章

政府部门规章是指国务院环境保护行政主管部门单独发布或与国务院有关部门联合发布的环境保护规范性文件，以及政府其他有关行政主管部门依法制定的环境保护规范性文件。政府部门规章是以环境保护法律和行政法规为依据而制定的，或者是针对某些尚未有相应法律和行政法规调整的领域做出相应规定。

（四）环境保护地方性法规和地方性规章

环境保护地方性法规和地方性规章是享有立法权的地方权力机关和地方政府机关依据《宪法》和相关法律制定的环境保护规范性文件。这些规范性文件是根据本地实际情况和特定环境问题制定的，并在本地区实施，有较强的可操作性。环境保护地方性法规和地方性规章不能和法律、国务院行政规章相抵触，如《山东省环境保护条例》等。

（五）环境标准

环境标准是环境保护法律法规体系的一个组成部分，是环境执法和环境管理工作的技术依据。我国的环境标准分为国家环境标准和地方环境标准，如《建筑施工场界噪声限制标准》等。

（六）环境保护国际公约

环境保护国际公约是指我国缔结和参加的环境保护国际公约、条约和议定书。国际公约与我国环境法有不同规定时，优先适用国际公约的规定，但我国声明保留的条款除外。

（七）环境保护法律法规体系中各层次间的关系

《宪法》是环境保护法律法规体系建立的依据和基础，法律层次不管是环境保护的综合法、单行法还是相关法，其中对环境保护的要求，法律效力是一样的。如果法律规定中有不一致的地方，应遵循后法大于先法。

国务院环境保护行政法规的法律地位仅次于法律。部门行政规章、地方环境法规和地方政府规章均不得违背法律和行政法规的规定。地方法规和地方政府规章只在制定法规、规章的辖区内有效。

我国的环境保护法律法规如与参加和签署的国际公约有不同规定时，应优先适用国际公约的规定。但我国声明保留的条款除外。

二、《中华人民共和国环境保护法》的要求

（1）建设污染环境的项目，必须遵守国家有关建设项目环境保护管理的规定。建设项目的环境影响报告书，必须对建设项目产生的污染和对环境的影响做出评价，规定防治措施，经项目主管部门预审并依照规定的程序报环境保护行政主管部门批准。环境影响报告书经批准后，计划部门方可批准建立项目设计书。

（2）开发利用自然资源，必须采取措施保护生态环境。

（3）建设项目中防治污染的措施，必须与主体工程同时设计、同时施工、同时投产使用。防治污染的设施必须经原审批环境影响报告书的环境保护行政主管部门验收合格后，该建设项目方可投入生产或者使用。

不得擅自拆除或者闲置防治污染的设施，确有必要拆除或者闲置的，必须征得所在地环境保护行政主管部门的同意。

《中华人民共和国水污染防治法》对环境保护有相似的要求，但对环境影响评价特别强调了要得到有关方面的同意。

新建、改建、扩建直接或者间接向水体排放污染物的建设项目和其他水上设施，

应当依法进行环境影响评价。

建设单位在江河、湖泊新建、改建、扩建排污口的，应当取得水行政主管部门或者流域管理机构同意；涉及通航、渔业水域的，环境保护主管部门在审批环境影响评价文件时，应当征求交通、渔业主管部门的意见。

建设项目的水污染防治设施，应当与主体工程同时设计、同时施工、同时投入使用。水污染防治设施应当经过环境保护主管部门验收，验收不合格的，该建设项目不得投入生产或者使用。

建设项目的环境影响报告书，必须对建设项目可能产生的水污染和对生态环境的影响做出评价，规定防治的措施，按照规定的程序报经有关环境保护部门审查批准。在运河、渠道、水库等水利工程内设置排污口，应当经过有关水利工程管理部门同意。环境影响报告书中，应当有该建设项目所在地单位和居民的意见。

三、建设项目环境保护规定

根据《中华人民共和国环境保护法》《中华人民共和国环境影响评价法》《建设项目环境保护管理条例》对建设项目的环境保护做出如下规定：

（一）环境影响评价

环境影响评价是指对规划和建设项目实施后可能造成的环境影响进行分析、预测和评估，提出预防或者减轻不良环境影响的对策和措施，进行跟踪监测的方法与制度。

1.环境影响评价编制资质

国家对从事建设项目环境影响评价工作的单位实行资格审查制度。从事建设项目环境影响评价工作的单位，必须取得国务院环境保护行政主管部门颁发的资格证书，按照资格证书规定的等级和范围，从事建设项目环境影响评价工作，并对评价结论负责。

国务院环境保护行政主管部门对已经颁发资格证书的从事建设项目环境影响评价工作的单位名单，应当定期予以公布。

从事建设项目环境影响评价工作的单位，必须严格执行国家规定的收费标准。建设单位可以采取公开招标的方式，选择从事环境影响评价工作的单位，对建设项目进行环境影响评价。任何行政机关不得为建设单位指定从事环境影响评价工作的单位，进行环境影响评价。

2.分类管理

国家根据建设项目对环境的影响程度，按照相关规定对建设项目的环境保护实行分类管理：①建设项目对环境可能造成重大影响的，应当编制环境影响报告书，对建设项目产生的污染和对环境的影响进行全面、详细的评价。②建设项目对环境可能造成轻度影响的，应当编制环境影响报告表，对建设项目产生的污染和对环境的影响进行分析或者专项评价。③建设项目对环境影响很小,不需要进行环境影响评价的,应当填报环境影响登记表。

建设项目环境保护分类管理名录,由国务院环境保护行政主管部门制订并公布。

3.环境影响报告书的内容

建设项目环境影响报告书,应当包括:①建设项目概况;②建设项目周围环境现状;③建设项目对环境可能造成影响的分析和预测;④环境保护措施及其经济、技术论证;⑤环境影响经济损益分析;⑥对建设项目实施环境监测的建议;⑦环境影响评价结论。

涉及水土保持的建设项目,还必须有经水行政主管部门审查同意的水土保持方案。

4.环境影响报告要求

(1)建设项目的环境影响评价工作,由取得相应资质证书的单位承担。

(2)建设单位应当在建设项目可行性研究阶段报批建设项目环境影响报告书、环境影响报告表或者环境影响登记表。按照国家有关规定,不需要进行可行性研究的建设项目,建设单位应当在建设项目开工前报批建设项目环境影响报告书、环境影响报告表或者环境影响登记表;其中,需要办理营业执照的,建设单位应当在办理营业执照前报批建设项目环境影响报告书、环境影响报告表或者环境影响登记表。

(3)建设项目环境影响报告书、环境影响报告表或者环境影响登记表,由建设单位报有审批权的环境保护行政主管部门进行审批;建设项目有行业主管部门的,其环境影响报告书或者环境影响报告表应当经行业主管部门预审后,报有审批权的环境保护行政主管部门审批。

(4)海岸工程建设项目环境影响报告书或者环境影响报告表,经海洋行政主管部门审核并签署意见后,报环境保护行政主管部门审批;环境保护行政主管部门应当自收到建设项目环境影响报告书之日起60日内、收到环境影响报告表之日起30日内、收到环境影响登记表之日起15日内,分别做出审批决定并书面通知建设单位;预审、审核、审批建设项目环境影响报告书、环境影响报告表或者环境影响登记表,不得收取任何费用。

(5)建设项目环境影响报告书、环境影响报告表或者环境影响登记表经批准后,建设项目的性质、规模、地点或者采用的生产工艺发生重大变化的,建设单位应当重新报批建设项目环境影响报告书、环境影响报告表或者环境影响登记表;建设项目环境影响报告书、环境影响报告表或者环境影响登记表自批准之日起满5年,建设项目方开工建设的,其环境影响报告书、环境影响报告表或者环境影响登记表应当报原审批机关重新审核。原审批机关应当自收到建设项目环境影响报告书、环境影响报告表或者环境影响登记表之日起10日内,将审核意见书面通知建设单位;逾期未通知的,视为审核同意。

（6）环境影响报告的审批权限。国家环境保护总局负责审批下列建设项目环境影响报告书、环境影响报告表或者环境影响登记表：①跨越省、自治区、直辖市界区的建设项目。②特殊性质的建设项目（如核设施、绝密工程等）。③特大型的建设项目（报国务院审批），即总投资2亿元以上，由国家发改委批准，或计划任务书由国家发改委报国务院批准的建设项目。④由省级环境保护部门提交上报，对环境问题有争议的建设项目。

以上规定以外的建设项目环境影响报告书、环境影响报告表或者环境影响登记表的审批权限，由省、自治区、直辖市人民政府规定。

建设项目造成跨行政区域环境影响，有关环境保护行政主管部门对环境影响评价结论有争议的，其环境影响报告书或者环境影响报告表由共同上一级环境保护行政主管部门审批。

（二）环境保护设施建设

（1）建设项目需要配套建设的环境保护设施，必须与主体工程同时设计、同时施工、同时投产使用。

（2）建设项目的初步设计，应当按照环境保护设计规范的要求，编制环境保护篇章，并依据经批准的建设项目环境影响报告书或者环境影响报告表，在环境保护篇章中写明防治环境污染和生态破坏的措施以及环境保护设施投资概算。

（3）建设项目的主体工程完工后，需要进行试生产的，其配套建设的环境保护设施必须与主体工程同时投入试运行。

（4）建设项目试生产期间，建设单位应当对环境保护设施运行情况和建设项目对环境的影响进行监测。

（5）建设项目竣工后，建设单位应当向审批该建设项目环境影响报告书、环境影响报告表或者环境影响登记表的环境保护行政主管部门，申请对该建设项目需要配套建设的环境保护设施竣工验收。环境保护设施竣工验收，应当与主体工程竣工验收同时进行。需要进行试生产的建设项目，建设单位应当自建设项目投入试生产之日起3个月内，向审批该建设项目环境影响报告书、环境影响报告表或者环境影响登记表的环境保护行政主管部门，申请该建设项目需要配套建设的环境保护设施竣工验收。

（6）分期建设、分期投入生产或者使用的建设项目，对其相应的环境保护设施应当分期验收。

（7）环境保护行政主管部门应当自收到环境保护设施竣工验收申请之日起30日内，完成验收。

（8）建设项目需要配套建设的环境保护设施经验收合格，该建设项目方可正式投入生产或者使用。

（三）法律责任

（1）违反规定，有以下行为之一的，由负责审批建设项目环境影响报告书、环境影响报告表或者环境影响登记表的环境保护行政主管部门责令限期补办手续；逾期不补办手续，擅自开工建设的，责令其停止建设，并可以处10万元以下的罚款：①未报批建设项目环境影响报告书、环境影响报告表或者环境影响登记表的。②建设项目的性质、规模、地点或者采用的生产工艺发生重大变化，未重新报批建设项目环境影响报告书、环境影响报告表或者环境影响登记表的。③建设项目环境影响报告书、环境影响报告表或者环境影响登记表自批准之日起满5年，建设项目方开工建设，其环境影响报告书、环境影响报告表或者环境影响登记表未报原审批机关重新审核的。

（2）建设项目环境影响报告书、环境影响报告表或者环境影响登记表未经批准或者未经原审批机关重新审核同意，擅自开工建设的，由负责审批该建设项目环境影响报告书、环境影响报告表或者环境影响登记表的环境保护行政主

管部门责令停止建设，限期恢复原状，可以处10万元以下的罚款。

（3）违反本条例规定，试生产建设项目配套建设的环境保护设施未与主体工程同时投入试运行的，由审批该建设项目环境影响报告书、环境影响报告表或者环境影响登记表的环境保护行政主管部门责令限期改正；逾期不改正的，责令停止试生产，可以处5万元以下的罚款。

（4）违反本条例规定，建设项目投入试生产超过3个月，建设单位未申请环境保护设施竣工验收的，由审批该建设项目环境影响报告书、环境影响报告表或者环境影响登记表的环境保护行政主管部门责令限期办理环境保护设施竣工验收手续；逾期未办理的，责令停止试生产，可以处5万元以下的罚款。

（5）违反本条例规定，建设项目需要配套建设的环境保护设施未建成、未经验收或者经验收不合格，主体工程正式投入生产或者使用的，由审批该建设项目环境影响报告书、环境影响报告表或者环境影响登记表的环境保护行政主管部门责令停止生产或者使用，可以处10万元以下的罚款。

（6）从事建设项目环境影响评价工作的单位，在环境影响评价工作中弄虚作假的，由国务院环境保护行政主管部门吊销资格证书，并处所收费用1倍以上3倍以下的罚款。

（7）环境保护行政主管部门的工作人员徇私舞弊、滥用职权、玩忽职守，构成犯罪的，依法追究刑事责任；尚不构成犯罪的，依法给予行政处分。

第三节　水利工程建设项目水土保持管理

一、水土流失

（一）水土流失的概念界定

水土流失是指在水力、风力、重力等外力作用下，山丘区及风沙区水土资源和土

地生产力的破坏和损失。水土流失包括土壤侵蚀及水的损失，也称水土损失。土壤侵蚀的形式除雨滴溅蚀、片蚀、细沟侵蚀、浅沟侵蚀、切沟侵蚀等典型的形式外，还包括山洪侵蚀、泥石流侵蚀以及滑坡等形式。水的损失一般是指植物截留损失、地面及水面蒸发损失、植物蒸腾损失、深层渗漏损失、坡地径流损失。在我国水土流失概念中水的损失主要指坡地径流损失。

我国水土流失具有自身特点：一是分布范围广，面积大。我国水土流失面积约为356万km²，占国土面积的37%。二是侵蚀形式多样，类型复杂。水力侵蚀、风力侵蚀、冻融侵蚀及滑坡、泥石流等重力侵蚀特点各异，相互交错，成因复杂。如西北黄土高原区、东北黑土漫岗区、南方红壤丘陵区、北方土石山区、南方石质山区以水力侵蚀为主，伴随有大量的重力侵蚀；青藏高原以冻融侵蚀为主；西部干旱地区风沙区和草原区风蚀非常严重；西北半干旱农牧交错带则为风蚀水蚀共同作用区。三是我国土壤流失严重。

（二）水土流失的具体危害

水土流失在我国的危害已达到十分严重的程度，它不仅对土地资源造成破坏，导致农业生产环境恶化，生态平衡失调，水旱灾害频繁，而且影响各业生产的发展。具体危害如下：

第一，破坏土地资源，蚕食农田，威胁群众生存。土壤是人类赖以生存的物质基础，是环境的基本要素，是农业生产的最基本资源。年复一年的水主流失，使有限的土地资源遭受严重的破坏，土层变薄，地表物质"沙化""石化"。据初步估计，由于水土流失，全国每年损失土地约13.3万km²，已直接威胁到水土流失区群众的生存，其价值是不能单用货币计算的。

第二，削弱地力，加剧干旱发展。由于水土流失，使坡耕地成为跑水、跑土、跑肥的"三跑田"，致使土地日益贫瘠，而且土壤侵蚀造成的土壤理化性状的恶化，土壤透水性、持水力的下降，加剧了干旱的发展，使农业生产量低而不稳，甚至绝产。据观测，黄土高原多年平均每年流失的16亿吨泥沙中含有氮、磷、钾总量约4000万t，东北地区因水土流失的氮、磷、钾总量约317万t。

第三，泥沙淤积河床，洪涝灾害加剧。水土流失使大量泥沙下泄，淤积下游河道，削弱行洪能力，一旦上游来洪量增大，则会引起洪涝灾害。近几十年来，特别是最近几年，长江、松花江、嫩江、黄河、珠江、淮河等发生的洪涝灾害，所造成的损失令人触目惊心。这都与水土流失使河床淤高有非常重要的关系。

第四，泥沙淤积水库湖泊，降低河流水域综合利用功能。水土流失不仅使洪涝灾害频繁，而且产生的泥沙大量淤积水库、湖泊，严重威胁到水利设施和效益的发挥。

第五，影响航运，破坏交通安全。由于水土流失造成河道、港口的淤积，致使航运里程和泊船吨位急剧降低，而且每年汛期由于水土流失形成的山体塌方、泥石流等造成交通中断，在全国各地时有发生。

二、水土保持

我国是世界上开展水土保持具有悠久历史并积累丰富经验的国家。从20世纪开始，我国就对水土流失规律进行了初步探索，为开展典型治理提供了依据。中华人民共和国成立后，我国政府十分重视水土保持工作，在长期实践的基础上，总结出以小流域为单元，全面规划、综合治理的经验。20世纪末国务院先后批准实施了《全国生态环境建设规划》及《全国生态环境保护纲要》，对21世纪初期的水土保持及生态建设做出了全面部署，并将水土保持及生态建设作为中国实施可持续发展战略和西部大开发战略的重要组成部分。近几年来，我国实行积极的财政政策，利用国债资金全面展开了大规模的生态建设，在长江上游、黄河中游以及环京津等水土流失严重地区，实施了水土保持重点建设工程、退耕还林工程及防沙治沙工程等一系列重大生态建设工程。

（一）我国水土保持的成功做法

我国水土保持经过半个世纪的发展，走出了一条具有中国特色综合防治水土流失的路子。主要做法有：

（1）预防为主，依法防治水土流失。加强执法监督，加强项目管理，控制人为水土流失。

（2）以小流域为单元，科学规划，综合治理。

（3）治理与开发利用相结合，实现三大效益的统一。

（4）优化配置水资源，合理安排生态用水，处理好生产、生活和生态用水的关系。同时在水土保持和生态建设中，充分考虑水资源的承载能力，因地制宜，因水制宜，适地适树，宜林则林，宜灌则灌，宜草则草。

（5）依靠科技，提高治理的水平和效益。

（6）建立政府行为和市场经济相结合的运行机制。

（7）广泛宣传，提高全民的水土保持意识。

（二）水土保持的治理原则

水土保持必须贯彻预防为主，全面规划，综合防治，因地制宜，加强管理。要贯彻好注重效益的方针，必须遵循以下治理原则：

（1）因地制宜，因害设防，综合治理开发。

（2）防治结合。

（3）治理开发一体化。

（4）突出重点，选好突破口。

（5）规模化治理，区域化布局。

（6）治管结合。

（三）水土保持的治理措施

为实现水土保持战略目标和任务，应采取以下措施：

（1）依法行政，不断完善水土保持法律法规体系，强化监督执法。严格执行《水土保持法》的规定，通过宣传教育，不断增强群众的水土保持意识和法制观念，坚决遏制人为因素导致水土流失，保护好现有植被。重点抓好开发建设项目水土保持管理。把水土流失的防治纳入法制化轨道。

（2）实行分区治理，分类指导。西北黄土高原区以建设稳产高产基本农田为突破口，突出沟道治理，退耕还林还草。东北黑土区大力推行保土耕作，保护和恢复植被。南方红壤丘陵区采取封禁治理，提高植物覆盖率，通过以电代柴解决农村能源问题。北方土石山区改造坡耕地，发展水土保持林和水源涵养林。西南石灰岩地区陡坡退耕，大力改造坡耕地，蓄水保土，控制石漠化。风沙区营造防风固沙林带，实施封育保护，防止沙漠扩展，草原区实行围栏、封育、轮牧、休牧、建设人工草场。

（3）加强封育保护，依靠生态的自我修复能力，促进大范围的生态环境改善。按照人与自然和谐相处的要求控制人类活动对自然的过度索取和侵害。大力调整农牧业生产方式，在生态脆弱地区，封山禁牧，舍饲圈养，依靠大自然的力量，特别是生态的自我修复能力，增加植被，减轻水土流失，改善生态环境。

（4）大规模地开展生态建设工程。继续开展以长江上游、黄河中游地区以及环京津地区的一系列重点生态工程建设，加大退耕还林力度。搞好天然林保护。加快跨流域调水和水资源、工程建设，尽快实施南水北调工程，缓解北方地区水资源短缺的矛盾，改善生态环境。在内陆河流域合理安排生态用水，恢复绿洲和遏制沙漠化。

（5）科学规划，综合治理。实行以小流域为单元的山、水、田、林、路统一规划，尊重群众的意愿，综合运用工程、生物和农业技术三大措施，有效控制水土流失，合理利用水土资源。通过经济结构、产业结构和种植结构的调整，提高农业综合生产能力和农民收入，减轻治理区的水土流失程度，使经济得到发展，人居环境得到改善，实现人口、资源、环境和社会的协调发展。

（6）加强水土保持科学研究，促进科技进步。不断探索有效控制土壤侵蚀，提高土地综合生产能力的措施，加强对治理区群众的培训，搞好水土保持科学普及和技术推广工作。积极开展水土保持监测预报，大力应用"3S"等高新技术，建立全国水土保持监测网络和信息系统，努力提高科技在水土保持中的贡献率。

（7）制定和完善优惠政策，建立适应市场经济要求的水土保持发展机制，明晰治理成果的所有权，保护治理者的合法权益，鼓励和支持广大农民和社会各界人士，积极参与治理水土流失。

（8）加强水土保持方面的国际合作和对外交流，增进相互了解，不断学习、借鉴和吸收国外的先进技术、先进理念和先进管理经验，不断提高我国水土保持的水平。

三、《中华人民共和国水土保持法》的有关规定

《中华人民共和国水土保持法》包括第一章总则、第二章预防、第三章治理、第四章监督、第五章法律责任和第六章附则共四十二条。对水利工程建设项目水土保持做出如下规定：

（一）水利工程建设项目水土保持要求

（1）从事可能引起水土流失的生产建设活动的单位和个人，必须采取措施保护水土资源，并负责治理因生产建设活动造成的水土流失。

（2）修建铁路、公路和水工程，应当尽量减少破坏植被；废弃的砂、石、土必须运至规定的专门存放地堆放，不得向江河、湖泊、水库和专门存放地以外的沟渠倾倒。

（3）在山区、丘陵区、风沙区修建铁路、公路、水工程，开办矿山企业、电力企业和其他大中型工业企业，在建设项目环境影响报告书中，必须有水行政主管部门同意的水土保持方案；建设项目中的水土保持设施，必须与主体工程同时设计、同时施工、同时投产使用。建设工程竣工验收时，应当同时验收水土保持设施，并有水行政主管部门参加。

（4）企业事业单位在建设和生产过程中必须采取水土保持措施，对造成的水土流失负责治理。本单位无力治理的，由水行政主管部门治理，治理费用由造成水土流失的企业事业单位负担；建设过程中发生的水土流失防治费用，从基本建设投资中列支；生产过程中发生的水土流失防治费用，从生产费用中列支。

（二）水土保持监督

（1）国务院水行政主管部门建立水土保持监测网络，对全国水土流失动态进行监测预报，并予以公告。

（2）县级以上地方人民政府水行政主管部门的水土保持监督人员，有权对本辖区的水土流失及其防治情况进行现场检查。被检查单位和个人必须如实报告情况，提供必要的工作条件。

（3）地区之间发生的水土流失防治的纠纷，应当协商解决；协商不成的，由上一级人民政府处理。

（三）法律责任

（1）在禁止开垦的陡坡地开垦种植农作物的，由县级人民政府水行政主管部门责令停止开垦、采取补救措施，可以处以罚款。

（2）企业事业单位、农业集体经济组织未经县级人民政府水行政主管部门批准，擅自开垦禁止开垦坡度以下、五度以上的荒坡地的，由县级人民政府水行政主管部门责令停止开垦、采取补救措施，可以处以罚款。

（3）在县级以上地方人民政府划定的崩塌滑坡危险区、泥石流易发区范围内取土、挖砂或者采石的，由县级以上地方人民政府水行政主管部门责令停止上述违法行为、采取补救措施，处以罚款。

（4）在林区采伐林木，不采取水土保持措施，造成严重水土流失的，由水行政主管部门报请县级以上人民政府决定责令限期改正、采取补救措施，处以罚款。

（5）企业事业单位在建设和生产过程中造成水土流失，不进行治理的，可以根据所造成的危害后果处以罚款，或者责令其停业治理；对有关责任人员由其所在单位或者上级主管机关给予行政处分。罚款由县级人民政府水行政主管部门报请县级人民政府决定。责令停业治理由市、县人民政府决定；中央或者省级人民政府直接管辖的企业事业单位的停业治理，须报请国务院或者省级人民政府批准。个体采矿造成水土流失，不进行治理的，按照前两款的规定处罚。

（6）以暴力、威胁方法阻碍水土保持监督人员依法执行职务的，依法追究刑事责任；拒绝、阻碍水土保持监督人员执行职务未使用暴力、威胁方法的，由公安机关依照治安管理处罚法的规定处罚。

（7）当事人对行政处罚决定不服的，可以在接到处罚通知之日起十五日内向做出处罚决定的机关的上一级机关申请复议；当事人也可以在接到处罚通知之日起十五日内直接向人民法院起诉。复议机关应当在接到复议申请之日起六十日内做出复议决定。当事人对复议决定不服的，可以在接到复议决定之日起十五日内向人民法院起诉。复议机关逾期不做出复议决定的，当事人可以在复议期满之日起十五日内向人民法院起诉。当事人逾期不申请复议也不向人民法院起诉、又不履行处罚决定的，做出处罚决定的机关可以申请人民法院强制执行。

（8）造成水土流失危害的，有责任排除危害，并对直接受到损害的单位和个人赔偿损失。赔偿责任和赔偿金额的纠纷，可以根据当事人的请求，由水行政主管部门处理；当事人对处理决定不服的，可以向人民法院起诉。当事人也可以直接向人民法院起诉。由于不可抗拒的自然灾害，并经及时采取合理措施，仍然不能避免造成水土流失危害的，免予承担责任。

（9）水土保持监督人员玩忽职守、滥用职权给公共财产、国家和人民利益造成损失的，由其所在单位或者上级主管机关给予行政处分；构成犯罪的，依法追究刑事责任。

四、水土保持方案编报审批规定

为了加强对水土保持方案编制、申报、审批的管理，根据《中华人民共和国水土保持法》《中华人民共和国水土保持法实施条例》和国家发改委、水利部、国家环境保护总局发布的《开发建设项目水土保持方案管理办法》，水利部于发布了《开发建设项目水土保持方案编报审批管理规定》（水利部令第5号），该规定共十五条，自发

布之日起施行。主要规定如下:

（1）凡从事有可能造成水土流失的开发建设单位和个人，必须在项目可行性研究阶段编报水土保持方案，并根据批准的水土保持方案进行前期勘测设计工作。

（2）水土保持方案分为"水土保持方案报告书"和"水土保持方案报告表"。在山区、丘陵区、风沙区修建铁路、公路、水工程、开办矿山企业、电力企业和其他大中型工业企业，必须编报"水土保持方案报告书"。在山区、丘陵区、风沙区开办乡镇集体矿山企业、开垦荒坡地、申请采矿以及其他生产建设单位和个人，必须填报"水土保持方案报告表"。

（3）水土保持方案的编报工作由生产建设单位负责。具体编制水土保持方案的单位，必须持有水行政主管部门颁发的《编制水土保持方案资格证书》，编制水土保持方案资格证书管理办法由国务院水行政主管部门另行制定。

（4）水土保持方案的编制应当按照《中华人民共和国水土保持法》第十八条规定、"水土保持方案报告书"编制提纲、《水土保持方案报告表》及国家、部门现行有关规范进行。

（5）编制水土保持方案所需费用应当根据编制工作量确定，并纳入项目前期费用。

（6）水土保持方案必须先经水行政主管部门审查批准，项目单位或个人在领取国务院水行政主管部门统一印制的《水土保持方案合格证》后，方能办理其他批准手续。

（7）水行政主管部门审批水土保持方案实行分级审批制度，县级以上地方人民政府水行政主管部门审批的水土保持方案，应报上一级人民政府水行政主管部门备案。中央审批立项的生产建设项目和限额以上技术改造项目水土保持方案，由国务院水行政主管部门审批。地方审批立项的生产建设项目和限额以下技术改造项目水土保持方案，由相应级别的水行政主管部门审批。乡镇、集体、个体及其他项目水土保持方案，由其所在县级水行政主管部门审批。跨地区的项目水土保持方案，报上一级水行政主管部门审批。

（8）县级以上各级水行政主管部门应在接到"水土保持方案报告书"或"水土保持方案报告表"之日起，分别在60天、30天内办理审批手续。逾期未审批或者未予答复的，项目单位可视其编报的水土保持方案已被确认。对特殊性质或特大型生产建设项目水土保持方案的审批时限可适当延长，延长时限最长不得超过半年。

（9）经审批的项目，如性质、规模、建设地点等发生变化时，项目单位或个人应及时修改水土保持方案，并按照本规定的程序报原批准单位审批。

（10）项目单位必须严格按照水行政主管部门批准的水土保持方案进行设计、施工。项目工程竣工验收时，必须由水行政主管部门同时验收水土保持设施。水土保持设施验收不合格的，项目工程不得投产使用。

（11）地方人民政府根据当地实际情况设立的水土保持机构，可行使本规定中水行政主管部门的职权。

第四节　水利工程建设的文明施工

一、文明施工的重要意义

文明施工有广义和狭义两种理解。广义的文明施工，简单地说就是科学地组织施工。狭义的文明施工，是指按照现代化施工的客观要求，使施工现场保持良好的施工环境和施工秩序。

文明施工是现代化施工的一个重要标志，是施工企业一项基本的管理工作，坚持文明施工具有重要意义。

第一，文明施工是施工企业各项管理水平的综合反映。建筑工程体积庞大、结构复杂、工种工序繁多，立体交叉作业平行流水施工，生产周期长，需用原料多，工程能否顺利进行受环境影响很大。文明施工就是要通过对施工现场中的质量、安全防护、安全用电、机械设备、技术、消防保卫、场容、卫生等各个方面的管理，创造良好的施工环境并建立相应施工秩序，文明施工能促进安全生产、加快施工进度、保证工程质量、降低工程成本、提高经济和社会效益。文明施工涉及人、财、物各个方面，贯穿于施工全过程之中，是企业各项管理在施工现场的综合反映。

第二，文明施工是适应现代化施工的客观要求。现代化施工采用先进的技术、工艺、材料、设备和科学的施工方案，需要严密的施工组织、严格的要求、标准化的管理和较好的职工素质等。文明施工能适应现代化施工的要求，是实现优质、高效、低耗、安全、清洁、卫生的有效手段。

第三，文明施工能树立企业的形象。良好的施工环境与施工秩序，可以得到社会的支持和信赖，提高企业的知名度和市场竞争力。

第四，文明施工有利于员工的身心健康，有利于培养和提高施工队伍的整体素质。文明施工可以提高职工队伍的文化、技术和思想素质，培养尊重科学、遵守纪律、团结协作的大生产意识，促进企业精神文明建设。从而还可以促进施工队伍整体素质的提高。

二、文明施工的组织与管理

（一）组织和制度管理

施工现场应成立以项目经理为第一责任人的文明施工管理组织。分包单位应服从总包单位的文明施工管理组织的统一管理，并接受监督检查。各项施工现场管理制度应有文明施工的规定，包括个人岗位责任制、经济责任制、安全检查制度、持证上岗制度、奖惩制度、竞赛制度和各项专业管理制度等。加强和落实现场文明检查、考核及奖惩管理，以促进施工文明管理工作提高。检查范围和内容应全面周到，包括生产区、生活区、场容场貌、环境文明及制度落实等内容。对于检查发现的问题应采取整改措施。

（二）建立收集文明施工的资料

上级关于文明施工的标准、规定、法律法规等资料。施工组织设计（方案）中对文明施工的管理规定，各阶段施工现场文明施工的措施。文明施工自检资料。

文明施工教育、培训、考核计划的资料。文明施工活动各项记录资料。

（三）加强文明施工的宣传和教育

在坚持岗位练兵基础上，要采取走出去、请进来、短期培训、上技术课、登黑板报、广播、看录像、看电视等方法狠抓教育工作。要特别注意对临时工的岗前教育。专业管理人员应熟悉掌握文明施工的规定。

三、现场文明施工的基本要求

（1）施工现场必须设置明显的标牌，标明工程项目名称、建设单位、设计单位、施工单位、项目经理和施工现场总代表人的姓名和开、竣工日期、施工许可证批准文号等。施工单位负责施工现场标牌的保护工作。

（2）施工现场的管理人员在施工现场应当佩戴证明其身份的证件。

（3）应当按照施工总平面布置图设置各项临时设施。现场堆放的大宗材料、成品、半成品和机具设备不得侵占场内道路及安全防护等设施。

（4）施工现场的用电线路、用电设施的安装和使用必须符合安装规范和安全操作规程，并按照施工组织设计进行架设，严禁任意拉线接电。施工现场必须设有保证施工安全要求的夜间照明；危险潮湿场所的照明以及手持照明灯具，必须采用符合安全要求的电压。

（5）施工机械应当按照施工总平面布置图规定的位置和线路设置，不得任意侵占场内道路。施工机械进场须经过安全检查，经检查合格的方能使用。施工机械操作人员必须建立机组责任制，并依照有关规定持证上岗，禁止无证人员操作。

（6）应保证施工现场道路畅通，排水系统处于良好的使用状态；保持场容场貌的整洁，随时清理建筑垃圾。在车辆、行人通行的地方施工，应当设置施工标志，并对沟井坎穴进行覆盖。

（7）施工现场的各种安全设施和劳动保护器具，必须定期进行检查和维护，及时消除隐患，保证其安全有效。

（8）施工现场应当设置各类必要的职工生活设施，并符合卫生、通风、照明等要求。职工的膳食、饮水供应等应当符合卫生要求。

（9）应当做好施工现场安全保卫工作，采取必要的防盗措施，在现场周边设立围护设施。

（10）应当严格依照《中华人民共和国消防条例》的规定，在施工现场建立和执行防火管理制度，设置符合消防要求的消防设施，并保持完好的备用状态。在容易发生火灾的地区施工，或者储存、使用易燃易爆器材时，应当采取特殊的消防安全措施。

（11）施工现场发生工程建设重大事故的处理，依照《工程建设重大事故报告和调查程序规定》执行。

四、水利工程建设项目文明施工要求

创建文明建设工地是工程建设物质文明和精神文明建设的最佳结合点，是工程项目管理的中心环节，同时也是水利水电企业按照现代企业制度要求，加强企业管理，树立企业良好形象的需要。为贯彻落实《中共中央关于加强社会主义精神文明建设若干重要问题的决议》精神，加强水利工程建设管理，提高建设管理水平，推动创建文明建设工地活动健康有序地开展，实现水利建设管理由粗放型管理到集约型管理的根本性转变，水利部建管司、人事劳动教育司、精神文明建设指导委员会办公室决定评选水利系统文明建设工地。水利部实施了《水利系统文明工地评审管理办法》，该办法共16条，并附水利系统文明建设工地考核标准。

（一）文明建设工地的基本条件

根据《水利系统文明工地评审管理办法》，水利系统文明建设工地由项目法人负责申报。申报水利系统文明建设工地的项目应满足下列基本条件：

（1）已完工程量一般应达全部建安工程量的30%以上。

（2）工程未发生严重违法乱纪事件和重大质量、安全事故。

（3）符合水利系统文明建设工地考核标准的要求。

（二）文明建设工地考核内容

（1）根据《水利系统文明工地评审管理办法》，《水利系统文明建设工地考核标准》分为3项内容：①精神文明建设；②工程建设管理水平；③施工区环境。

（2）工程建设管理水平考核包括四个方面：①基本建设程序；②工程质量管理；③施工安全措施；④内部管理制度。

（3）基本建设程序考核包括四项内容：①工程建设符合国家的政策、法规，严格按建设程序建设；②按部有关文件实行招标投标制和建设监理制规范；③工程实施过程中，能严格按合同管理，合理控制投资、工期、质量，验收程序符合要求；④项目法人与监理、设计、施工单位关系融洽。

（4）质量管理考核包括五项内容：①工程施工质量检查体系及质量保证体系健全；②工地实验室拥有必要的检测设备；③各种档案资料真实可靠，填写规范、完整；④工程内在、外观质量优良，单元工程优良品率达到70%以上，未出现过重大质量事故；⑤出现质量事故能按照四不放过原则及时处理。

（5）施工安全措施考核包括四项内容：①建立了以责任制为核心的安全管理和保证体系，配备了专职或兼职安全员；②认真贯彻国家有关施工安全的各项规定和标准，并制定了安全保证制度；③施工现场无不符合安全操作规程状况；④一般伤亡事故控制在标准内，未发生重大安全事故。

（6）内部管理制度主要考核是否健全，建设资金使用是否合理合法。

（7）施工区环境考核包括九项内容：①现场材料堆放、施工机械停放有序、整齐；②施工现场道路平整、畅通；③施工现场排水畅通，无严重积水现象；④施工现场做到工完场清，建筑垃圾集中堆放并及时清运；⑤危险区域有醒目的安全警示牌，夜间作业要设警示灯；⑥施工区与生活区应挂设文明施工标牌或文明施工规章制度标牌；⑦办公室、宿舍、食堂等公共场所整洁卫生、有条理；⑧工区内社会治安环境稳定；⑨能注意正确协调处理与当地政府和周围群众关系。

第九章 现代水利工程施工安全管理

第一节 水利工程施工安全管理概述

一、水利工程施工安全管理基础

（一）安全管理概念

安全生产是指生产过程处于避免人身伤害、设备损坏及其他不可接受的损害风险（危险）的状态。不可接受的损害风险（危险）是指：超出了法律、法规和规章的要求，超出了方针、目标和企业规定的其他要求，超出了人们普遍接受的要求。建筑工程安全生产管理是指建设行政主管部门、建筑安全监督管理机构、建筑施工企业及有关单位对建筑安全生产过程中的安全工作，进行计划、组织、指挥、控制、监督、调节和改进等一系列致力于满足生产安全的管理活动。

1.建筑工程安全生产管理的特点

（1）安全生产管理涉及面广、涉及单位多

由于建筑工程规模大，生产工艺复杂、工序多，在建造过程中流动作业多、高处作业多，作业位置多变，遇到不确定因素多，所以安全管理工作涉及范围大，控制面广。安全管理不仅是施工单位的责任，还包括建设单位、勘察设计单位、监理单位，这些单位也要为安全管理承担相应的责任和义务。

（2）安全生产管理动态性

①由于建筑工程项目的单件性，使得每项工程所处的条件不同，所面临的危险因素和防范也会有所改变。

②工程项目的分散性。施工人员在施工过程中，分散于施工现场的各个部位，当他们面对各种具体的生产问题时，一般依靠自己的经验和知识进行判断并作出决定，从而增加了施工过程中由不安全行为而导致事故的风险。

（3）安全生产管理的交叉性

建筑工程项目是开放系统，受自然环境和社会环境影响很大，安全生产管理需要把工程系统和环境系统及社会系统相结合。

（4）安全生产管理的严谨性

安全状态具有触发性，安全管理措施必须严谨，一旦失控，就会造成损失和伤害。

2.建筑工程安全生产管理的方针

"安全第一"是建筑工程安全生产管理的原则和目标，"预防为主"是实现安全第一的最重要手段。

3.建筑工程安全管理的原则

（1）"管生产必须管安全"的原则。一切从事生产、经营的单位和管理部门都必须管安全，全面开展安全工作。

（2）"安全具有否决权"的原则。安全管理工作是衡量企业经营管理工作好坏的一项基本内容，在对企业进行各项指标考核时，必须首先考虑安全指标的完成情况。安全生产指标具有一票否决的作用。

（3）职业安全卫生"三同时"的原则。"三同时"指建筑工程项目其劳动安全卫生设施必须符合国家规范规定的标准，必须与主体工程同时设计、同时施工、同时投入生产和使用。

4.安全生产责任制度

安全生产责任制度是建筑生产中最基本的安全管理制度，是所有安全规章制度的核心。安全生产责任制度是指将各种不同的安全责任落实到具体安全管理的人员和具体岗位人员身上的一种制度。这一制度是安全第一、预防为主的具体体现，是建筑安全生产的基本制度。

5.安全生产目标管理

安全生产目标管理就是根据建筑施工企业的总体规划要求，制订出在一定时期内安全生产方面所要达到的预期目标并组织实现此目标。其基本内容是：确定目标、目标分解、执行目标、检查总结。

6.施工组织设计

施工组织设计是组织建设工程施工的纲领性文件，是指导施工准备和组织施工的全面性的技术、经济文件，是指导现场施工的规范性文件。施工组织设计必须在施工准备阶段完成。

7.安全技术措施

安全技术措施是指为防止工伤事故和职业病的危害，从技术上采取的措施。在工程施工中，是指针对工程特点、环境条件、劳力组织、作业方法、施工机械、供电设施等制订的确保安全施工的措施。

安全技术措施也是建设工程项目管理实施规划或施工组织设计的重要组成部分。

8.安全技术交底

安全技术交底是落实安全技术措施及安全管理事项的重要手段之一。重大安全技术措施及重要部位的安全技术由公司负责人向项目经理部技术负责人进行书面的安全技术交底；一般安全技术措施及施工现场应注意的安全事项由项目经理部技术负责人向施工作业班组、作业人员作出详细说明，并经双方签字认可。

9.安全教育

安全教育是实现安全生产的一项重要基础工作，它可以提高职工搞好安全生产的自觉性、积极性和创造性，增强安全意识，掌握安全知识，提高职工的自我防护能力，使安全规章制度得到贯彻执行。安全教育培训的主要内容有：安全生产思想、安全知识、安全技能、安全操作规程标准、安全法规、劳动保护和典型事例。

10.班组安全活动

班组安全活动是指在上班前由班组长组织并主持，根据本班目前工作内容，重点介绍安全注意事项、安全操作要点，以达到组员在班前掌握安全操作要领，提高安全防范意识，减少事故发生的活动。

11.特种作业

特种作业是指在劳动过程中容易发生伤亡事故，对操作者本人，尤其对他人和周围设施的安全有重大危害因素的作业。直接从事特种作业者，称特种作业人员。

12.安全检查

安全检查是指建设行政主管部门、施工企业安全生产管理部门或项目经理，对施工企业和工程项目经理部贯彻国家安全生产法律及法规的情况、安全生产情况、劳动条件、事故隐患等进行的检查。

13.安全事故

安全事故是人们在进行有目的的活动中，发生了违背人们意愿的不幸事件，使其有目的的行动暂时或永久的停止。重大安全事故，是指在施工过程中由于责任过失造成工程倒塌或废弃、机械设备破坏和安全设施失当造成人身伤亡或者重大经济损失的事故。

14.安全评价

安全评价是采用系统科学方法，辨别和分析系统存在的危险性并根据其形成事故的风险大小，采取相应的安全措施，以达到系统安全的过程。安全评价的基本内容有：识别危险源、评价风险、采取措施，直到达到安全目标。

15.安全标志

安全标志由安全色、几何图形符号构成，以此表达特定的安全信息。其目的是引起人们对不安全因素的注意，预防事故的发生。安全标志分为禁止标志、警告标志、指令标志、提示性标志四类。

（二）工程施工特点

建筑业的生产活动危险性大，不安全因素多，是事故多发行业。建筑施工的特点主要是：

（1）工程建设最大的特点就是产品固定，这是它不同于其他行业的根本点，建筑产品是固定的，体积大、生产周期长。建筑物一旦施工完毕就固定了，生产活动都是围绕着建筑物、构筑物来进行的，有限的场地上集中了大量的人员、建筑材料、设备零部件和施工机具等，这样的情况可以持续几个月或一年，有的甚至需要七八年，工程才能完成。

（2）高处作业多，工人常年在室外操作。一栋建筑物从基础、主体结构到屋面工程、室外装修等，露天作业约占整个工程的70%。现在的建筑物一般都在7层以上，绝大部分工人都在十几米或几十米的高处从事露天作业。工作条件差，且受到气候条件多变的影响。

（3）手工操作多，繁重的劳动消耗大量体力。建筑业是劳动密集型的传统行业之一，大多数工种需要手工操作。近几年来，墙体材料有了改革，出现了大模、滑模、大板等施工工艺，但就全国来看，绝大多数墙体仍然是使用粘土砖、水泥空心砖和小砌块砌筑。

（4）现场变化大。每栋建筑物从基础、主体到装修，每道工序都不同，不安全因素也就不同，即使同一工序由于施工工艺和施工方法不同，生产过程也不同。而随着工程进度的推进，施工现场的施工状况和不安全因素也随之变化。为了完成施工任务，要采取很多临时性措施。

（5）近年来，建筑任务已由以工业为主向以民用建筑为主转变，建筑物由低层向高层发展，施工现场由较为宽阔的场地向狭窄的场地变化。施工现场的吊装工作量增多，垂直运输的办法也多了，多采用龙门架（或井字架）、高大旋转塔吊等。随着流水施工技术和网络施工技术的运用，交叉作业也随之大量增加，木工机械如电平刨、电锯普遍使用。因施工条件变化，伤亡类别增多。过去是"钉子扎脚"等小事故较多，现在则是机械伤害、高处坠落、触电等事故较多。

建筑施工复杂，加上流动分散、工期不固定，比较容易形成临时观念，不采取可靠的安全防护措施，存在侥幸心理，伤亡事故必然频繁发生。

二、施工安全因素

事故潜在的不安全因素是造成人的伤害、物的损失事故的先决条件，各种人身伤害事故均离不开物与人这两个因素。人的不安全行为和物的不安全状态，是造成绝大部分事故的两个方面潜在的不安全因素，通常也可称作事故隐患。

（一）安全因素特点

安全是在人类生产过程中，将系统的运行状态对人类的生命、财产、环境可能产生的损害控制在人类能接受水平以下的状态。安全因素的定义就是在某一指定范围内与安全有关的因素。水利水电工程施工安全因素有以下特点：

（1）安全因素的确定取决于所选的分析范围，此处分析范围可以指整个工程，也可以针对具体工程的某一施工过程或者某一部分的施工，例如围堰施工，升船机施工等。

（2）安全因素的辨识依赖于对施工内容的了解，对工程危险源的分析以及运作安全风险评价的人员的安全工作经验。

（3）安全因素具有针对性，并不是对于整个系统事无巨细的考虑，安全因素的选取具有一定的代表性和概括性。

（4）安全因素具有灵活性，只要能对所分析的内容具有一定概括性，能达到系统分析的效果的，都可成为安全因素。

（5）安全因素是进行安全风险评价的关键点，是构成评价系统框架的节点。

（二）安全因素辨识过程

安全因素是进行风险评价的基础，人们在辨识出的安全因素的基础上，进行风险评价框架的构建。在进行水利水电工程施工安全因素的辨识，首先对工程施工内容和施工危险源进行分析和了解，在危险源的认知基础上，以整个工程为分析范围，从管理、施工人员、材料、危险控制等各个方面结合以往的安全分析危险，进行安全因素的辨识。

宏观安全因素辨识工作需要收集以下资料：

1.工程所在区域状况

（1）本地区有无地震、洪水、浓雾、暴雨、雪害、龙卷风及特殊低温等自然灾害？

（2）工程施工期间如发生火药爆炸、油库火灾爆炸等对邻近地区有何影响？

（3）工程施工过程中如发生大范围滑坡、塌方及其他意外情况对行船、导流、行车等有无影响？

（4）附近有无易燃、易爆、毒物泄漏的危险源，对本区域的影响如何？是否存在其他类型的危险源？

（5）工程过程中排土、排碴是否会形成公害或对本工程及友邻工程进行产生不良影响？

（6）公用设施如供水、供电等是否充足？重要设施有无备用电源？

（7）本地区消防设备和人员是否充足？

（8）本地区医院、救护车及救护人员等配置是否适当？有无现场紧急抢救措施？

2.安全管理情况

（1）安全机构、安全人员设置满足安全生产要求与否？

（2）怎样进行安全管理的计划、组织协调、检查、控制工作？

（3）对施工队伍中各类用工人员是否实行了安全一体化管理？

（4）有无安全考评及奖罚方面的措施？

（5）如何进行事故处理？同类事故发生情况如何？

（6）隐患整改如何？

（7）是否制定有切实有效且操作性强的防灾计划？领导是否经常过问？关键性设备、设施是否定期进行试验、维护？

（8）整个施工过程是否制定完善的操作规程和岗位责任制？实施状况如何？

（9）程序性强的作业（如起吊作业）及关键性作业（如停送电、放炮）是否实行标准化作业？

（10）是否进行在线安全训练？职工是否掌握必备的安全抢救常识和紧急避险、互救知识？

3.施工措施安全情况

（1）是否设置了明显的工程界限标识？

（2）有可能发生塌陷、滑坡、爆破飞石、吊物坠落等危险场所是否标定合适的安全范围并设有警示标志或信号？

（3）友邻工程施工中在安全上相互影响的问题是如何解决的？

（4）特殊危险作业是否规定了严格的安全措施？能强制实施否？

（5）可能发生车辆伤害的路段是否设有合适的安全标志？

（6）作业场所的通道是否良好？是否有滑倒、摔伤的危险？

（7）所有用电设施是否按要求接地、接零？人员可能触及的带电部位是否采取有效的保护措施？

（8）可能遭受雷击的场所是否采取了必要的防雷措施？

（9）作业场所的照明、噪声、有毒有害气体浓度是否符合安全要求？

（10）所使用的设备、设施、工具、附件、材料是否具有危险性？是否定期进行检查确认？有无检查记录？

（11）作业场所是否存在冒顶片帮或坠井、掩埋的危险性？曾经采取了何等措施？

（12）登高作业是否采取了必要的安全措施（可靠的跳板、护栏、安全带等）？

（13）防、排水设施是否符合安全要求？

（14）劳动防护用品适应作业要求之情况，发放数量、质量、更换周期满足要求与否？

4.油库、炸药库等易燃、易爆危险品

（1）危险品名称、数量、设计最大存放量？

（2）危险品化学性质及其燃点、闪点、爆炸极限、毒性、腐蚀性等了解与否？

（3）危险品存放方式（是否根据其用途及特性分开存放）？

（4）危险品与其他设备、设施等之间的距离、爆破器材分放点之间是否有殉爆的可能性？

（5）存放场所的照明及电气设施的防爆、防雷、防静电情况？

（6）存放场所的防火设施配置消防通道否？有无烟、火自动检测报警装置？

（7）存放危险品的场所是否有专人24小时值班，有无具体岗位责任制和危险品管理制度？

（8）危险品的运输、装卸、领用、加工、检验、销毁是否严格按照安全规定进行？

（9）危险品运输、管理人员是否掌握火灾、爆炸等危险状况下的避险、自救、互救的知识？是否定期进行必要的训练？

5.起重运输大型作业机械情况

（1）运输线路里程、路面结构、平交路口、防滑措施等情况如何？

（2）指挥、信号系统情况如何？信息通道是否存在干扰？

（3）人—机系统匹配有何问题？

（4）设备检查、维护制度和执行情况如何？是否实行各层次的检查？周期多长？是否实行定期计划维修？周期多长？

（5）司机是否经过作业适应性检查？

（6）过去事故情况如何？

以上这些因素均是进行施工安全风险因素识别时需要考虑的主要因素。实际工程中需考虑的因素可能比上述因素还要多。

（三）施工过程行为因素

采用HFACS框架对导致工程施工事故发生的行为因素进行分析。对标准的HFACS框架进行修订，以适应水电工程施工实际的安全管理、施工作业技术措施、人员素质等状况。框架的修改遵循4个原则：

（1）删除在事故案例分析中出现频率极少的因素，包括对工程施工影响较小和难以在事故案例中找到的潜在因素。

（2）对相似的因素进行合并，避免重复统计，从而无形之中提高类似因素在整个工程施工当中的重要性。

（3）针对水电工程施工的特点，对因素的定义、因素的解释和其涵盖的具体内容进行适当的调整。

（4）HFACS框架是从国外引进的，将部分因素的名称加以修改，以更贴切我国工程施工安全管理业务的习惯用语。

对标准HFACS框架修改如下。

1.企业组织影响（L4）

企业（包括水电开发企业、施工承包单位、监理单位）组织层的差错属于最高级别的差错，它的影响通常是间接地、隐性的，因而常会被安全管理人员所忽视。在进行事故分析时，很难挖掘起企业组织层的缺陷；而一经发现，其改正的代价也很高，但是却更能加强系统的安全。一般而言，组织影响包括3个方面：

（1）资源管理：主要指组织资源分配及维护决策存在的问题，如安全组织体系不完善、安全管理人员配备不足、资金设施等管理不当、过度削减与安全相关的经费（安全投入不足）等。

（2）安全文化与氛围：可以定义为影响管理人员与作业人员绩效的多种变量，包括组织文化和政策，比如信息流通传递不畅、企业政策不公平、只奖不罚或滥奖、过于强调惩罚等都属于不良的文化与氛围。

（3）组织流程：主要涉及组织经营过程中的行政决定和流程安排，如施工组织设计不完善、企业安全管理程序存在缺陷、制定的某些规章制度及标准不完善等。

其中，"安全文化与氛围"这一因素，虽然在提高安全绩效方面具有积极作用，但不好定性衡量，在事故案例报告中也未明确的指明，而且在工程施工各类人员成分复杂的结构当中，其传播较难有一个清晰的脉络。为了简化分析过程，将该因素去除。

2.安全监管（L3）

（1）监督（培训）不充分：指监督者或组织者没有提供专业的指导、培训、监督等。若组织者没有提供充足的CRM培训，或某个管理人员、作业人员没有这样的培训机会，则班组协同合作能力将会大受影响，出现差错的概率必然增加。

（2）作业计划不适当：包括这样几种情况，班组人员配备不当，如没有职工带班，没有提供足够的休息时间，任务或工作负荷过量。整个班组的施工节奏以及作业安排由于赶工期等原因安排不当，会使得作业风险加大。

（3）隐患未整改：指的是管理者知道人员、培训、施工设施、环境等相关安全领域的不足或隐患之后，仍然允许其持续下去的情况。

（4）管理违规：指的是管理者或监督者有意违反现有的规章程序或安全操作规程，如允许没有资格、未取得相关特种作业证的人员作业等。

以上四项因素在事故案例报告中均有体现，虽然相互之间有关联，但各有差异，彼此独立，因此，均加以保留。

3.不安全行为的前提条件（L2）

这一层级指出了直接导致不安全行为发生的主客观条件，包括作业人员状态、环境因素和人员因素。将"物理环境"改为"作业环境"，"施工人员资源管理"改为"班组管理"，"人员准备情况"改为"人员素质"。定义如下：

（1）作业环境：既指操作环境（如气象、高度、地形等），也指施工人员周围的环境，如作业部位的高温、振动、照明、有害气体等。

（2）技术措施：包括安全防护措施、安全设备和设施设计、安全技术交底的情况，以及作业程序指导书与施工安全技术方案等一系列情况。

（3）班组管理：属于人员因素，常为许多不安全行为的产生创造前提条件。未认真开展"班前会"及搞好"预知危险活动"；在施工作业过程中，安全管理人员、技术人员、施工人员等相互间信息沟通不畅、缺乏团队合作等问题属于班组管理不良。

（4）人员素质：包括体力（精力）差、不良心理状态与不良生理状态等生理心理素质，如精神疲劳，失去情境意识，工作中自满、安全警惕性差等属于不良心理状态；生病、身体疲劳或服用药物等引起生理状态差，当操作要求超出个人能力范围时会出现身体、智力局限，同时为安全埋下隐患，如视觉局限、休息时间不足、体能不适应等；以及没有遵守施工人员的休息要求、培训不足、滥用药物等属于个人准备情况的不足。

将标准HFACS的"体力（精力）限制""不良心理状态"与"不良生理状态"合并，是因为这三者可能互相影响和转换。"体力（精力）限制"可能会导致"不良心理状态"与"不良生理状态"，此处便产生了重复，增加了心理和生理状态在所有因素当中的比重。同时，"不良心理状态"与"不良生理状态"之间也可能相互转化，由于心理状态的失调往往会带来生理上的伤害，而生理上的疲劳等因素又会引起心理状态的变化，两者相辅相成，常常是共同存在的。此外，没有充分的休息、滥用药物、生病、心理障碍也可以归结为人员准备不足，因此，将"体力（精力）限制""不良心理状态"与"不良生理状态"合并至"人员素质"。

4.施工人员的不安全行为（L1）

人的不安全行为是系统存在问题的直接表现。将这种不安全行为分成3类：知觉与决策差错、技能差错以及操作违规。

（1）知觉与决策差错："知觉差错"和"决策差错"通常是并发的，由于对外界条件、环境因素以及施工器械状况等现场因素感知上产生的失误，进而导致做出错误的决定。决策差错指由于经验不足，缺乏训练或外界压力等造成，也可能理解问题不彻底，如紧急情况判断错误，决策失败等。知觉差错指一个人的感知觉和实际情况不一致，就像出现视觉错觉和空间定向障碍一样，可能是由于工作场所光线不足，或在不利地质、气象条件下作业等。

（2）技能差错：包括漏掉程序步骤、作业技术差、作业时注意力分配不当等。不依赖于所处的环境，而是由施工人员的培训水平决定，而在操作当中不可避免地发生，因此应该作为独立的因素保留。

（3）操作违规：故意或者主观不遵守确保安全作业的规章制度，分为习惯性的违章和偶然性的违规。前者是组织或管理人员常常能容忍和默许的，常造成施工人习惯成自然。而后者偏离规章或施工人员通常的行为模式，一般会被立即禁止。

经过修订的新框架，根据工程施工的特点重新选择了因素。在实际的工程施工事故分析以及制定事故防范与整改措施的过程中，通常会成立事故调查组对某一类原因，比如施工人员的不安全行为进行调查，给出处理意见及建议。应用HFACS框架的目的之一是尽快找到并确定在工程施工中，所有已经发生的事故当中，哪一类因素占相对重要的部分，可以集中人力和物力资源对该因素所反映的问题进行整改。对于类似的或者可以归为一类的因素整体考虑，科学决策，将结果反馈给整改单位，由他们完成相关一系列后续工作。因此，修订后的HFACS框架通过对标准框架因素的调整，加强了独立性和概括性，使得能更合理地反映水电工程施工的实际状况。

应用HFACS框架对行为因素导致事故的情况初步分类，在求证判别一致性的基础上，分析了导致事故发生的主要因素。但这种分析只是静态的，HFACS框架仅仅简单地将发生事故中的行为因素进行分类，没有指出上层因素是如何影响下层因素的，以及采取什么样的措施才能在将来尽量地避免事故发生。基于HFACS框架的静态分析只是将行为因素按照不同的层次进行了重新配置，没有寻求因素的发生过程和事故的解决之道。因此，有必要在此基础上，对HFACS框架当中相邻层次之间因素的联系进行分析，指出每个层次的因素如何被上一层次的因素影响，以及作用于下一次层次的因素，从而有利于针对某因素制定安全防范措施的时候，能够承上启下，进行综合考虑，使得从源头上避免该类因素的产生，并且能够有效抑制由于该因素发生而产生的连锁反应。

采用统计性描述，揭示不良的企业组织影响如何通过组织流程等因素向下传递造成安全监管的失误，安全监管的错误决定了安全检查与培训等力度，决定了是否严格执行安全管理规章制度等，决定了对隐患是否漠视等，这些错误造成了不安全行为的前提条件，进一步影响了施工人员的工作状态，最终导致事故的发生。进行统计学分析的目的是为了提供邻近层次的不同种类之间因素的概率数据，以用来确定框架当中高层次对底层次因素的影响程度。一旦确定了自上而下的主要途径，就可以量化因素之间的相互作用，也有利于制定针对性的安全防范措施与整改措施。

三、安全管理体系

（一）安全管理体系内容

1.建立健全安全生产责任制

安全生产责任制是安全管理的核心，是保障安全生产的重要手段，它能有效地预防事故的发生。

安全生产责任制是根据"管生产必须管安全""安全生产人人有责"的原则。明确各级领导和各职能部门及各类人员在生产活动中应负的安全职责的制度。有些安全生产责任制，就能把安全与生产从组织形式上统一起来，把"管生产必须管安全"的原则从制度上固定下来，从而增强了各级管理人员的安全责任心，使安全管理纵向到底、横向到边、专管成线、群管成网、责任明确、协调配合、共同努力，真正把安全生产工作落到实处。

安全生产责任制的内容要分级制定和细化，如企业、项目、班组都应建立各级安全生产责任制，按其职责分工，确定各自的安全责任，并组织实施和考评，保证安全生产责任制的落实。

2.制定安全教育制度

安全教育制度是企业对职工进行安全法律、法规、规范、标准、安全知识和操作规程培训教育的制度，是提高职工安全意识的重要手段，是企业安全管理的一项重要内容。

安全教育制度内容应规定：定期和不定期安全教育的时间、应受教育的人员、教育的内容和形式，如新工人、外施队人员等进场前必须接受三级（公司、项目、班组）安全教育。从事危险性较大的特殊工种的人员必须经过专门的培训机构培训合格后持证上岗，每年还必须进行一次安全操作规程的训练和再教育。对采用新工艺、新设备、新技术和变换工种的人员应进行安全操作规程和安全知识的培训和教育。

3.制定安全检查制度

安全检查是发现隐患、消除隐患、防止事故、改善劳动条件和环境的重要措施，是企业预防安全生产事故的一项重要手段。

安全检查制度内容应规定：安全检查负责人、检查时间、检查内容和检查方式。它包括经常性的检查、专业化的检查、季节性的检查和专项性的检查，以及群众性的检查等。对于检查出的隐患应进行登记，并采取定人、定时间、定措施的"三定"办法给予解决，同时对整改情况进行复查验收，彻底消除隐患。

4.制定各工种安全操作规程

工种安全操作规程是消除和控制劳动过程中的不安全行为，预防伤亡事故，确保作业人员的安全和健康的需要的措施，也是企业安全管理的重要制度之一。

安全操作规程的内容应根据国家和行业安全生产法律、法规、标准、规范，结合施工现场的实际情况制定出各种安全操作规程。同时根据现场使用的新
工艺、新设备、新技术，制定出相应的安全操作规程，并监督其实施。

5.制定安全生产奖罚办法

企业制定安全生产奖罚办法的目的是不断提高劳动者进行安全生产的自觉性，调动劳动者的积极性和创造性，防止和纠正违反法律、法规和劳动纪律的行为，也是企业安全管理重要制度之一。

安全生产奖罚办法规定奖罚的目的、条件、种类、数额、实施程序等。企业只有建立安全生产奖罚办法，做到有奖有罚、奖罚分明，才能鼓励先进、督促落后。

6.制定施工现场安全管理规定

施工现场安全管理规定是施工现场安全管理制度的基础，目的是规范施工现场安全防护设施的标准化、定型化。

施工现场安全管理规定的内容包括：施工现场一般安全规定、安全技术管理、脚手架工程安全管理（包括特殊脚手架、工具式脚手架等）、电梯井操作平台安全管理、

马路搭设安全管理、大模板拆装存放安全管理、水平安全网、井字架龙门架安全管理、孔洞临边防护安全管理、拆除工程安全管理等。

7.制定机械设备安全管理制度

机械设备是指目前建筑施工普遍使用的垂直运输和加工机具，由于机械设备本身存在一定的危险性。管理不当就可能造成机毁人亡。所以它是目前施工安全管理的重点对象。

机械设备安全管理制度应规定，大型设备应到上级有关部门备案，符合国家和行业有关规定，还应设专人负责定期进行安全检查、保养，保证机械设备处于良好的状态，以及各种机械设备的安全管理制度。

8.制定施工现场临时用电安全管理制度

施工现场临时用电是目前建筑施工现场离不开的一项操作，由于其使用广泛、危险性比较大，因此它牵涉到每个劳动者的安全，也是施工现场一项重要的安全管理制度。

施工现场临时用电管理制度的内容应包括：外电的防护、地下电缆的保护、设备的接地与接零保护、配电箱的设置及安全管理规定（总箱、分箱、开关箱）、现场照明、配电线路、电器装置、变配电装置、用电档案的管理等。

9.制定劳动防护用品管理制度

使用劳动防护用品是为了减轻或避免劳动过程中，劳动者受到的伤害和职业危害，保护劳动者安全健康的一项预防性辅助措施，是安全生产防止职业性伤害的需要，对于减少职业危害起着相当重要的作用。

劳动防护用品制度的内容应包括：安全网、安全帽、安全带、绝缘用品、防职业病用品等。

（二）建立健全安全组织机构

施工企业一般都有安全组织机构，但必须建立健全项目安全组织机构，确定安全生产目标，明确参与各方对安全管理的具体分工，安全岗位责任与经济利益挂钩，根据项目的性质规模不同，采用不同的安全管理模式。对于大型项目，必须安排专门的安全总负责人，并配以合理的班子，共同进行安全管理，建立安全生产管理的资料档案。实行单位领导对整个施工现场负责，专职安全员对部位负责，班组长和施工技术员对各自的施工区域负责，操作者对自己的工作范围负责的"四负责"制度。

（三）安全管理体系建立步骤

1.领导决策

最高管理者亲自决策，以便获得各方面的支持和在体系建立过程中所需的资源保证。

2.成立工作组

最高管理者或授权管理者代表成立的工作小组负责建立安全管理体系。工作小组的成员要覆盖组织的主要职能部门，组长最好由管理者代表担任，以保证小组对人力、资金、信息的获取。

3.人员培训

培训的目的是使有关人员了解建立安全管理体系的重要性，了解标准的主要思想和内容。

4.初始状态评审

初始状态评审要对组织过去和现在的安全信息、状态进行收集、调查分析、识别和获取现有的、适用的法律、法规和其他要求，进行危险源辨识和风险评价，评审的结果将作为制定安全方针、管理方案、编制体系文件的基础。

5.制定方针、目标、指标的管理方案

方针是组织对其安全行为的原则和意图的声明，也是组织自觉承担其责任和义务的承诺。方针不仅为组织确定了总的指导方向和行动准则，而是评价一切后续活动的依据，并为更加具体的目标和指标提供一个框架。

安全目标、指标的制定是组织为了实现其在安全方针中所体现出的管理理念及其对整体绩效的期许与原则，与企业的总目标相一致。

管理方案是实现目标、指标的行动方案。为保证安全管理体系的实现，需结合年度管理目标和企业客观实际情况，策划制定安全管理方案。该方案应明确旨在实现目标、指标的相关部门的职责、方法、时间表以及资源的要求。

第二节　水利工程施工安全控制与安全应急预案

一、施工安全控制

（一）安全操作要求

1.爆破作业

（1）爆破器材的运输

气温低于10℃运输易冻的硝化甘油炸药时，应采取防冻措施；气温低于-15℃运输硝化甘油炸药时，也应采取防冻措施；禁止用翻斗车、自卸汽车、拖车、机动三轮车、人力三轮车、摩托车和自行车等运输爆破器材；运输炸药雷管时，装车高度要低于车厢10cm。车厢、船底应加软垫。雷管箱不许倒放或立放，层间也应垫软垫；水路运输爆破器材，停泊地点距岸上建筑物不得小于250m；汽车运输爆破器材，汽车的排气管宜设在车前下侧，并应设置防火罩装置；汽车在视线良好的情况下行驶时，时速不得超过20km（工区内不得超过15km）；在弯多坡陡、路面狭窄的山区行驶时，时速应保持在5km以内。平坦道路行车间距应大于50m，上下坡应大于300m。

（2）爆破

明挖爆破音响依次发出预告信号（现场停止作业，人员迅速撤离）、准备信号、起爆信号、解除信号。检查人员确认安全后，由爆破作业负责人通知警报室发出解除信号。在特殊情况下，如准备工作尚未结束，应由爆破负责人通知警报室延后发布起爆信号，并用广播器通知现场全体人员。装药和堵塞应使用木、竹制做的炮棍。严禁使用金属棍棒装填。

深孔、竖井、倾角大于30°的斜井、有瓦斯和粉尘爆炸危险等工作面的爆破，禁止采用火花起爆；炮孔的排距较密时，导火索的外露部分不得超过1.0m，以防止导火索互相交错而起火；一人连续单个点火的火炮，暗挖不得超过5个，明挖不得超过10个；并应在爆破负责人指挥下，作好分工及撤离工作；当信号炮响后，全部人员应立即撤出炮区，迅速到安全地点掩蔽；点燃导火索应使用专用点火工具，禁止使用火柴和打火机等。

用于同一爆破网路内的电雷管，电阻值应相同。网路中的支线、区域线和母线彼此连接之前各自的两端应绝缘；装炮前工作面一切电源应切除，照明至少设于距工作面30m以外，只有确认炮区无漏电、感应电后，才可装炮；雷雨天严禁采用电爆网路；供给每个电雷管的实际电流应大于准爆电流，网路中全部导线应绝缘；有水时导线应架空；各接头应用绝缘胶布包好，两条线的搭接口禁止重叠，至少应错开0.1m；测量电阻只许使用经过检查的专用爆破测试仪表或线路电桥；严禁使用其他电气仪表进行量测；通电后若发生拒爆，应立即切断母线电源，将母线两端拧在一起，锁上电源开关箱进行检查；进行检查的时间：对于即发电雷管，至少在10min以后；对于延发电雷管，至少在15min以后。

导爆索只准用快刀切割，不得用剪刀剪断导火索；支线要顺主线传爆方向连接，搭接长度不应少于15cm，支线与主线传爆方向的夹角应不大于90°；起爆导爆索的雷管，其聚能穴应朝向导爆索的传爆方向；导爆索交叉敷设时，应在两根交叉爆索之间设置厚度不小于10cm的木质垫板；连接导爆索中间不应出现断裂破皮、打结或打圈现象。

用导爆管起爆时，应有设计起爆网路，并进行传爆试验；网路中所使用的连接元件应经过检验合格；禁止导爆管打结，禁止在药包上缠绕；网路的连接处应牢固，两元件应相距2m；敷设后应严加保护，防止冲击或损坏；一个8号雷管起爆导爆管的数量不宜超过40根，层数不宜超过3层，只有确认网路连接正确，与爆破无关人员已经撤离，才准许接入引爆装置。

2.起重作业

钢丝绳的安全系数应符合有关规定。根据起重机的额定负荷，计算好每台起重机的吊点位置，最好采用平衡梁抬吊。每台起重机所分配的荷重不得超过其额定负荷的75%～80%。应有专人统一指挥，指挥者应站在两台起重机司机都能看到的位置。重物应保持水平，钢丝绳应保持铅直受力均衡。具备经有关部门批准的安全技术措施。

起吊重物离地面10cm时，应停机检查绳扣、吊具和吊车的刹车可靠性，仔细观察周围有无障碍物。确认无问题后，方可继续起吊。

3.脚手架拆除作业

拆脚手架前，必须将电气设备和其他管、线、机械设备等拆除或加以保护。拆脚手架时，应统一指挥，按顺序自上而下进行；严禁上下层同时拆除或自下而上进行。拆下的材料，禁止往下抛掷，应用绳索捆牢，用滑车、卷扬等方法慢慢放下来，集中堆放在指定地点。拆脚手架时，严禁采用将整个脚手架推倒的方法进行拆除。三级、特级及悬空高处作业使用的脚手架拆除时，必须事先制订安全可靠的措施才能进行拆除。拆除脚手架的区域内，无关人员禁止逗留和通过，在交通要道应设专人警戒。架子搭成后，未经有关人员同意，不得任意改变脚手架的结构和拆除部分杆子。

4.常用安全工具

安全帽、安全带、安全网等施工生产使用的安全防护用具，应符合国家规定的质量标准，具有厂家安全生产许可证、产品合格证和安全鉴定合格证书，否则不得采购、发放和使用。常用安全防护用具应经常检查和定期试验。高处临空作业应按规定架设安全网，作业人员使用的安全带，应挂在牢固的物体上或可靠的安全绳上，安全带严禁低挂高用。挂安全带用的安全绳，不宜超过3m。在有毒有害气体可能泄漏的作业场所，应配置必要的防毒护具，以备急用，并及时检查维修更换，保证其处在良好待用状态。电气操作人员应根据工作条件选用适当的安全电工用具和防护用品，电工用具应符合安全技术标准并定期检查，凡不符合技术标准要求的绝缘安全用具、登高作业安全工具、携带式电压和电流指示器以及检修中的临时接地线等，均不得使用。

（二）安全控制要点

1.一般脚手架安全控制要点

（1）脚手架搭设这前应根据工程的特点和施工工艺要求确定搭设（包括拆除）施工方案。

（2）脚手架必须设置纵、横向扫地杆。

（3）高度在24m以下的单、双排脚手架均必须在外侧立面的两端各设置一道剪刀撑并应由底至顶连续设置中间各道剪刀撑。剪刀撑及横向斜撑搭设应随立杆、纵向和横向水平杆等同步搭设，各底层斜杆下端必须支承在垫块或垫板上。

（4）高度在24m以下的单、双排脚手架宜采用刚性连墙件与建筑物可靠连接，亦可采用拉筋和顶撑配合使用的附墙连接方式，严禁使用仅有拉筋的柔性连墙件。24m以上的双排脚手架必须采用刚性连墙件与建筑物可靠连接，连墙件必须采用可承受拉力和压力的构造。50m以下（含50m）脚手架连墙件，应按3步3跨进行布置，50m以上的脚手架连墙件应按2步3跨进行布置。

2.一般脚手架检查与验收程序

脚手架的检查与验收应由项目经理组织项目施工、技术、安全、作业班组负责人等有关人员参加，按照技术规范、施工方案、技术交底等有关技术文件对脚手架进行分段验收，在确认符合要求后方可投入使用。

脚手架及其地基基础应在下列阶段进行检查和验收：

（1）基础完工后及脚手架搭设前。

（2）作业层上施加荷载前。

（3）每搭设完10～13m高度后。

（4）达到设计高度后。

（5）遇有六级及以上大风与大雨后。

（6）寒冷地区土层开冻后。

（7）停用超过一个月的，在重新投入使用之前。

3.附着式升降脚手架、整体提升脚手架或爬架作业安全控制要点

附着式升降脚手架（整体提升脚手架或爬架）作业要针对提升工艺和施工现场作业条件编制专项施工方案，专项施工方案包括设计，施工，检查、维护和管理等全部内容。

安装搭设必须严格按照设计要求和规定程序进行，安装后经验收并进行荷载试验，确认符合设计要求后，方可正式使用。

进行提升和下降作业时，架上人员和材料的数量不得超过设计规定并尽可能减少。

升降前必须仔细检查附着连接和提升设备的状态是否良好，发现异常应及时查找原因并采取措施解决。

升降作业应统一指挥、协调动作。

在安装、升降、拆除作业时，应划定安全警戒范围并安排专人进行监护。

4.洞口、临边防护控制

（1）洞口作业安全防护基本规定

1）各种楼板与墙的洞口按其大小和性质应分别设置牢固的盖板、防护栏杆、安全网或其他防坠落的防护设施。

2）坑槽、桩孔的上口柱形、条形等基础的上口以及天窗等处都要作为洞口采取符合规范的防护措施。

3）楼梯口、楼梯口边应设置防护栏杆或者用正式工程的楼梯扶手代替临时防护栏杆。

4）井口除设置固定的栅门外还应在电梯井内每隔两层不大于10m处设一道安全平网进行防护。

5）在建工程的地面入口处和施工现场人员流动密集的通道上方应设置防护棚，防止因落物产生物体打击事故。

6）施工现场大的坑槽、陡坡等处除需设置防护设施与安全警示标牌外，夜间还应设红灯示警。

（2）洞口的防护设施要求

1）楼板、屋面和平台等面上短边尺寸小于25cm但大于2.5cm的孔口必须用坚实的盖板盖严，盖板要有防止挪动移位的固定措施。

2）楼板面等处边长为25～50cm的洞口、安装预制构件时的洞口以及因缺件临时形成的洞口可用竹、木等做盖板盖住洞口，盖板要保持四周搁置均衡并有固定其位置不发生挪动移位的措施。

3）边长为50～150cm的洞口必须设置一层以扣件连接钢管而成的网格栅，并在其上满铺竹篱笆或脚手板，也可采用贯穿于混凝土板内的钢筋构成防护网栅、钢盘网格，间距不得大于20cm。

4）边长在150cm以上的洞口四周必须设防护栏杆，洞口下方设安全平网防护。

（3）施工用电安全控制

1）施工现场临时用电设备在5台及以上或设备总容量在50kW及以上者应编制用电组织设计。临时用电设备在5台以下和设备总容量在50kW以下者应制订安全用电和电气防火措施。

2）变压器中性点直接接地的低压电网临时用电工程必须采用TN-S接零保护系统。

3）当施工现场与外线路共同同一供电系统时，电气设备的接地、接零保护应与原系统保持一致，不得一部分设备做保护接零，另一部分设备做保护接地。

4）配电箱的设置。

①施工用电配电系统应设置总配电箱配电柜、分配电箱、开关箱，并按照"总-分-开"顺序作分级设置形成"三级配电"模式。

②施工用电配电系统各配电箱、开关箱的安装位置要合理。总配电箱配电柜要尽量靠近变压器或外电源处以便于电源的引入。分配电箱应尽量安装在用电设备或负荷相对集中区域的中心地带，确保三相负荷保持平衡。开关箱安装的位置应视现场情况和工况尽量靠近其控制的用电设备。

③为保证临时用电配电系统三相负荷平衡施工现场的动力用电和照明用电应形成两个用电回路，动力配电箱与照明配电箱应该分别设置。

④施工现场所有用电设备必须有各自专用的开关箱。

⑤各级配电箱的箱体和内部设置必须符合安全规定，开关电器应标明用途，箱体应统一编号。停止使用的配电箱应切断电源，箱门上锁。固定式配电箱应设围栏并有防雨防砸措施。

5）电器装置的选择与装配。

在开关箱中作为末级保护的漏电保护器，其额定漏电动作电流不应大于30mA，额定漏电动作时间不应大于0.1s。在潮湿、有腐蚀性介质的场所中，漏电保护器要选用防溅型的产品，其额定漏电动作电流不应大于15mA，额定漏电动作时间不应大于0.1s。

6）施工现场照明用电。

①在坑、洞、井内作业，夜间施工或厂房、道路、仓库、办公室、食堂、宿舍、料具堆放场所及自然采光差的场所应设一般照明、局部照明或混合照明。一般场所宜选用额定电压220V的照明器。

②隧道、人防工程、高温、有导电灰尘、比较潮湿或灯具离地面高度低于2.5m等场所的照明电源电压不得大于36V。

③潮湿和易触及带电体场所的照明电源电压不得大于24V。

④特别潮湿场所、导电良好的地面、锅炉或金属容器内的照明电源电压不得大于12V。

⑤照明变压器必须使用双绕组型安全隔离变压器，严禁使用自耦变压器。

⑥室外220V灯具距地面不得低于3m，室内220V灯具距地面不得低于2.5m。

（4）垂直运输机械安全控制

1）外用电梯安全控制要点

①外用电梯在安装和拆卸之前必须针对其类型特点说明书的技术要求，结合施工现场的实际情况制订详细的施工方案。

②外用电梯的安装和拆卸作业必须由取得相应资质的专业队伍进行安装完毕，经验收合格取得政府相关主管部门核发的《准用证》后方可投入使用。

③外用电梯在大雨、大雾和六级及六级以上大风天气时应停止使用。暴风雨过后应组织对电梯各有关安全装置进行一次全面检查。

2）塔式起重机安全控制要点

①塔吊在安装和拆卸之前必须针对类型特点说明书的技术要求结合作业条件制订详细的施工方案。

②塔吊的安装和拆卸作业必须由取得相应资质的专业队伍进行安装完毕，经验收合格取得政府相关主管部门核发的《准用证》后方可投入使用。

③遇六级及六级以上大风等恶劣天气应停止作业将吊钩升起。行走式塔吊要夹好轨钳。当风力达十级以上时应在塔身结构上设置缆风绳或采取其他措施加以固定。

二、安全应急预案

应急预案，又称"应急计划"或"应急救援预案"，是针对可能发生的事故，为迅速、有序地开展应急行动、降低人员伤亡和经济损失而预先制定的有关计划或方案。它是在辨识和评估潜在重大危险、事故类型、发生的可能性、发生的过程、事故后果及影响严重程度的基础上，对应急机构职责、人员、技术、装备、设施、物资、救援行动及其指挥与协调方面预先做出的具体安排。应急预案明确了在事故发生前、事故过程中以及事故发生后，谁负责做什么，何时做，怎么做，以及相应的策略和资源准备等。

（一）事故应急预案

为控制重大事故的发生，防止事故蔓延，有效地组织抢险和救援，政府和生产经营单位应对已初步认定的危险场所和部位进行风险分析。对认定的危险有害因素和重大危险源，应先对事故后果进行模拟分析，预测重大事故发生后的状态、人员伤亡情况及设备破坏和损失程度，以及由于物料的泄漏可能引起的火灾、爆炸，有毒有害物质扩散对单位可能造成的影响。

依据预测，提前制定重大事故应急预案，组织、培训事故应急救援队伍，配备事故应急救援器材，以便在重大事故发生后，能及时按照预定方案进行救援，在最短时间内使事故得到有效控制。编制事故应急预案主要目的有以下两个方面：

（1）采取预防措施使事故控制在局部，消除蔓延条件，防止突发性重大或连锁事故发生。

（2）能在事故发生后迅速控制和处理事故，尽可能减轻事故对人员及财产的影响，保障人员生命和财产安全。

事故应急预案是事故应急救援体系的主要组成部分，是事故应急救援工作的核心内容之一，是及时、有序、有效地开展事故应急救援工作的重要保障。事故应急预案的作用体现在以下几个方面：

（1）事故应急预案确定了事故应急救援的范围和体系，使事故应急救援不再无据可依、无章可循，尤其是通过培训和演练，可以使应急人员熟悉自己的任务，具备完成指定任务所需的相应能力，并检验预案和行动程序，评估应急人员的整体协调性。

（2）事故应急预案有利于做出及时的应急响应，降低事故后果。应急行动对时间要求十分敏感，不允许有任何拖延。事故应急预案预先明确了应急各方的职责和响应程序，在应急救援等方面进行了先期准备，可以指导事故应急救援迅速、高效、有序地开展，将事故造成的人员伤亡、财产损失和环境破坏降到最低限度。

（3）事故应急预案是各类突发事故的应急基础。通过编制事故应急预案，可以对那些事先无法预料到的突发事故起到基本的应急指导作用，成为开展事故应急救援的"底线"。在此基础上，可以针对特定事故类别编制专项事故应急预案，并有针对性制定应急措施、进行专项应对准备和演习。

（4）事故应急预案建立了与上级单位和部门事故应急救援体系的衔接。通过编制事故应急预案可以确保当发生超过本级应急能力的重大事故时与有关应急机构的联系和协调。

（5）事故应急预案有利于提高风险防范意识。事故应急预案的编制、评审、发布、宣传、推演、教育和培训，有利于各方了解可能面临的重大事故及其相应的应急措施，有利于促进各方提高风险防范意识和能力。

（二）应急预案的编制

事故应急预案的编制过程可分为4个步骤。

1.成立事故预案编制小组

应急预案的成功编制需要有关职能部门和团体的积极参与，并达成一致意见，尤其是应寻求与危险直接相关的各方进行合作。成立事故应急预案编制小组是将各有关职能部门、各类专业技术有效结合起来的最佳方式，可有效地保证应急预案的准确性、完整性和实用性，而且为应急各方提供了一个非常重要的协作与交流机会，有利于统一应急各方的不同观点和意见。

2.危险分析和应急能力评估

为了准确策划事故应急预案的编制目标和内容，应开展危险分析和应急能力评估工作。为有效开展此项工作，预案编制小组首先应进行初步的资料收集，包括相关法律法规、应急预案、技术标准、国内外同行业事故案例分析、本单位技术资料、重大危险源等。

（1）危险分析。危险分析是应急预案编制的基础和关键过程。在危险因素辨识分析、评价及事故隐患排查、治理的基础上，确定本区域或本单位可能发生事故的危险源、事故的类型、影响范围和后果等，并指出事故可能产生的次生、衍生事故，形成分析报告，分析结果作为应急预案的编制依据。危险分析主要内容为危险源的分析和危险度评估。危险源的分析主要包括有毒、有害、易燃、易爆物质的企事业单位的名称、地点、种类、数量、分布、产量、储存、危险度、以往事故发生情况和发生事故的诱发因素等。事故源潜在危险度的评估就是在对危险源进行全面调查的基础上，对企业单位的事故潜在危险度进行全面的科学评估，为确定目标单位危险度的等级找出科学的数据依据。

（2）应急能力评估。应急能力评估就是依据危险分析的结果，对应急资源的准备状况充分性和从事应急救援活动所具备的能力评估，以明确应急救援的需求和不足，为事故应急预案的编制奠定基础。应急能力包括应急资源（应急人员、应急设施、装备和物资）、应急人员的技术、经验和接受的培训等，它将直接影响应急行动的快速、有效性。制定应急预案时应当在评估与潜在危险相适应的应急能力的基础上，选择最现实、最有效的应急策略。

3.应急预案编制

针对可能发生的事故，结合危险分析和应急能力评估结果等信息，按照应急预案的相关法律法规的要求编制应急救援预案。应急预案编制过程中，应注意编制人员的参与和培训，充分发挥他们各自的专业优势，使他们掌握危险分析和应急能力评估结果，明确应急预案的框架、应急过程行动重点以及应急衔接、联系要点等。同时编制的应急预案应充分利用社会应急资源，考虑与政府应急预案、上级主管单位以及相关部门的应急预案相衔接。

4.应急预案的评审和发布

（1）应急预案的评审。为使预案切实可行、科学合理以及与实际情况相符，尤其是重点目标下的具体行动预案，编制前后需要组织有关部门、单位的专家、领导到现场进行实地勘察，如重点目标周围地形、环境、指挥所位置、分队行动路线、展开位置、人口疏散道路及流散地域等实地勘察、实地确定。经过实地勘察修改预案后，应急预案编制单位或管理部门还要依据我国有关应急的方针、政策、法律、法规、规章、标准和其他有关应急预案编制的指南性文件与评审检查表，组织有关部门、单位的领导和专家进行评议，取得政府有关部门和应急机构的认可。

（2）应急预案的发布。事故应急救援预案经评审通过后，应由最高行政负责人签署发布，并报送有关部门和应急机构备案。预案经批准发布后，应组织落实预案中的各项工作，如开展应急预案宣传、教育和培训，落实应急资源并定期检查，组织开展应急演习和训练，建立电子化的应急预案，对应急预案实施动态管理与更新，并不断完善。

（三）事故应急预案主要内容

一个完整的事故应急预案主要包括以下6个方面的内容。

1.事故应急预案概况

事故应急预案概况主要描述生产经营单位概总工以及危险特性状况等，同时对紧急情况下事故应急救援紧急事件、适用范围提供简述并作必要说明，如明确应急方针与原则，作为开展应急的纲领。

2.预防程序

预防程序是对潜在事故、可能的次生与衍生事故进行分析，并说明所采取的预防和控制事故的措施。

3.准备程序

准备程序应说明应急行动前所需采取的准备工作，包括应急组织及其职责权限、应急队伍建设和人员培训、应急物资的准备、预案的演练、公众的应急知识培训、签订互助协议等。

4.应急程序

在事故应急救援过程中，存在一些必需的核心功能和任务，如接警与通知、指挥与控制、警报和紧急公告、通信、事态监测与评估、警戒与治安、人群疏散与安置、医疗与卫生、公共关系、应急人员安全、消防和抢险、泄漏物控制等，无论何种应急过程都必须围绕上述功能和任务开展。应急程序主要指实施上述核心功能和任务的步骤。

（1）接警与通知。准确了解事故的性质和规模等初始信息是决定启动事故应急救援的关键。接警作为应急响应的第一步，必须对接警要求作出明确规定，保证迅速、准确地向报警人员询问事故现场的重要信息。接警人员接受报警后，应按预先确定的通报程序，迅速向有关应急机构、政府及上级部门发出事故通知，以采取相应的行动。

（2）指挥与控制。建立统一的应急指挥、协调和决策程序，便于对事故进行初始评估，确认紧急状态，从而迅速有效地进行应急响应决策，建立现场工作区域，确定重点保护区域和应急行动的优先原则，指挥和协调现场各救援队伍开展救援行动，合理高效地调配和使用应急资源等。

（3）警报和紧急公告。当事故可能影响到周边地区，对周边地区的公众可能造成威胁时，应及时启动警报系统，向公众发出警报，同时通过各种途径向公众发出紧急公告，告知事故性质，对健康的影响、自我保护措施、注意事项等，以保证公众能够及时做出自我保护响应。决定实施疏散时，应通过紧急公告确保公众了解疏散的有关信息，如疏散时间、路线、随身携带物、交通工具及目的地等。

（4）通信。通信是应急指挥、协调和与外界联系的重要保障，在现场指挥部、应急中心、各事故应急救援组织、新闻媒体、医院、上级政府和外部救援机构之间，必须建立完善的应急通讯网络，在事故应急救援过程中应始终保持通讯网络畅通，并设立备用通信系统。

（5）事态监测与评估。在事故应急救援过程中必须对事故的发展势态及影响及时进行动态的监测，建立对事故现场及场外的监测和评估程序。事态监测在事故应急救援中起着非常重要的决策支持作用，其结果不仅是控制事故现场，制定消防、抢险措施的重要决策依据，也是划分现场工作区域、保障现场应急人员安全、实施公众保护措施的重要依据。即使在现场恢复阶段，也应当对现场和环境进行监测。

（6）警戒与治安。为保障现场事故应急救援工作的顺利开展，在事故现场周围建立警戒区域，实施交通管制，维护现场治安秩序是十分必要的，其目的是要防止与救援无关人员进入事故现场，保障救援队伍、物资运输和人群疏散等的交通畅通，并避免发生不必要的伤亡。

（7）人群疏散与安置。人群疏散是防止人员伤亡扩大的关键，也是最彻底的应急响应。应当对疏散的紧急情况和决策、预防性疏散准备、疏散区域、疏散距离、疏散路线、疏散运输工具、避难场所以及回迁等作出细致的规定和准备，应考虑疏散人群的数量、所需要的时间、风向等环境变化以及老弱病残等特殊人群的疏散等问题。对已实施临时疏散的人群，要做好临时生活安置，保障必要的水、电、卫生等基本条件。

（8）医疗与卫生。对受伤人员采取及时、有效的现场急救，合理转送医院进行治疗，是减少事故现场人员伤亡的关键。医疗人员必须了解城市主要的危险并经过培训，掌握对受伤人员进行正确消毒和治疗方法。

（9）公共关系。事故发生后，不可避免地引起新闻媒体和公众的关注。应将有关事故的信息、影响、救援工作的进展等情况及时向媒体和公众公布，以消除公众的恐慌心理，避免公众的猜疑和不满。应保证事故和救援信息的统一发布，明确事故应急救援过程中对媒体和公众的发言人和信息批准、发布的程序，避免信息的不一致性。同时，还应处理好公众的有关咨询，接待和安抚受害者家属。

（10）应急人员安全。水利水电工程施工安全事故的应急救援工作危险性极大，必须对应急人员自身的安全问题进行周密的考虑，包括安全预防措施、个体防护设备、现场安全监测等，明确紧急撤离应急人员的条件和程序，保证应急人员免受事故的伤害。

（11）抢险与救援。抢险与救援是事故应急救援工作的核心内容之一，其目的是为了尽快地控制事故的发展，防止事故的蔓延和进一步扩大，从而最终控制住事故，并积极营救事故现场的受害人员。尤其是涉及危险物质的泄漏、火灾事故，其消防和抢险工作的难度和危险性十分巨大，应对消防和抢险的器材和物资、人员的培训、方法和策略以及现场指挥等做好周密的安排和准备。

（12）危险物质控制。危险物质的泄漏或失控，将可能引发火灾、爆炸或中毒事故，对工人和设备等造成严重危险。而且，泄漏的危险物质以及夹带了有毒物质的灭火用水，都可能对一环境造成重大影响，同时也会给现场救援工作带来更大的危险。因此，必须对危险物质进行及时有效的控制，如对泄漏物的围堵、收容和洗消，并进行妥善处置。

5.恢复程序

恢复程序是说明事故现场应急行动结束后所需采取的清除和恢复行动。现场恢复是在事故被控制住后进行的短期恢复，从应急过程来说意味着事故应急救援工作的结束，并进入到另一个工作阶段，即将现场恢复到一个基本稳定的状态。经验教训表明，在现场恢复的过程中往往仍存在潜在的危险，如余烬复燃、受损建筑物倒塌等，所以，应充分考虑现场恢复过程中的危险，制定恢复程序，防止事故再次发生。

6.预案管理与评审改进

事故应急预案是事故应急救援工作的指导文件。应当对预案的制定、修改、更新、批准和发布作出明确的管理规定，保证定期或在应急演习、事故应急救援后对事故应急预案进行评审，针对各种变化的情况以及预案中所暴露出的缺陷，不断地完善事故应急预案体系。

（四）应急预案的内容

根据《生产经营单位生产安全事故应急预案编制导则》，应急预案可分为综合应急预案、专项应急预案和现场处置方案3个层次。

综合应急预案是应急预案体系的总纲，主要从总体上阐述事故的应急工作原则，包括应急组织机构及职责、应急预案体系、事故风险描述、预警及信息报告、应急响应、保障措施、应急预案管理等内容。

专项应急预案是为应对某一类型或某几种类型事故，或者针对重要生产设施、重大危险源、重大活动等内容而制定的应急预案。专项应急预案主要包括事故风险分析、应急指挥机构及职责、处置程序和措施等内容。

现场处置方案是根据不同事故类别，针对具体的场所、装置或设施所制定的应急处置措施，主要包括事故风险分析、应急工作职责、应急处置和注意事项等内容。水利水电工程建设参建各方应根据风险评估、岗位操作规程以及危险性控制措施，组织本单位现场作业人员及相关专业人员共同编制现场处置方案。

应急预案应形成体系，针对各级各类可能发生的事故和所有危险源制定专项应急预案和现场处置方案，并明确事前、事发、事中、事后各个过程中相关单位、部门和有关人员的职责。水利水电工程建设项目应根据现场情况，详细分析现场具体风险（如某处易发生滑坡事故），编制现场处置方案，主要由施工企业编制，监理单位审核，项目法人备案；分析工程现场的风险类型（如人身伤亡），编写专项应急预案，由监理单位与项目法人起草，相关领导审核，向各施工企业发布；综合分析现场风险，应急行动、措施和保障等基本要求和程序，编写综合应急预案，由项目法人编写，项目法人领导审批，向监理单位、施工企业发布。

由于综合应急预案是综述性文件，因此需要要素全面，而专项应急预案和现场处置方案要素重点在于制定具体救援措施，因此对于单位概况等基本要素不做内容要求。

（五）应急预案的编制步骤

应急预案的编制应参照《生产经营单位生产安全事故应急预案编制导则》，预案的编制过程大致可分为下列六个步骤。

1. 成立预案编制工作组

水利水电工程建设参建各方应结合本单位实际情况，成立以主要负责人为组长的应急预案编制工作组，明确编制任务、职责分工，制定工作计划，组织开展应急预案编制工作。应急预案编制需要安全、工程技术、组织管理、医疗急救等各方面的知识，因此应急预案编制工作组是由各方面的专业人员或专家、预案制定和实施过程中所涉及或受影响的部门负责人及具体执行人员组成。必要时，编制工作组也可以邀请地方政府相关部门、水行政主管部门或流域管理机构代表作为成员。

2. 收集相关资料

收集应急预案编制所需的各种资料是一项非常重要的基础工作。掌握相关资料的多少、资料内容的详细程度和资料的可靠性将直接关系到应急预案编制工作是否能够顺利进行，以及能否编制出质量较高的事故应急预案。

需要收集的资料一般包括：

（1）适用的法律、法规和标准。

（2）本水利水电工程建设项目与国内外同类工程建设项目的事故资料及事故案例

分析。

（3）施工区域布局，工艺流程布置，主要装置、设备、设施布置，施工区域主要建（构）筑物布置等。

（4）原材料、中间体、中间和最终产品的理化性质及危险特性。

（5）施工区域周边情况及地理、地质、水文、环境、自然灾害、气象资料。

（6）事故应急所需的各种资源情况。

（7）同类工程建设项目的应急预案。

（8）政府的相关应急预案。

（9）其他相关资料。

3.风险评估

风险评估是编制应急预案的关键，所有应急预案都建立在风险分析基础之上。在危险因素分析、危险源辨识及事故隐患排查、治理的基础上，确定本水利水电工程建设项目的危险源、可能发生的事故类型和后果，进行事故风险分析，并指出事故可能产生的次生、衍生事故及后果，形成分析报告，分析结果将作为事故应急预案的编制依据。

4.应急能力评估

应急能力评估就是依据危险分析的结果，对应急资源准备状况的充分性和从事应急救援活动所具备的能力评估，以明确应急救援的需求和不足，为应急预案的编制奠定基础。水利水电工程建设项目应针对可能发生的事故及事故抢险的需要，实事求是地评估本工程的应急装备、应急队伍等应急能力。对于事故应急所需但本工程尚不具备的应急能力，应采取切实有效措施予以弥补。

事故应急能力一般包括：

（1）应急人力资源（各级指挥员、应急队伍、应急专家等）。

（2）应急通信与信息能力。

（3）人员防护设备（呼吸器、防毒面具、防酸服、便携式一氧化碳报警器等）。

（4）消灭或控制事故发展的设备（消防器材等）。

（5）防止污染的设备、材料（中和剂等）。

（6）检测、监测设备。

（7）医疗救护机构与救护设备。

（8）应急运输与治安能力。

（9）其他应急能力。

5.应急预案编制

在以上工作的基础上，针对本水利水电工程建设项目可能发生的事故，按照有关规定和要求，充分借鉴国内外同行业事故应急工作经验，编制应急预案。应急预案编制过程中，应注重编制人员的参与和培训，充分发挥他们各自的专业优势，告知其风险评估和应急能力评估结果，明确应急预案的框架、应急过程行动重点以及应急衔接、联系要点等。同时，应急预案应充分考虑和利用社会应急资源，并与地方政府、流域管理机构、水行政主管部门以及相关部门的应急预案相衔接。

6.应急预案评审

《生产经营单位生产安全事故应急预案编制导则》《生产安全事故应急预案管理办法》等提出了对应急预案评审的要求，即应急预案编制完成后，应进行评审或者论证。内部评审由本单位主要负责人组织有关部门和人员进行；外部评审由本单位组织外部有关专家进行，并可邀请地方政府有关部门、水行政主管部门或流域管理机构有关人员参加。应急评审合格后，由本单位主要负责人签署发布，并按规定报有关部门备案。

水利水电工程建设项目应参照《生产经营单位生产安全事故应急预案评审指南》组织对应急预案进行评审。该指南给出了评审方法、评审程序和评审要点，附有应急预案形式评审表、综合应急预案要素评审表、专项应急预案要素评审表、现场处置方案要素评审表和应急预案附件要素评审表五个附件。

（1）评审方法

应急预案评审分为形式评审和要素评审，评审可采取符合、基本符合、不符合三种方式简单判定。对于基本符合和不符合的项目，应指出指导性意见或建议。

1）形式评审。依据有关规定和要求，对应急预案的层次结构、内容格式、语言文字和制定过程等内容进行审查。形式评审的重点是应急预案的规范性和可读性。

2）要素评审。依据有关规定和标准，从符合性、适用性、针对性、完整性、科学性、规范性和衔接性等方面对应急预案进行评审。要素评审包括关键要素和一般要素。为细化评审，可采用列表方式分别对应急预案的要素进行评审。评审应急预案时，将应急预案的要素内容与表中的评审内容及要求进行对应分析，判断是否符合表中要求，发现存在问题及不足。

关键要素指应急预案构成要素中必须规范的内容。这些要素内容涉及水利水电工程建设项目参建各方日常应急管理及应急救援时的关键环节，如应急预案中的危险源与风险分析、组织机构及职责、信息报告与处置、应急响应程序与处置技术等要素。

一般要素指应急预案构成要素中简写或可省略的内容。这些要素内容不涉及参建各方日常应急管理及应急救援时的关键环节，而是预案构成的基本要素，如应急预案中的编制目的、编制依据、适用范围、工作原则、单位概况等要素。

（2）评审程序

应急预案编制完成后，应在广泛征求意见的基础上，采取会议评审的方式进行审查，会议审查规模和参加人员根据应急预案涉及范围和重要程度确定。

1）评审准备。应急预案评审应做好下列准备工作：

①成立应急预案评审组，明确参加评审的单位或人员。

②通知参加评审的单位或人员具体评审时间。

③将被评审的应急预案在评审前送达参加评审的单位或人员。

2）会议评审。会议评审可按照下列程序进行：

①介绍应急预案评审人员构成，推选会议评审组组长。

②应急预案编制单位或部门向评审人员介绍应急预案编制或修订情况。

③评审人员对应急预案进行讨论，提出修改和建设性意见。

④应急预案评审组根据会议讨论情况，提出会议评审意见。

⑤讨论通过会议评审意见，参加会议评审人员签字。

3）意见处理。评审组组长负责对各位评审人员的意见进行协调和归纳，综合提出预案评审的结论性意见。按照评审意见，对应急预案存在的问题以及不合格项进行分析研究，并对应急预案进行修订或完善。反馈意见要求重新审查的，应按照要求重新组织审查。

（3）评审要点

应急预案评审应包括下列内容：

1）符合性：应急预案的内容是否符合有关法规、标准和规范的要求。

2）适用性：应急预案的内容及要求是否符合单位实际情况。

3）完整性：应急预案的要素是否符合评审表规定的要素。

4）针对性：应急预案是否针对可能发生的事故类别、重大危险源、重点岗位部位。

5）科学性：应急预案的组织体系、预防预警、信息报送、响应程序和处置方案是否合理。

6）规范性：应急预案的层次结构、内容格式、语言文字等是否简洁明了，便于阅读和理解。

7）衔接性：综合应急预案、专项应急预案、现场处置方案以及其他部门或单位预案是否衔接。

（六）应急预案管理

1.应急预案备案

依照《生产安全事故应急预案管理办法》（国家安监总局令第17号），对已报批准的应急预案备案。

中央管理的企业综合应急预案和专项应急预案，报国务院国有资产监督管理部门、国务院安全生产监督管理部门和国务院有关主管部门备案；其所属单位的应急预案分别抄送所在地的省、自治区、直辖市或者设区的市人民政府安全生产监督管理部门和有关主管部门备案。

水利水电工程建设项目参建各方申请应急预案备案，应当提交下列材料：

（1）应急预案备案申请表。

（2）应急预案评审或者论证意见。

（3）应急预案文本及电子文档。

受理备案登记的安全生产监督管理部门及有关主管部门应当对应急预案进行形式审查，经审查符合要求的，予以备案并出具应急预案备案登记表；不符合要求的，不予备案并说明理由。

2.应急预案宣传与培训

应急预案宣传和培训工作是保证预案贯彻实施的重要手段，是增强参建人员应急意识，提高事故防范能力的重要途径。

水利水电工程建设参建各方应采取不同方式开展安全生产应急管理知识和应急预案的宣传和培训工作。对本单位负责应急管理工作的人员以及专职或兼职应急救援人员进行相应知识和专业技能培训，同时，加强对安全生产关键责任岗位员工的应急培训，使其掌握生产安全事故的紧急处置方法，增强自救互救和第一时间处置事故的能力。在此基础上，确保所有从业人员具备基本的应急技能，熟悉本单位应急预案，掌握本岗位事故防范与处置措施和应急处置程序，提高应急水平。

3.应急预案演练

应急预案演练是应急准备的一个重要环节。通过演练，可以检验应急预案的可行性和应急反应的准备情况；通过演练，可以发现应急预案存在的问题，完善应急工作机制，提高应急反应能力；通过演练，可以锻炼队伍，提高应急队伍的作战能力，熟悉操作技能；通过演练，可以教育参建人员，增强其危机意识，提高安全生产工作的自觉性。为此，预案管理和相关规章中都应有对应急预案演练的要求。

4.应急预案修订与更新

应急预案必须与工程规模、机构设置、人员安排、危险等级、管理效率及应急资源等状况相一致。随着时间推移，应急预案中包含的信息可能会发生变化。因此，为了不断完善和改进应急预案并保持预案的时效性，水利水电工程建设参建各方应根据本单位实际情况，及时更新和修订应急预案。

应就下列情况对应急预案进行定期和不定期的修改或修订：

（1）日常应急管理中发现预案的缺陷。

（2）训练或演练过程中发现预案的缺陷。

（3）实际应急过程中发现预案的缺陷。

（4）组织机构发生变化。

（5）原材料、生产工艺的危险性发生变化。

（6）施工区域范围的变化。

（7）布局、消防设施等发生变化。

（8）人员及通信方式发生变化。

（9）有关法律法规标准发生变化。

（10）其他情况。

应急预案修订前，应组织对应急预案进行评估，以确定是否需要进行修订以及哪些内容需要修订。通过对应急预案更新与修订，可以保证应急预案的持续适应性。同时，更新的应急预案内容应通过有关负责人认可，并及时通告相关单位、部门和人员；修订的预案版本应经过相应的审批程序，并及时发布和备案。

第三节　安全健康管理体系认证与安全事故处理

一、安全健康管理体系认证

职业健康安全管理的目标使企业的职业伤害事故、职业病持续减少。实现这一目标的重要组织保证体系，是企业建立持续有效并不断改进的职业健康安全管理体系（简称OSHMS）。其核心是要求企业采用现代化的管理模式、使包括安全生产管理在内的所有生产经营活动科学、规范并有效，通过建立安全健康风险的预测、评价、定期审核和持续改进完善机制，从而预防事故发生和控制职业危害。

（一）OSHMS简介

OSHMS具有系统性、动态性、预防性、全员性和全过程控制的特征。OSHMS以"系统安全"思想为核心，将企业的各个生产要素组合起来作为一个系统，通过危险辨识、风险评价和控制等手段来达到控制事故发生的目的；OSHMS将管理重点放在对事故的预防上，在管理过程中持续不断地根据预先确定的程序和目标，定期审核和完善系统的不安全因素，使系统达到最佳的安全状态。

1.标准的主要内涵

职业健康安全管理体系包括五个一级要素，即：职业健康安全方针、策划、实施和运行、检查、管理评审。显然，这五个一级要素中的策划、实施和运行、检查和纠正措施三个要素来自PDCA循环，其余两个要素即职业健康安全方针和管理评审，一个是总方针和总目标的明确，一个是为了实现持续改进的管理措施。也即，其中心仍是PDCA循环的基本要素。

这五个一级要素，包括17个二级要素，即：职业健康安全方针；对危险源辨识、风险评价和风险控制的策划；法规和其他要求；目标；职业健康安全管理方案；结构和职责；培训、意识和能力；协商和沟通；文件；文件和资料控制；运行控制；应急准备和响应；绩效测量和监视；事故、事件、不符合、纠正和预防措施；记录和记录管理；审核；管理评审。这17个二级要素中一部分是体现体系主体框架和基本功能的核心要素，包括有：职业健康安全方针，对危险源辨识、风险评价和风险控制的策划，法规和其他要求，目标，职业健康安全管理方案，结构和职责，运行控制，绩效测量和监视，审核和管理评审。一部分是支持体系主体框架和保证实现基本功能的辅助要素，包括有：培训、意识和能力，协商和沟通，文件，文件和资料控制，应急准备和响应，事故、事件、不符合、纠正和预防措施，记录和记录管理。

职业健康安全管理体系的要素的目标和意图如下：

（1）职业健康安全方针。

1）确定职业健康安全管理的总方向和总原则及职责和绩效目标。

2）表明组织对职业健康安全管理的承诺，特别是最高管理者的承诺。

（2）危险源辨识、风险评价和控制措施的确定。

1）对危险源辨识和风险评价，组织对其管理范围内的重大职业健康安全危险源获得一个清晰的认识和总的评价，并使组织明确应控制的职业健康安全风险；

2）建立危险源辨识、风险评价和风险控制与其他要素之间的联系，为组织的整体职业健康安全体系奠定基础。

（3）法律法规和其他要求。

1）促进组织认识和了解其所应履行的法律义务，并对其影响有一个清醒的认识，并就此信息与员工进行沟通；

2）识别对职业健康安全法规和其他要求的需求和获取途径。

（4）目标和方案。

1）使组织的职业健康安全方针能够得到真正落实；

2）保证组织内部对职业健康安全方针的各方面建立可测量的目标；

3）寻求实现职业健康安全方针和目标的途径和方法；

4）制订适宜的战略和行动计划，并实现组织所确定的各项目标。

（5）资源、作用、职责和权限。

建立适宜于职业健康安全管理体系的组织结构；

确定管理体系实施和运行过程中有关人员的作用、职责和权限；确定实施、控制和改进管理体系的各种资源。

1）建立、实施、控制和改进职业健康安全管理体系所需要的资源；

2）对作用、职责和权限作出明确规定，形成文件并沟通。

3）按照OSHMS标准建立、实施和保持职业健康安全管理体系。

4）向最高管理者报告职业健康安全管理体系运行的绩效，以供评审，并作为改进职业健康安全管理体系的依据。

（6）培训、意识和能力。

1）增强员工的职业健康安全意识；

2）确保员工有能力履行相应的职责，完成影响工作场所内职业健康安全的任务。

（7）沟通、参与和协商。

1）确保与员工和其他相关方就有关职业健康安全的信息进行相互沟通；

2）鼓励所有受组织运行影响的人员参与职业健康安全事务，对组织的职业健康安全方针和目标予以支持。

（8）文件。

1）确保组织的职业健康安全管理体系得到充分理解并有效运行；

2）按有效性和效率要求，设计并尽量减少文件的数量。

（9）文件控制。

1）建立并保持文件和资料的控制程序；

2）识别和控制体系运行和职业健康安全的关键文件和资料。

（10）运行控制。

1）制订计划和安排，确定控制和预防措施的有效实施；

2）根据实现职业健康安全的方针、目标、遵守法规和其他要求的需要，使与危险有关的运行和活动均处于受控状态。

（11）应急准备和响应。

1）主动评价潜在的事故和紧急情况，识别应急响应要求；

2）制订应急准备和响应计划，以减少和预防可能引发的病症和突发事件造成的伤害。

（12）绩效测量和监视。

持续不断地对组织的职业健康安全绩效进行监测和测量，以识别体系的运行状态，保证体系的有效运行。

（13）合规性评价。

1）组织建立、实施并保持一个或多个程序，以定期评价对适用法律法规的遵守情况；

2）评价对组织同意遵守的其他要求的遵守情况。

（14）事件调查、不符合、纠正措施和预防措施。

1）组织应建立、实施并保持一个或多个程序，用于记录、调查及分析事件，以便确定可能造成或引发事件的潜在的职业健康安全管理的缺陷或其他原因；识别采取纠正措施的需求；识别采取预防措施的机会；识别持续改进的机会；沟通事件的调查结果。

事件调查应及时进行。任何识别的纠正措施需求或预防措施的机会应该按照相关规定处理。

2）不符合、纠正措施和预防措施。组织应建立、实施并保持一个或多个程序，用来处理实际或潜在的不符合，并采取纠正措施或预防措施。程序中应规定下列要求：

①识别并纠正不符合，并采取措施以减少对职业健康安全的影响；

②调查不符合情况，确定其原因，并采取措施以防止再度发生；

③评价采取预防措施的需求，实施所制订的适当预防措施，以预防不符合的

发生；

④记录并沟通所采取纠正措施和预防措施的结果；

⑤评价所采取纠正措施和预防措施的有效性。

（15）记录控制。

1）组织应根据需要，建立并保持所必需的记录，用以证实其职业健康安全管理体系达到OSHMS标准各项要求结果的符合性。

2）组织应建立、实施并保持一个或多个程序，用于对记录的标识、存放、保护、检索、留存和处置。记录应保持字迹清楚、标识明确、易读，并具有可追溯性。

（16）内部审核。

1）持续评估组织的职业健康安全管理体系的有效性；

2）组织通过内部审核，自我评审本组织建立的职业健康安全体系与标准要求的符合性；

3）确定对形成文件的程序的符合程度；

4）评价管理体系是否有效满足组织的职业健康安全目标。

（17）管理评审。

1）评价管理体系是否完全实施和是否持续保持；

2）评价组织的职业健康安全方针是否继续合适；

3）为了组织的未来发展要求，重新制订组织的职业健康安全目标或修改现有的职业健康安全目标，并考虑为此是否需要修改有关的职业健康安全管理体系的要素。

2. 安全体系基本特点

建筑企业在建立与实施自身职业健康安全管理体系时，应注意充分体现建筑业的基本特点。

（1）危害辨识、风险评价和风险控制策划的动态管理。建筑企业在实施职业健康安全管理体系时，应根据客观状况的变化，及时对危害辨识、风险评价和风险控制过程进行评审，并注意在发生变化前即采取适当的预防性措施。

（2）强化承包方的教育与管理。建筑企业在实施职业健康安全管理体系时，应特别注意通过适当的培训与教育形式来提高承包方人员的职业安全健康意识与知识，并建立相应的程序与规定，确保他们遵守企业的各项安全健康规定与要求，并促进他们积极地参与体系实施和以高度责任感完成其相应的职责。

（3）加强与各相关方的信息交流。建筑企业在施工过程中往往涉及多个相关方，如承包方、业主、监理方和供货方等。为了确保职业健康安全管理体系的有效实施与不断改进，必须依据相应的程序与规定，通过各种形式加强与各相关方的信息交流。

（4）强化施工组织设计等设计活动的管理。必须通过体系的实施，建立和完善对施工组织设计或施工方案以及单项安全技术措施方案的管理，确保每一设计中的安全技术措施都根据工程的特点、施工方法、劳动组织和作业环境等提出有针对性的具体要求，从而促进建筑施工的本质安全。

（5）强化生活区安全健康管理。每一承包项目的施工活动中都要涉及现场临建设施及施工人员住宿与餐饮等管理问题，这也是建筑施工队伍容易出现安全与中毒事故的关键环节。实施职业安全健康管理体系时，必须控制现场临建设施及施工人员住宿与餐饮管理中的风险，建立与保持相应的程序和规定。

（6）融合。建筑企业应将职业安全健康管理体系作为其全面管理的一个组成部分，它的建立与运行应融合于整个企业的价值取向，包括体系内各要素、程序和功能与其他管理体系的融合。

3.建筑业建立OSHMS的作用和意义

（1）有助于提高企业的职业安全健康管理水平。OSHMS概括了发达国家多年的管理经验。同时，体系本身具有相当的弹性，容许企业根据自身特点加以发挥和运用，结合企业自身的管理实践进行管理创新。OSHMS通过开展周而复始的策划、实施、检查和评审改进等活动，保持体系的持续改进与不断完善，这种持续改进、螺旋上升的运行模式，将不断地提高企业的职业安全健康管理水平。

（2）有助于推动职业安全健康法规的贯彻落实。OSHMS将政府的宏观管理和企业自身的微观管理结合起来，使职业安全健康管理成为组织全面管理的一个重要组成部分，突破了以强制性政府指令为主要手段的单一管理模式，使企业由消极被动地接受监督转变为主动地参与的市场行为，有助于国家有关法律法规的贯彻落实。

（3）有助于降低经营成本，提高企业经济效益。OSHMS要求企业对各个部门的员工进行相应的培训，使他们了解职业安全健康方针及各自岗位的操作规程，提高全体职工的安全意识，预防及减少安全事故的发生，降低安全事故的经济损失和经营成本。同时，OSHMS还要求企业不断改善劳动者的作业条件，保障劳动者的身心健康，这有助于提高企业职工的劳动效率，并进而提高企业的经济效益。

（4）有助于提高企业的形象和社会效益。为建立OSHMS，企业必须对员工和相关方的安全健康提供有力的保证。这个过程体现了企业对员工生命和劳动的尊重，有利于改善企业的公共关系，提升社会形象，增强凝聚力，提高企业在金融、保险业中的信誉度和美誉度，从而增加获得贷款、降低保险成本的机会，增强其市场竞争力。

（5）有助于促进我国建筑企业进入国际市场。建筑业属于劳动密集型产业。我国建筑业由于具有低劳动力成本的特点，在国际市场中比较有优势。但当前不少发达国家为保护其传统产业采用了一些非关税壁垒（如安全健康环保等准入标准）来阻止发展中国家的产品与劳务进入本国市场。因此，我国企业要进入国际市场，就必须按照国际惯例规范自身的管理，冲破发达国家设置的种种准入限制。OSHMS作为第三张标准化管理的国际通行证，它的实施将有助于我国建筑企业进入国际市场，并提高其在国际市场上的竞争力。

（二）管理体系认证程序

建立 OSHMS 的步骤如下：领导决策→成立工作组→人员培训→危害辨识及风险评价→初始状态评审→职业安全健康管理体系策划与设计→体系文件编制→体系试运行→内部审核→管理评审→第三方审核及认证注册等。

建筑企业可参考如下步骤来制订建立与实施职业安全健康管理体系的推进计划。

（1）学习与培训。职业安全健康管理体系的建立和完善的过程，是始于教育、终于教育的过程，也是提高认识和统一认识的过程。教育培训要分层次、循序渐进地进行，需要企业所有人员的参与和支持。在全员培训基础上，要有针对性地抓好管理层和内审员的培训。

（2）初始评审。初始评审的目的是为职业安全健康管理体系建立和实施提供基础，为职业安全健康管理体系的持续改进建立绩效基准。

初始评审主要包括以下内容：

1）收集相关的职业安全健康法律、法规和其他要求，对其适用性及需遵守的内容进行确认，并对遵守情况进行调查和评价；

2）对现有的或计划的建筑施工相关活动进行危害辨识和风险评价；

3）确定现有措施或计划采取的措施是否能够消除危害或控制风险；

4）对所有现行职业安全健康管理的规定、过程和程序等进行检查，并评价其对管理体系要求的有效性和适用性；

5）分析以往建筑安全事故情况以及员工健康监护数据等相关资料，包括人员伤亡、职业病、财产损失的统计、防护记录和趋势分析；

6）对现行组织机构、资源配备和职责分工等进行评价。

初始评审的结果应形成文件，并作为建立职业安全健康管理体系的基础。

（3）体系策划。根据初始评审的结果和本企业的资源，进行职业安全健康管理体系的策划。策划工作主要包括：

1）确立职业安全健康方针；

2）制订职业安全健康体系目标及其管理方案；

3）结合职业安全健康管理体系要求进行职能分配和机构职责分工；

4）确定职业安全健康管理体系文件结构和各层次文件清单；

5）为建立和实施职业安全健康管理体系准备必要的资源；

6）文件编写。

（4）体系试运行。各个部门和所有人员都按照职业安全健康管理体系的要求开展相应的安全健康管理和建筑施工活动，对职业安全健康管理体系进行试运行，以检验体系策划与文件化规定的充分性、有效性和适宜性。

（5）评审完善。通过职业安全健康管理体系的试运行，特别是依据绩效监测和测量、审核以及管理评审的结果，检查与确认职业安全健康管理体系各要素是否按照计划安排有效运行，是否达到了预期的目标，并采取相应的改进措施，使所建立的职业安全健康管理体系得到进一步的完善。

（三）管理体系认证的重点

1.建立健全组织体系

建筑企业的最高管理者应对保护企业员工的安全与健康负全面责任，并应在企业内设立各级职业安全健康管理的领导岗位，针对那些对其施工活动、设施（设备）和管理过程的职业安全健康风险有一定影响的从事管理、执行和监督的各级管理人员，规定其作用、职责和权限，以确保职业安全健康管理体系的有效建立、实施与运行并实现职业安全健康目标。

2.全员参与及培训

建筑企业为了有效地开展体系的策划、实施、检查与改进工作，必须基于相应的培训来确保所有相关人员均具备必要的职业安全健康知识，熟悉有关安全生产规章制度和安全操作规程，正确使用和维护安全和职业病防护设备及个体防护用品，具备本岗位的安全健康操作技能，及时发现和报告事故隐患或者其他安全健康危险因素。

3.协商与交流

建筑企业应通过建立有效的协商与交流机制，确保员工及其代表在职业安全健康方面的权利，并鼓励他们参与职业安全健康活动，促进各职能部门之间的职业安全健康信息交流和及时接收处理相关方关于职业安全健康方面的意见和建议，为实现建筑企业职业安全健康方针和目标提供支持。

4.应急预案与响应

建筑企业应依据危害辨识、风险评价和风险控制的结果、法律法规等的要求，以往事故、事件和紧急状况的经历以及应急响应演练及改进措施效果的评审结果，针对施工安全事故、火灾、安全控制设备失灵、特殊气候、突然停电等潜在事故或紧急情况从预案与响应的角度建立并保持应急计划。

5.评价

评价的目的是要求建筑企业定期或及时地发现其职业安全健康管理体系的运行过程或体系自身所在的问题，并确定出问题产生的根源或需要持续改进的地方。体系评价主要包括绩效测量与监测、事故和事件以及不符合的调查、审核、管理评审。

6.改进措施

改进措施的目的是要求建筑企业针对组织职业安全健康管理体系绩效测量与监测、事故和事件，以及不符合的调查、审核以及管理评审活动所提出的纠正与预防措施的要求，制订具体的实施方案并予以保持，确保体系的自我完善功能，并依据管理评审等评价的结果，不断寻求方法持续改进建筑企业自身职业安全健康管理体系及其职业安全健康绩效，从而不断消除、降低或控制各类职业安全健康危害和风险。职业安全健康管理体系的改进措施主要包括纠正与预防措施和持续改进两个方面。

二、安全事故处理

水利工程施工安全是指在施工过程中，工程组织方应该采取必要的安全措施和手段来保证。施工人员的生命和健康安全，降低安全事故的发生概率。

（一）概述

1.概念

工伤事故就是企业员工在为公司或工厂进行施工建设中因为某种原因造成的工伤亡事故。对于工伤事故，我国国务院早就做出过规定，《工人职员伤亡事故报告规程》指出"企业对于工人职员在生产区域中所发生的和生产有关的伤亡事故（包括急性中毒）必须按规定进行调查、登记统计和报告"。从目前的情况来看，除了施工单位的员工以外，工伤事故的发生群体还包括民工、临时工和参加生产劳动的学生、教师、干部等。

2.伤亡事故的分类

一般来说，伤亡事故的分类都是根据受伤害者受到的伤害程度进行划分的。

（1）轻伤

轻伤是职工受到伤害程度最低的一种工伤事故，按照相关法律的规定，员工如果受到轻伤而造成歇工一天或一天以上就应视为轻伤事故处理。

（2）重伤事故

重伤的情况分为很多种，一般来说凡是有下列情况之一者，都属于重伤，作重伤事故处理。

1）经医生诊断成为残废或可能成为残废的。

2）伤势严重，需要进行较大手术才能挽救的。

3）人体要害部位严重灼伤、烫伤或非要害部位，但灼伤、烫伤占全身面积1/3以上的；严重骨折，严重脑震荡等。

4）眼部受伤较重，对视力产生影响，甚至有失明可能的。

5）手部伤害：大拇指轧断一切的，食指、中指、无名指任何一只轧断两节或任何两只轧断一节的局部肌肉受伤严重，引起肌能障碍，有不能自由伸屈的残废可能的。

6）脚部伤害：一脚脚趾轧断三只以上的，局部肌肉受伤甚剧，有不能行走自如的残废的可能的；内部伤害，内脏损伤、内出血或伤及腹膜等。

7）其他部位伤害严重的：不在上述各点内，经医师诊断后，认为受伤较重，根据实际情况由当地劳动部门审查认定。

（3）多人事故

在施工过程中如果出现多人（3人或3人以上）受伤的情况，那么应认定为多人工伤事故处理。

（4）急性中毒

急性中毒是指由于食物、饮水、接触物等原因造成的员工中毒。急性中毒会对受害者的机体造成严重的伤害，一般作为工伤事故处理。

（5）重大伤亡事故

重大伤亡事故是指在施工过程中，由于事故造成一次死亡1～2人的事故，应作重大伤亡处理。

（6）多人重大伤亡事故

多人重大伤亡事故是指在施工过程中，由于事故造成一次死亡3人或3人以上10人以下的重大工伤事故。

（7）特大伤亡事故

特大伤亡事故是指在施工过程中，由于事故造成一次死亡10人或10人以上的伤亡事故。

（二）事故处理程序

一般来说如果在施工过程中发生重大伤亡事故，企业负责人员应在第一时间组织伤员的抢救，并及时将事故情况报告给各有关部门，具体来说主要分为以下三个主要步骤。

1.迅速抢救伤员、保护好事故现场

在工伤事故发生之后，施工单位的负责人应迅速组织人员对伤员展开抢救，并拨打120急救热线，另外，还要保护好事故现场，帮助劳动责任认定部门进行劳动责任认定。

2.组织调查组

轻伤、重伤事故，由企业负责人或其指定人员组织生产、技术、安全等部门及工会组成事故调查组，进行调查；伤亡事故，由企业主管部门会同同级行政安全管理部门、公安部门、监察部门、工会组成事故调查组，进行调查。死亡和重大死亡事故调查组应邀请人民检察院参加，还可邀请有关专业技术人员参加，与发生事故有直接利害关系的人员不得参加调查组。

3.现场勘察

（1）作出笔录

通常情况下，笔录的内容包括事发时间、地点以及气象条件等；现场勘察人员的姓名、单位、职务；现场勘察起止时间、勘察过程；能量逸散所造成的破坏情况、状态、程度；设施设备损坏情况及事故发生前后的位置；事故发生前的劳动组合，现场人员的具体位置和行动；重要物证的特征、位置及检验情况等。

（2）实物拍照

包括方位拍照，反映事故现场周围环境中的位置；全面拍照，反映事故现场各部位之间的联系；中心拍照，反映事故现场中心情况；细目拍照，提示事故直接原因的痕迹物、致害物；人体拍照，反映伤亡者主要受伤和造成伤害的部位。

（3）现场绘图

根据事故的类别和规模以及调查工作的需要应绘制：建筑物平面图、剖面图；事故发生时人员位置及疏散图；破坏物立体图或展开图；涉及范围图；设备或工、器具构造图等。

（4）分析事故原因、确定事故性质

分析的步骤和要求是：

1）通过详细的调查、查明事故发生的经过。

2）整理和仔细阅读调查资料，对受伤部位、受伤性质、起因物、致害物、伤害方法、不安全行为和不安全状态等七项内容进行分析。

3）根据调查所确认的事实，从直接原因入手，逐渐深入到间接原因。通过对原因的分析、确定出事故的直接责任者和领导责任者，根据在事故发生中的作用，找出主要责任者。

4）确定事故的性质。如责任事故、非责任事故或破坏性事故。

（5）写出事故调查报告

事故调查组应着重把事故发生的经过、原因、责任分析和处理意见以及本次事故的教训和改进工作的建议等写成报告，以调查组全体人员签字后报批。如内部意见不统一，应进一步弄清事实，对照政策法规反复研究，统一认识。对于个别同志仍持有不同意见的，可在签字时写明自己的意见。

（6）事故的审理和结案

建设部对事故的审批和结案有以下几点要求：

1）事故调查处理结论，应经有关机关审批后，方可结案。伤亡事故处理工作应当在90日内结案，特殊情况不得超过180日。

2）事故案件的审批权限，同企业的隶属关系及人事管理权限一致。

3）对事故责任人的处理，应根据其情节轻重和损失大小，谁有责任，主要责任，其次责任，重要责任，一般责任，还是领导责任等，按规定给予处分。

4）要把事故调查处理的文件、图纸、照片、资料等记录长期完整地保存起来。

第十章 现代水利大水网建设与管理

第一节 大水网建设的意义和必要性

一、大水网建设的定义和背景

大水网建设指的是在一个大区域内，通过建立跨流域、跨区域的输水、调水系统，实现水资源的跨流域、跨区域调配与利用，达到水资源合理配置和高效利用的目的。它是指以大流域或大区域为基础，通过水库、引水渠道、管道等水利工程设施，实现多区域之间的水资源共享和调配，形成大规模的水资源利用体系，以满足社会、经济、生态的多样化需求。

随着全球气候变化和城市化进程的加速，水资源的短缺和水灾风险逐渐加大。传统的水利工程已经难以满足人们日益增长的用水需求和水资源管理的需要。同时，随着全球经济的快速发展，城市化进程加速，不同地区之间的水资源分布不均，水资源紧缺的地区日益增多。因此，大水网建设成为了解决水资源紧缺和水灾风险的重要途径。

二、大水网建设的意义

近年来，全球气候变化引发的极端天气事件频发，导致许多地区的水资源短缺和水灾风险加大。因此，建设大水网成为了保障国家水资源安全、应对极端气候变化的重要举措之一。这里将从多个方面阐述大水网建设的意义。

1.提高水资源利用效率

大水网建设可以使水资源的综合利用效率和可持续利用能力得到提高。通过不同区域之间的水资源共享，实现水资源的高效利用，减少资源的浪费和损失。同时，大水网建设还可以提高水资源的利用率，降低生产和生活用水成本。此外，大水网建设对于推进水资源管理和科学利用也具有重要意义。随着人口的不断增加和经济的发展，水资源的供需矛盾日益加剧，如何合理利用水资源成为了当务之急。而大水网建设可以将分散的水资源进行整合，通过统一规划和管理，实现合理配置和利用，有效解决水资源短缺和分配不均等问题。

在国家层面上，大水网建设还可以提高国家的水资源管理能力和综合实力。随着水资源的日益紧张，加强水资源管理成为国家的必然选择。而大水网建设可以促进不同地区之间的合作和协调，实现水资源共享和协同管理，进而提升国家的水资源管理水平和综合实力。

最后，大水网建设还可以促进水环境保护和生态文明建设。通过对水资源的科学管理和利用，保障水环境的健康和稳定，促进生态文明的建设，进而实现可持续发展。同时，在大水网建设过程中，还可以采取多种生态环境保护措施，如建设湿地和水生态系统，改善水质和保护生物多样性等，以此推动水环境保护和生态文明建设。

2.保障水资源安全

在全球气候变化和城市化进程的背景下，水资源短缺和水灾风险逐渐加大，这对于全球范围内的水资源管理和保障都提出了更高的要求。大水网建设作为一种有效的水资源管理方式，可以在一定程度上缓解这种情况的发展。具体来说，大水网建设可以优化水资源的分布和调配，通过将不同地区之间的水资源进行共享和调配，从而保障各地区的水资源供应，降低因水资源不足而导致的紧张程度。

此外，大水网建设也可以提高水资源的安全性和稳定性。在大水网的覆盖下，一旦某个地区的水资源出现问题，可以通过其他地区的水资源进行调配，从而避免因水资源不足而导致的水灾风险。同时，大水网建设也可以提高水资源的利用率，降低生产和生活用水成本。

在大水网建设中，还需要考虑一些因素，如水源地的选址、水质的保障、水利工程建设的安全和环境保护等。只有在充分考虑这些因素的情况下，才能确保大水网建设的可行性和可持续性。

3.促进经济发展

水是人类生产和生活不可缺少的资源，也是促进经济发展的重要基础设施之一。大水网建设可以提供水资源保障，促进产业结构升级和经济发展。例如，在农业领域，大水网建设可以为农业生产提供充足的灌溉水源，提高农业生产效益和农民收入。另外，大水网建设也可以为城市供水和工业生产提供充足的水源，促进城市经济的发展和升级。随着全球气候变化和城市化进程的加速，水资源短缺和水灾风险逐渐加大，这就需要大力推进大水网建设，以保障各地区的水资源供应，提高水资源利用效率和安全性，促进水资源的可持续利用和经济发展。在国家"一带一路"战略的背景下，大水网建设也具有重要的战略意义和推进价值。

4.加强水资源管理能力

大水网建设可以加强水资源管理的能力和水文监测技术的研发应用。通过建设大水网，可以收集和整合全国各地的水文监测数据，提高水资源的信息化、数字化和智能化水平。同时，建设大水网可以促进水资源的集中管理和统筹调度，实现水资源的高效配置和优化利用。此外，大水网建设还可以推进水资源的综合治理和保护，加强水资源的环境监测和生态修复，推动可持续发展理念在水资源领域的实践和落实。

5. 推进水文文明建设

大水网建设还可以促进水与生态的和谐发展，通过对水资源的有效管理和利用，实现生态环境和人类社会的协调发展。例如，在水资源丰富的地区可以开展水生态旅游和生态农业等活动，实现水资源的可持续利用和生态效益的提高。

此外，大水网建设还可以加强区域之间的合作和交流，推进不同区域之间的水资源共享，增进国际间的水资源合作与交流。这样可以加强世界各国之间的合作和友谊，推动全球水资源的可持续发展。

三、大水网建设的必要性

通过大水网建设，可以保障城市用水、提高灌溉效率、保障生态环境、促进区域协调发展和提高水资源管理能力，进而推动经济社会的可持续发展。

1. 保障城市用水

大水网建设对保障城市用水至关重要，可以采取多种措施，从不同方面提高城市供水系统的供水能力和稳定性，确保城市用水的安全和可靠。为了保障城市用水，大水网建设可以采取以下措施：

增加供水管道：通过建设更多的供水管道，可以提高城市供水系统的供水能力，缓解供水压力。同时，也可以改善城市供水的稳定性和可靠性。

扩大水库容量：通过建设更多的水库和扩大现有水库的容量，可以增加城市的备用水源，提高城市供水系统的供水能力，降低城市用水的风险。

增加取水口：通过建设更多的取水口，可以增加城市供水系统的取水能力，提高供水系统的供水能力。

推广节水措施：通过推广节水措施，可以降低城市用水量，减轻城市供水系统的压力。例如，推广低流量淋浴头、智能水表等节水设备，同时加强对公众的节水宣传教育，提高公众的节水意识和行为。

2. 提高灌溉效率

灌溉是农业生产的重要环节，灌溉水资源的利用效率直接影响着农业生产的成败。传统的灌溉方式存在许多问题，如水量浪费、水土流失、土壤盐碱化等，导致灌溉效率低下。大水网建设可以通过提供充足的灌溉水源、改善灌溉水质、完善灌溉设施等措施，提高灌溉效率，实现节水灌溉，从而保障农业生产的水资源需求。

首先，大水网建设可以提供充足的灌溉水源。通过大规模建设水库、引水渠道、提高取水能力等方式，增加可利用的灌溉水源，保证农田的灌溉用水量。其次，大水网建设可以改善灌溉水质。通过加强水质监测、改善水质处理技术等手段，保证灌溉水的质量，避免灌溉水中的重金属、有机物等对作物的伤害。最后，大水网建设可以完善灌溉设施，提高灌溉效率。通过推广滴灌、喷灌、微喷等高效节水灌溉技术，改善传统灌溉方式的缺陷，提高灌溉效率，减少灌溉水量的浪费和土壤水分的流失。

3.保障生态环境

水资源是维持生态系统运行的重要组成部分，它直接关系到动植物生存、自然资源利用、气候变化等诸多方面。在生态环境保护方面，大水网建设的重要性也日益凸显。

首先，大水网建设可以优化水资源调配，使得水资源得到更加合理的利用。针对不同地区的水资源状况和需求，大水网建设可以实现水资源的跨区域调配和合理配置，从而保障不同地区的水资源需求。这有助于减轻一些地区水资源的紧缺状况，提高水资源的利用效率和可持续性，同时有利于维护水资源的生态系统平衡。

其次，大水网建设可以增加水库容量和扩大水利设施，为生态环境提供更多的水源供应。通过加强水资源调度和优化水资源管理，大水网建设可以使得水利设施的水库容量得到有效增加，提高水资源的供应能力。这不仅有助于保障人民群众的饮用水和生产用水需求，也能为生态环境提供足够的水源保障。

最后，大水网建设还可以推动生态环境的恢复和改善。通过大水网建设，一些原本缺乏水资源保障的地区，如沙漠化地区和生态脆弱区，也可以获得水资源保障。这有助于提高这些地区的水资源供应能力，推动生态环境的恢复和改善，为生态系统的可持续发展做出贡献。

4.促进区域协调发展

大水网建设可以带动水利设施制造、水资源开发利用、水文监测技术等相关产业的发展。比如，大水网建设需要大量的水泵、阀门、管道等水利设施，这将推动水利设备制造业的发展。另外，在水资源开发利用方面，大水网建设需要进行水文监测、水资源管理等工作，这将推动水文监测技术、水资源管理技术的研发和应用。这些相关产业的发展，将带动区域经济的繁荣和增加就业机会。

此外，大水网建设还可以促进区域间的交流和合作，推动区域协调发展。在大水网建设中，不同地区之间需要进行水资源共享和调配，这将促进区域间的交流和合作，增强区域之间的相互依存性和合作性，从而实现区域协调发展。例如，江苏省和上海市的大水网建设，就加强了两地的水资源合作，提高了水资源的利用效率和保障水资源的安全性。

5.提高水资源管理能力

大水网建设可以带来良好的社会效益，例如增加就业机会、提高人民生活质量等。大水网建设需要大量的投资和技术支持，这也为相关企业和机构提供了发展机遇。例如，水利工程设计和建设公司、水文监测技术公司、水资源管理机构等都可以在大水网建设中发挥重要作用，并获得良好的经济效益。

此外，大水网建设还可以促进国际合作和交流。在全球化的背景下，水资源的跨国调配和共享已成为一种必然趋势。大水网建设可以促进各国之间的水资源合作和交流，增进相互了解和友谊，推动全球水资源的可持续利用和管理。

第二节　大水网建设的技术要点和方法

一、大水网建设的技术要点

1.水文监测技术

水文监测技术是大水网建设的重要技术要点之一，主要包括水文监测站点的建立、监测设备的更新和维护、数据的分析和处理等内容。水文监测站点的建立是实现对水资源实时监测和调配的基础。在建立水文监测站点时，需要选择合适的地点，安装合适的监测设备，并确保设备的运行稳定和可靠。为了实现数据的实时传输和共享，可以使用物联网技术，通过传感器和通信设备实现数据的自动采集和传输。

在水文监测设备的更新和维护方面，需要不断引入新的技术和设备，保持监测设备的先进性和可靠性。同时，需要对监测设备进行定期维护和检修，确保设备的正常运行和数据的准确性。在数据的分析和处理方面，可以采用大数据和人工智能等技术，实现对大量数据的分析和挖掘，提高数据利用效率和水资源管理水平。

除了水文监测技术，大水网建设还需要采用其他先进技术和方法，如水文预报、水资源遥感监测、水资源信息管理系统等。水文预报技术可以通过模拟和预测水文过程，实现对水资源的合理调配和管理。水资源遥感监测技术可以通过遥感技术和空间信息技术，实现对水资源的监测和管理。水资源信息管理系统可以对水资源进行全方位、多层次的管理和监控，实现对水资源的高效利用和保护。

此外，大水网建设还需要进行科学规划和综合考虑各种因素，如水资源的分布、水质状况、水文环境、地形地貌等。在规划过程中，需要根据实际情况确定大水网的布局和建设方案，充分考虑可行性、经济性和环境保护要求。

2.水资源调配技术

大型水利工程可以改变水资源的分布和调配，提高水资源的利用率和水平衡性。例如，我国的南水北调工程就是一项大型水利工程，通过引水调配南方的水资源，为北方地区提供了充足的用水资源，保障了当地的生产和生活用水。

除了大型水利工程，现代科技也为水资源调配提供了许多新技术和新手段。例如，利用先进的水资源调配模型和软件，可以模拟水资源的分布和流动情况，实现水资源的动态调配和优化配置。同时，水资源调配技术还包括实时监测和管理系统的建设，为水资源调配提供了数据支撑和技术保障。

另外，农业灌溉是大水网建设中一个重要的环节。提高灌溉效率可以节约水资源、提高农业生产效益，也是实现水资源可持续利用的重要手段之一。现代化灌溉技术，如滴灌、喷灌、微喷灌等，可以实现对灌溉水的精准控制和管理，提高灌溉效率，减少水资源的浪费和损失。

此外，大水网建设还需要加强对水资源的保护和治理。水资源保护是实现水资源可持续利用的基础和前提，也是大水网建设的重要内容之一。水资源治理包括水环境治理、水污染治理等方面，需要加强对水资源的监管和管理，保护水资源的生态环境，实现水资源的可持续利用。

3.建筑工程设计技术

大水网建设中的建筑工程设计技术是保障工程建设质量和工程安全的重要技术要点。结构设计技术是保障大水网工程建设质量和工程安全的重要技术要点之一。大水网工程通常包括大型水库、水闸等建筑物，其结构设计需要满足承受水压、地震、风压等各种力的要求，同时还需要考虑工程的经济性和可持续性。

设备设计技术是大水网建设中的重要技术要点之一。大水网工程需要使用各种设备和仪器，例如水泵、水闸控制系统、水文监测系统等，设备设计需要满足工程的运行要求和安全要求，并考虑设备的耐用性和维护便捷性。此外，设备设计还需要结合工程的信息化技术应用，实现设备的远程监控和管理，提高工程的安全性和可靠性。

在大水网建设过程中，建筑工程设计技术需要与其他技术相互配合，形成协同效应，以保证工程建设的高质量和安全可靠。同时，建筑工程设计技术需要不断更新和创新，引入新的材料、新的技术和新的理念，以适应不断变化的建设需求和环境要求。

4.节能减排技术

大水网建设中的节能减排技术，是在保证水资源供应的同时，减少能源消耗和废水排放，实现可持续发展的重要技术要点。在建设过程中，需要采取一系列节能减排技术措施，以提高工程建设的环保性和可持续性。

首先，大水网建设可以采用节能设备，降低能源消耗。例如，在水泵、机器设备等方面采用高效节能设备，可以有效降低能源消耗，降低运营成本。另外，在设计大水网建设方案时，应该充分考虑建筑物的朝向和采光等环境因素，优化建筑结构设计，提高建筑物的能源利用率。

其次，大水网建设可以采用减少污水排放的技术措施，减少对环境的影响。例如，在工程建设中采用高效污水处理设备和技术，对污水进行处理和回收利用，减少废水排放量和污染物排放，保护环境。此外，还可以采用降低污水排放浓度、减少污染物排放等技术措施，降低环境风险和对生态环境的影响。

再次，大水网建设可以采用可再生能源技术，提高工程的环保性。例如，可以在水库建设中引入太阳能发电设备，利用太阳能进行水泵驱动和供电，减少对传统能源的依赖，实现可持续发展。此外，还可以利用水力发电等可再生能源技术，为工程提供清洁能源，减少对环境的影响。

二、大水网建设的方法

1.统筹规划

大水网建设需要进行统筹规划，包括对不同地区的水资源分布、用水需求、环境保护等因素进行综合考虑，确保大水网建设的合理性和可行性。

首先，需要进行水资源分析和评估，了解不同地区的水资源分布情况和水资源的供需状况。其次，需要考虑不同用水需求和用水特点，制定针对性的水资源调配方案，确保用水的合理分配和高效利用。同时，还需要考虑环境保护和水生态系统的维护，采取相应的技术措施，保护水生态环境，确保大水网建设的可持续发展。

在统筹规划中，需要采用先进的技术手段和分析方法，例如水资源调查和评估、水资源模拟和优化分析等。通过对水资源的全面分析和评估，确保大水网建设的科学性和可行性。

另外，统筹规划需要充分考虑各方利益和协调各方关系，实现水资源的共享和合理利用，促进区域间的协调发展。同时，还需要注重与其他相关规划的协调，例如城市规划、环境保护规划等，确保大水网建设与其他规划的协调性和一致性。

2.现代化建设

大水网建设需要采用现代化建设技术和方法，通过引入现代化技术、管理模式和建设理念，实现大水网建设的高效、安全、可持续发展。现代化建设包括以下几个方面：

技术创新：引入先进的水利工程设计技术、建设技术和设备技术，提高大水网建设的效率和质量。

管理创新：采用信息化技术，实现对大水网建设全过程的监管和管理，提高工程的管理水平和效率。

资金投入：增加对大水网建设的资金投入，保障工程建设的顺利进行和工程质量的保障。

人才培养：加强人才培养和引进，提高工程建设的人才队伍素质和水平。

环境保护：采取环保措施，减少对生态环境的影响，保障水资源的可持续利用。

3.优化设计

通过优化工程设计，可以提高工程的效益和质量，降低工程成本和运营成本，实现资源的高效利用。具体来说，优化设计可以从以下几个方面展开：

结构设计优化：通过对结构设计的优化，可以减少工程的材料消耗，降低工程造价。例如，在水库的建设中，可以采用优化结构设计，减少水库的面积和深度，从而降低工程造价。

节能设计：通过采用节能设计，可以减少工程的能源消耗，降低工程的运营成本。例如，在泵站的建设中，可以采用高效节能的泵站设计，减少泵站的电能消耗。

节水设计：通过采用节水设计，可以减少工程的用水量，实现水资源的高效利用。例如，在灌溉系统的建设中，可以采用滴灌、微喷等节水灌溉技术，实现灌溉用水的最小化。

智能化设计：通过采用智能化设计，可以提高工程的管理效率和运行效率。例如，在大水网建设中，可以采用远程监控、自动控制等智能化技术，实现工程的远程管理和运营。

4.工程建设的管理和监督

大水网建设需要进行全过程的管理和监督，以保障工程建设的质量和工期。这包括项目管理、施工管理、质量管理、安全管理等方面的内容。

项目管理方面，需要建立健全的项目管理制度，实现项目的计划、组织、指导、协调和控制，确保项目按照计划完成。

施工管理方面，需要对施工现场进行监督和管理，包括合同管理、施工进度管理、人员管理、材料管理等，保证施工工作有序进行。

质量管理方面，需要建立严格的质量管理制度，加强质量监督和检验工作，保证工程质量符合国家标准和工程设计要求。

安全管理方面，需要建立健全的安全生产管理制度，确保施工过程中人员和设备的安全，减少事故的发生。

此外，还需要采用现代化的管理技术和工具，如信息化技术、智能化技术等，实现对工程全过程的监管和管理。

5.多方合作

多方合作是大水网建设的重要保障和支持，需要政府、企业、社会组织、居民等各方面的合作。政府在大水网建设中需要发挥引导作用，加强规划和管理，提供资金支持和技术保障，推动大水网建设的有序推进。政府还需要完善政策法规，建立健全的管理机制，制定行业标准和技术规范，确保大水网建设的顺利进行和工程质量的稳定提高。

企业在大水网建设中也发挥着重要的作用，特别是在工程建设和技术支持方面。企业需要发挥技术优势，提供优质的工程建设服务和技术支持，帮助政府和社会组织实现大水网建设的目标。此外，企业还需要加强科技创新，推动水利科技的进步和发展，开发出适合大水网建设的新技术和新产品，不断提升工程建设的技术水平和效益水平。

社会组织和居民也是大水网建设的重要参与者和推动者。社会组织可以发挥环保组织、公益组织等的作用，加强对水资源保护和水文文明建设的宣传和教育，提高公众对水资源保护的意识和责任感。居民可以加强自我管理，采取节约用水、保护水资源的行动，支持大水网建设的顺利进行。同时，居民也可以通过参与水资源保护志愿者、环保组织等方式，积极参与到大水网建设中来，共同推动水资源管理和保护。

第三节　大水网管理的挑战与应对策略

一、大水网管理的挑战

(一) 跨区域协调难度大

首先，不同地区之间存在着水资源分布不均的问题。一些地区水资源丰富，而另一些地区则水资源紧缺。大水网建设需要通过水资源调配和共享等方式，实现不同地区之间的水资源协调和优化配置，以满足各地区的用水需求。然而，在实际操作中，由于各地区的政治、经济和文化差异，不同地区之间的合作和协调存在困难。

其次，大水网建设需要涉及多个地区和多个部门之间的合作和协调。这需要相关部门和单位之间建立有效的合作机制和信息共享平台，共同推进大水网建设和管理工作。然而，在实际操作中，由于各地区和部门之间的利益分配、权力掌握等问题，协调合作难度较大。

第三，大水网建设需要考虑到水资源的环境和生态问题。大水网建设和管理中，需要保护和恢复水生态环境，避免对生态系统造成不利影响。然而，由于水资源开发和利用的复杂性和多样性，环境保护与水资源开发之间存在着矛盾和协调难题。如何在大水网建设中允分考虑环境和生态问题，是当前需要解决的难点之一。

(二) 管理体制不完善

一方面，由于水利管理体制分散，各级政府和部门之间的职责不清，导致大水网建设和管理中存在决策难、协调难等问题。例如，不同行政区域之间的水资源管理和调配不协调，导致水资源利用效率低下，存在浪费和损失。此外，由于部门之间协调不足，容易出现信息不畅通、责任推诿等问题，影响大水网建设和管理的效果。

另一方面，由于水利管理人员技术水平不高，导致大水网建设和管理存在管理能力和技术水平不足的问题。例如，在水文监测、水资源调配、水利工程设计和施工管理等方面，需要具备专业知识和技术能力。但现实中，许多水利管理人员缺乏相关知识和技能，导致工作效率低下、管理效果不佳。

(三) 水资源调配难度大

首先，水资源调配难度大的一个原因是地理位置和地形地貌的差异。我国地域辽阔，地形地貌各异，不同地区水资源的分布也不同。一些地区水资源丰富，而一些地区水资源紧缺，难以满足当地的需求。为了实现跨区域的水资源调配，需要充分考虑不同区域之间的地理位置和地形地貌的差异，制定科学合理的调配方案。

其次，水资源调配难度大的另一个原因是各地的水资源利用效率不同。由于各地的水资源开发利用程度不同，有些地方浪费水资源现象比较严重，而有些地方则没有充分利用水资源的潜力。在进行水资源调配时，需要考虑各地的水资源利用效率，通过改善管理和技术手段，提高水资源利用效率，从而实现水资源的最优分配和利用。

此外，水资源调配难度大还与政策和法律法规的限制有关。当前我国的水资源管理还存在一些政策和法律法规的短板，这些限制了水资源的跨区域调配。例如，不同地区的水资源征收和补偿机制不同，有些地方缺乏完善的水资源市场机制，这些都影响了水资源的跨区域调配。因此，需要制定更加科学合理的政策和法律法规，加强对跨区域水资源调配的管理和监督，提高跨区域水资源调配的效率和可行性。

三、大水网管理的应对策略

（一）加强跨区域协调和合作

跨区域协调需要多方合作、协商和沟通，涉及到政府、企业、社会组织和公众等各方面的参与和合作。以下是一些具体的措施和建议：

1.建立跨区域合作机制和协调机构

政府可以通过建立跨区域合作机制和协调机构，加强不同地区之间的沟通和联系，促进资源共享和信息共享。在大水网建设中，可以成立跨区域联合开发机构或委员会，由各地政府、企业、社会组织和专家等共同组成，协调水资源的调配和管理。除此之外，政府还可以加强对水资源调配技术的研发和推广。通过开展科技创新活动，研究开发出更加先进、高效的水资源调配技术，如智能水管网、水资源大数据平台等，进一步提高水资源调配的精度和效率。同时，政府还应该加强对公众的水资源知识普及和教育，提高公众对水资源的认知和管理能力，推广节水型生活方式，减少浪费，实现水资源的可持续利用。

2.建立跨区域信息共享平台

建立跨区域信息共享平台，实现信息资源的互通和共享。政府可以通过建设水资源信息共享平台，收集、整合和发布水资源相关数据和信息，方便不同地区之间的资源调配和协调。同时，可以通过建立水资源管理系统，实现对水资源的动态监控和调配。在平台建设方面，政府可以通过以下措施来实现：

制定数据标准和规范。政府可以制定数据采集、处理和共享的标准和规范，确保数据的质量和一致性。此外，还应该制定数据安全和隐私保护的相关规定，保障数据的安全性和合法性。

建设信息共享平台。政府可以通过建设水资源信息共享平台，将各地的水资源数据和信息集中管理，实现共享和交流。平台应该具备数据存储、查询、分析和可视化的功能，方便用户进行数据管理和决策分析。

提供技术支持和培训。政府可以提供技术支持和培训，提高使用者对信息共享平台的认知和使用能力。此外，还可以组织专家和技术人员对平台进行维护和更新，确保平台的运行稳定和数据的准确性。

加强协调和沟通。政府应该加强与各地区的沟通和协调，协助各地区解决在数据共享方面的技术问题和管理难题。同时，还应该加强与企业、社会组织和专家等相关方面的合作，实现资源共享和信息共建。

3.加强政策引导和资金支持

政府可以加强政策引导和资金支持，推动跨区域合作和协调。通过制定相关政策和法规，明确跨区域合作的目标和任务，鼓励各方面积极参与。同时，政府可以提供财政资金、技术支持等方面的支持，促进跨区域合作的顺利开展。

4.加强社会组织和公众参与

社会组织和公众的参与对于跨区域合作和协调具有重要作用。政府可以通过开展宣传和教育活动，提高公众对水资源保护的意识和责任感，增强公众参与水资源管理的积极性。同时，政府可以鼓励和支持社会组织和志愿者参与跨区域合作和协调，发挥他们在信息收集、监督和评估等方面的作用。

（二）改革管理体制，提高管理效率

在现代水利大水网建设和管理中，管理体制不完善、管理水平不高等问题成为制约工程进展和管理效率的主要瓶颈。因此，必须采取有效措施进行改革，建立科学完善的管理体制，提高管理效率和管理水平，实现大水网建设和管理的顺利推进。

1.改革管理体制的必要性

大水网建设是一项系统性、复杂性工程，需要涉及各个层级的管理和协调。而传统的水利管理体制，由于各级水利部门之间的职责划分不清、信息共享不畅、资源调配不足等问题，往往导致管理效率低下、决策滞后、资源浪费等情况。因此，必须进行管理体制的改革，优化职责划分，强化信息共享和资源调配，实现大水网建设和管理的高效运作。

2.改革管理体制的措施

改革职责划分，优化管理架构。应根据大水网建设和管理的特点，明确各级管理部门的职责和权限，避免职责重叠和信息孤岛现象。同时，可以通过合并、拆分、调整等方式，优化管理架构，提高管理效率和协调能力。

加强信息共享和数据交换。建立信息化平台，实现各级水利部门之间的信息共享和数据交换。通过建立实时监测系统和信息发布系统，实现水资源调配的动态掌控和及时反馈，提高管理效率和决策水平。

加强资源调配和协调机制。建立水资源调配和协调机制，通过制定相关政策和措施，优化资源配置，提高资源利用效率。同时，加强跨区域协调和合作，实现资源共享和互惠共赢。

加强人才队伍建设和培训。培养和引进具有相关水利工程和管理经验的人才，提高管理水平和技术水平。通过组织专业技术培训、实战演练等方式，不断提升人员综合素质和应变能力。

（三）优化水资源调配技术，提高水资源利用效率

水资源的调配和分配是保证水资源合理利用和可持续发展的关键措施，因此需要采用先进的技术手段和方法来提高水资源利用效率。以下是有关优化水资源调配技术的具体内容：

1.精细化调度技术

精细化调度技术是现代水利大水网建设中的一项重要技术，主要是通过信息技术手段对水资源进行实时监控和管理，实现对水资源的精准调度和分配。该技术可以有效地提高水资源利用效率，避免水资源的浪费和滥用。

精细化调度技术主要包括水文监测技术、信息技术、模拟技术等方面的内容。水文监测技术可以实时监测水资源的流量、水位、水质等数据，提供水资源实时数据和信息支持；信息技术则可以对数据进行处理和分析，形成水资源调度方案和预测分析报告；模拟技术则可以通过模拟分析水资源的调度方案，从而确定最优的水资源调度方案，提高水资源利用效率。

2.智能节水技术

智能节水技术是现代水利大水网建设中的另一个重要技术。该技术通过采用智能传感器、控制器、计算机等技术手段，实现对水资源的智能监测和控制，从而实现对水资源的节约利用和保护。

智能节水技术主要包括智能灌溉技术、智能供水技术、智能排水技术等方面的内容。智能灌溉技术可以通过实时监测土壤湿度、气象因素等数据，自动调节灌溉量和灌溉时间，实现对水资源的节约利用和保护；智能供水技术可以通过实时监测供水管道的水流量、水压等数据，自动调节供水量和供水时间，实现对水资源的节约利用和保护；智能排水技术则可以通过实时监测污水处理厂的污水流量、水质等数据，自动调节处理厂的处理量和处理时间，实现对水资源的节约利用和保护。

3.高效利用水资源的新技术

高效利用水资源的新技术是现代水利大水网建设中的另一项重要技术。该技术主要是通过节水技术、水资源调配技术、水处理技术等手段，实现水资源的高效利用和保护。

节水技术是提高水资源利用效率的重要手段之一。例如，'在农业领域，采用精准灌溉技术、滴灌技术等节水技术，可以实现农业生产的高效用水和节水减排。在城市领域，采用节水设备、提高用水效率等措施，可以减少城市用水量，降低用水成本。

水资源调配技术是实现不同地区之间水资源共享和调配的重要手段。通过优化供水管道、增加取水口、扩大水库容量等方式，实现对水资源的合理调配和分配，提高

水资源利用效率和水资源的可持续利用能力。

水处理技术是实现水资源高效利用的重要手段之一。通过采用现代水处理技术，对废水进行处理、回用，可以减少废水排放，提高水资源利用效率和保护环境。

此外，智能水利、水资源云平台、水资源大数据等新技术的应用，也为高效利用水资源提供了新的手段和思路。通过智能化、信息化手段，实现对水资源的全过程监控和调度，提高水资源利用效率和水资源管理水平。

参考文献

［1］常春.水利工程建设与造价管理［M］.长春：吉林科学技术出版社，2017.08.

［2］李建星，陈兆东，徐法义.黄河水利工程管理与建设［M］.北京：红旗出版社，2017.01.

［3］郭广军，郑月林，魏光建.现代水利工程建设与管理［M］.延吉：延边大学出版社，2017.05.

［4］刘明远.水利水电工程建设项目管理［M］.郑州：黄河水利出版社，2017.11.

［5］舒欢.重大水利工程建设全生命周期组织管理体系的集成管理模式［M］.北京：科学出版社，2017.11.

［6］朱显鸽.水利工程施工与建筑材料［M］.北京：中国水利水电出版社，2017.04.

［7］何俊，韩冬梅，陈文江.水利工程造价［M］.武汉：华中科技大学出版社，2017.09.

［8］苗兴皓.水利水电工程造价与实务［M］.中国环境出版社，2017.01.

［9］赵宇飞，祝云宪，姜龙.水利工程建设管理信息化技术应用［M］.北京：中国水利水电出版社，2018.10.

［10］侯超普.水利工程建设投资控制及合同管理实务［M］.郑州：黄河水利出版社，2018.12.

［11］盖立民.农田水利工程建设与管理［M］.哈尔滨：哈尔滨地图出版社，2018.06.

［12］李平，王海燕，乔海英.水利工程建设管理［M］.北京：中国纺织出版社，2018.11.

［13］王绍民，郭鑫，张潇.水利工程建设与管理［M］.天津：天津科学技术出版社，2018.05.

[14] 曹忠遂，岳三利，陈峰.黄河水利工程管理与建设［M］.北京：北京工业大学出版社，2018.05.

[15] 孙祥鹏，廖华春.大型水利工程建设项目管理系统研究与实践［M］.郑州：黄河水利出版社，2019.12.

[16] 周苗.水利工程建设验收管理［M］.天津：天津大学出版社，2019.08.

[17] 初建.水利工程建设施工与管理技术研究［M］.北京：现代出版社，2019.08.

[18] 刘明忠，田淼，易柏生.水利工程建设项目施工监理控制管理［M］.北京：中国水利水电出版社，2019.01.

[19] 陈超，牛国忠，赖德铭.全国水利水电高职教研会规划教材建设工程招投标与合同管理［M］.中国水利水电出版社，2019.05.

[20] 袁俊周，郭磊，王春艳.水利水电工程与管理研究［M］.郑州：黄河水利出版社，2019.06.

[21] 姬志军，邓世顺.水利工程与施工管理［M］.哈尔滨：哈尔滨地图出版社，2019.08.

[22] 贾志胜，姚洪林.水利工程建设项目管理［M］.长春：吉林科学技术出版社，2020.07.

[23] 张子贤，王文芬.水利工程经济［M］.北京：中国水利水电出版社，2020.01.

[23] 刘志强，季耀波，孟健婷.水利水电建设项目环境保护与水土保持管理［M］.昆明：云南大学出版社，2020.11.

[24] 赵永前.水利工程施工质量控制与安全管理［M］.郑州：黄河水利出版社，2020.09.

[25] 闫文涛，张海东.水利水电工程施工与项目管理［M］.长春：吉林科学技术出版社，2020.09.

[26] 刘勇，郑鹏，王庆.水利工程与公路桥梁施工管理［M］.长春：吉林科学技术出版社，2020.09.

[27] 赵静，盖海英，杨琳.水利工程施工与生态环境［M］.长春：吉林科学技术出版社，2021.07.

[28] 李永福，吕超，边瑞明.普通高等院校水利专业"十三五"规划教材·EPC工程总承包组织管理［M］.北京：中国建材工业出版社，2021.04.

[29] 左毅军，蒋兆英，常宗记.农田水利基础理论与应用［M］.北京：科学技术文献出版社，2021.08.

[30] 王玉晓，王小远，崔峰.河南黄河信息化建设管理实践与应用［M］.郑州：黄河水利出版社，2021.03.

[31] 张学彬，郑正勤，王峻.猴子岩水电站高地应力引水发电系统工程施工技术 [M].成都：四川大学出版社，2021.07.

[32] 金泗荣.媒体眼中的黄河三门峡 [M].郑州：黄河水利出版社，2021.05.

[33] 王君，陈敏，黄维华.现代建筑施工与造价 [M].吉林科学技术出版社有限责任公司，2021.03.